解析空間入門

復刊

広中平祐・卜部東介
著

朝倉書店

本書は「数理科学ライブラリー 1．解析空間入門」(伊藤 清・広中平祐・松浦重武編集) を単行本化し復刊したものです．

まえがき

本書は，著者の一人である広中が 1977 年に京都大学でおこなった「複素多変数関数論入門」の講義をたたき台とし，その後共著者の卜部氏が Gunning-Rossi [12] に示唆を受けつつさらに内容を補充し，理論構成に改良を加えて，一冊の入門書にまとめ上げたものである．

近年とみに多岐多彩な発展を遂げてきた多変数関数論と複素多様体の幾何学に関する研究と応用を集大成することが，本書の目的ではない．むしろ，そういった現代的な発展の基礎のもっとも基本的な部分を，できるだけ簡明にしかも厳密に小冊子にまとめ，読者に手取り速く確実に自分のものとして戴くことを念願して書いたものである．本書の内容を確実な土台として，そこからさらに前進して多様で多角的な複素解析学の成果を勉学されんことを，読者に期待する．

本書の内容は，第 1 部，第 2 部とかなり独立した二つの部分からなっている．第 1 部は多変数複素解析関数系に関する局所理論であり，第 2 部は局所理論から出発して大局理論に発展していくためのいわば橋渡しの基本論であるといえる．簡潔な入門書であることを主眼として，複素解析多様体などに関する大局理論はその手法が多種多様であることから，ここでは一切を割愛した．第 1 部はワイエルシュトラスの定理の拡張に始まり，一般的な解析関数のイデアルに対する特恵近傍系の存在を証明することで終る．ワイエルシュトラスの定理の拡張は，本書の最もオリジナルな部分であり，数々の主要な応用が知られている．例えば，解析的特異点の変形理論や解消理論などで欠くことのできない重要な役割を果すことが知られている．本書では，その応用として，特恵条件を満たす多重円板を選びだすための具体的な手法が示されている．抽象的な存在証明法と比較して，イデアルの生成元と特恵条件の関係がより明確に理解されるものと信じる．第 2 部では，岡の連接定理や多重円板に対するカルタンの定理 A, B を主題として，解析層の理論とそのコホモロジー論を解説する．なお，p. 144 の演習問題 9 は本書全体のまとめともいえるものであり，第 1 部，第 2 部の解説を読み終えたら是非とり組んでみてほしい．

多変数解析関数の研究は，19 世紀の中頃からリーマンやワイエルシュトラス等によって本格的に始まったといえる．一変数複素解析関数の微分積分法は，19 世紀前半コーシーによって始められ，リーマンに受けつがれて発展し，さらに多変数の場合に拡張されて枚挙にいとまがないほどの応用を生んだ．コーシー・リーマンの微分方程式は，のちに多種の境界値問題と関連して偏微分方程式論の重要な一分野として発展した．一方ワイエルシュトラスのいわゆる「予備定理」は多変数関数の局所問題に関して，次の二つの重要な特徴をもっている．（1）解析的問題を少なくとも部分的には代数的に取扱うことを可能とした．（2）変数の数に関する帰納法の適用を容易にした．以上の特徴によって，局所的な近似問題，変形問題，双有理変換問題（特に特異点解消問題に関連して）等々にその応用は多数ある．第2部で証明する岡の連接定理も，ワイエルシュトラスの定理による帰納法で証明される．また，さきにも述べたように，本書による定理の拡張で，その応用はますます拡大する．大局的な特異点解消理論への応用は，広中・Aroca・Vicente 三人の共著で，Springer-Verlag の近刊書として出版される予定である．Douady による特恵近傍系の概念とその存在は，いわゆる Douady space の理論（一つの複素多様体に含まれる複素部分多様体の全体を，一つの新たな複素多様体として構造づける理論），さらに一般の複素多様体の変形母数空間の理論において，最も重要な出発点となるものである．

第2部で展開する解析層とコホモロジー論は，19世紀末に提起されたクザンの問題（与えられた零点や極をもつ有理形の解析関数の存在を問う問題）がその動機となっているが，1935年頃に始まる岡の一連の研究，とくに岡の連接定理とそれに続く H. Cartan の解析イデアルの研究（1944）等が解析的連接層の研究の本格的な出発点となっている．さらに H. Cartan と Serre の共同研究（1951-52）による「層係数のコホモロジー」論によって，位相幾何学的な手法が複素解析関数や複素解析多様体の研究において決定的な地位をしめるようになった．そういったフランスの主都パリ学派の研究と並行して，ドイツでは Behnke や Stein による解析多様体の一般概念，特にいわゆる Stein 多様体の概念の導入があって，多変数関数論が複素多様体の幾何学として新たに大きな発展を始めた．1955年に始まる Grauert の活躍は，Stein やさらに Remmert に続いて，多変数複素解析のドイツ学派の中でも最も注目に値する成果を築き上げた．本書の第2部は，岡の連接定理とカルタンの定理 A，B で終るが，読者はさらにドイツ学派の Grauert，フランス学派の Douady などの重要成果を中心に多変数関数論のその後の発展を勉強されんことを希望する．

1981年9月

広中平祐

目　次

第1部　多様体の局所的性質：特恵近傍系の理論

1 ワイエルシュトラスの予備定理

特恵近傍系(the system of priviledged neighbourhoods)の理論を説明することを目標にする.

存在の基本は**ワイエルシュトラス**(Weierstrass)**の予備定理**である.

なお, $\boldsymbol{C}$ は複素数体, $\boldsymbol{R}$ は実数体, $\boldsymbol{Z}$ は有理整数環を表す. また, 本書では特に, $\boldsymbol{Z}_0=\{\nu\in\boldsymbol{Z}\,|\,\nu\geq 0\}$ (非負有理整数全体), $\boldsymbol{R}_+=\{a\in\boldsymbol{R}\,|\,a>0\}$ (正の実数全体) と書く.

§1. 代数的な取扱い

$\boldsymbol{C}[[z]]=\boldsymbol{C}[[z_1,\cdots,z_n]]$ を, 変数 $z_1,\cdots,z_n$ の**形式的べき級数環**とする. $\boldsymbol{C}[[z]]$ の元を

$$\varphi=\sum_{A\in Z_0{}^n}c_Az^A,\qquad A=(a_1,\cdots,a_n)\in\boldsymbol{Z}_0^n,\qquad c_A\in\boldsymbol{C},\qquad z^A=z_1^{a_1}z_2^{a_2}\cdots z_n^{a_n}$$

と書く. 多重指数の記法は便利だから, しっかり頭に入れてほしい.

$\boldsymbol{C}[[z]]$ は局所環であり, その極大イデアルは, $(z_1,\cdots,z_n)\,\boldsymbol{C}[[z]]$ である.

定義 1.1 $\varphi\in\boldsymbol{C}[[z]]$ が**収束する**とは, ある $r=(r_1,\cdots,r_n)\in\boldsymbol{R}_+^n$ が存在し, $|\xi_i|<r_i\ (1\leq i\leq n)$ なる $\xi=(\xi_1,\cdots,\xi_n)\in\boldsymbol{C}^n$ に対し必ず $\varphi(\xi)=\sum_A c_A\xi^A$ が数列として収束することと定義する.

このとき φ は, **多重円板** $\varDelta(r)=\{\xi\in\boldsymbol{C}^n\,\big|\,|\xi_i|<r_i(1\leq i\leq n)\}$ 上の複素数値

関数を定める．そしてそれは C^∞- 級関数になる．

収束べき級数の全体は $\boldsymbol{C}[[z]]$ の部分環をなす．これを $\boldsymbol{C}\{z\}=\boldsymbol{C}\{z_1, \cdots, z_n\}$ と書き，**収束べき級数環**と呼ぶ．

環準同型 $\boldsymbol{C}\{z\}\to\boldsymbol{C}$ を $\varphi=\sum_{A\in Z_0{}^n}c_A z^A$ に対して，$\varphi(0)=c_{(0)}\in\boldsymbol{C}$ を対応させることにより定める．この準同型の核 $\boldsymbol{m}=\{\varphi\in\boldsymbol{C}\{z\}\,|\,\varphi(0)=0\}$ を考えよう．$\varphi=\sum_{A\in Z_0{}^n}c_A z^A\in\boldsymbol{m}$ は $\varphi=\sum_{i=1}^n z_i\varphi_i$．ただし，$\varphi_i=\sum_{A\in\nabla_i}c_A z^{A_i'}$．$A_i'=A-(0, \cdots, 0, \underset{(i番目)}{1}, 0, \cdots, 0)$，$\nabla_i=\{(a_1, \cdots, a_n)\in\boldsymbol{Z}_0^n\,|\,a_1=\cdots=a_{i-1}=0,\ a_i>0\}$ と書ける．φ が収束すれば，φ_i たちも収束するから，$\boldsymbol{m}=(z_1, \cdots, z_n)\boldsymbol{C}\{z\}$ がわかる．$\boldsymbol{C}$ が体であることより，$\boldsymbol{m}=(z_1, \cdots, z_n)\,\boldsymbol{C}\{z\}$ は $\boldsymbol{C}\{z\}$ の極大イデアルである．

定義 1.2　(1)　$\varphi=\sum_A c_A z^A$ に対して，$|\varphi|=\sum_A|c_A|t^A$ とおく．ただし，$t=(t_1, \cdots, t_n)=(|z_1|, \cdots, |z_n|)$．

(2)　2つの正項べき級数 $\lambda=\sum_A\lambda_A t^A$，$\lambda'=\sum_A\lambda_A' t^A$ について $\lambda\geq\lambda'$ とは，すべての $A\in\boldsymbol{Z}_0^n$ に対して $\lambda_A\geq\lambda_A'$ となることとする．

注意 1.3　次は同値である．

(1)　$\varphi\in\boldsymbol{C}[[z]]$ が収束する．

(2)　$r'\in\boldsymbol{R}_+^n$ が存在し，集合 $B=\{|c_A r'^A|\,\big|\,A\in\boldsymbol{Z}_0^n\}$ は有界．

(3)　正の数 $K>0$ と $R=(R_1, \cdots, R_n)\in\boldsymbol{R}_+^n$ が選べて

$$|\varphi|\leq K\sum_{A\in Z_0{}^n}R^A t^A.$$

実際，定義 1.1 に現れる $r=(r_1, \cdots, r_n)\in\boldsymbol{R}_+^n$ に対し，$r'=(r_1', \cdots, r_n')\in\boldsymbol{R}_+^n$ を $r_i'<r_i\,(1\leq i\leq n)$ となるようにとれば，(1)⇒(2) は明らか．(2)⇒(3) においては，R は $R_i\geq 1/r_i'\ (1\leq i\leq n)$ を満たすように，そして K は集合 B の上界より大きくとればよい．そうすれば，

$$|c_A|\leq|c_A r'^A R^A|\leq KR^A.$$

次に (3) を仮定しよう．$\xi=(\xi_1, \cdots, \xi_n)\in\boldsymbol{C}^n$ を $|\xi_i|R_i<1\ \ (1\leq i\leq n)$ となるように選べば，無限級数の理論より，$\varphi(\xi)=\sum c_A\xi^A$ は収束することがわかる．(1) がいえた．

収束の定義 1.1 では，r はより小さなもので置き換えてもよく，(3) では R はより大きなもので置き換えてもよい．

定義 1.4 重み関数 $L: \boldsymbol{R}^n \to \boldsymbol{R}$ を $L(x)=\sum_{i=1}^n \varepsilon_i x_i$ の形に定める．ただし $\varepsilon_i \in \boldsymbol{R}_+$ $(1 \leq i \leq n)$．このとき，$\varphi \in \boldsymbol{C}[[z]]$ に対し次式をおく．

$$v_L(\varphi)=\min\{L(A) \mid A=(a_1, \cdots, a_n) \in \boldsymbol{Z}_0^n,\ c_A \neq 0\}.$$

例 1.5 特に $L(x)=x_1+\cdots+x_n$ すなわち $\varepsilon_1=\cdots=\varepsilon_n=1$ のとき，$L(A)=a_1+\cdots+a_n=|A|$ と書く．また，このとき $v_L(\varphi)=\mathrm{ord}(\varphi)$ と書き，この値を φ の**位数**という．

形式的ワイエルシュトラスの定理では，与えられた m 個の元，$f_1, \cdots, f_m \in \boldsymbol{C}[[z]]$ に対し，任意の $g \in \boldsymbol{C}[[z]]$ を

$$g=\sum_{j=1}^m q_j f_j + r$$

と書き，r をできるだけ簡単にすることを目標とする．まず次の仮定をおく．

仮定 ♣ 重み関数 L に対して，各 f_j $(1 \leq j \leq m)$ が

$$f_j=c_j z^{A_j}-h_j, \qquad 0 \neq c_j \in \boldsymbol{C}, \qquad v_L(h_j)>v_L(c_j z^{A_j})=L(A_j)$$

と書けるとする（以下では簡単のために f_j を定数倍しておくこととして，$c_j=1$ $(1 \leq j \leq m)$ としておく）．

定義 1.6 $\mathrm{ex}(\varphi)=\{A \in \boldsymbol{Z}_0^n \mid c_A \neq 0\} \subset \boldsymbol{Z}_0^n$．$\varphi$ の中に実際に現れる指数全体である．

定理 1.7（形式的ワイエルシュトラスの定理） $f_1, \cdots, f_m \in \boldsymbol{C}[[z]]$ が上の仮定♣を満たすとする．このとき，任意の $g \in \boldsymbol{C}[[z]]$ は

$$g=\sum_{j=1}^m q_j f_j + r, \qquad q_1, \cdots, q_m, r \in \boldsymbol{C}[[z]],$$

$$\mathrm{ex}(r) \cap E=\phi$$

と書ける．ただし $E=\bigcup_{j=1}^m (A_j+\boldsymbol{Z}_0^n)$．

定理 1.8（収束ワイエルシュトラスの定理） もし，$f_1, \cdots, f_m, g \in \boldsymbol{C}\{z\}$ なら，上の定理で，$q_1, \cdots, q_m, r \in \boldsymbol{C}\{z\}$ であるように選べる．

定理 1.7 の証明

$$\nabla_1=A_1+\boldsymbol{Z}_0^n,$$

$$\nabla_j=(A_j+\boldsymbol{Z}_0^n) \setminus \bigcup_{i=1}^{j-1} \nabla_i, \qquad j=2, \cdots, n$$

とおくと，$\boldsymbol{Z}_0^n$ は共通部分のない部分集合の和

$$\boldsymbol{Z}_0^n=(\boldsymbol{Z}_0^n\backslash E)\cup\nabla_1\cup\cdots\cup\nabla_m$$

に分かれる．$g=\sum_{B\in Z_0{}^n}a_Bz^B$ について

$$\sigma_j(g)=\sum_{B\in\nabla_j}a_Bz^{B-A_j},$$

$$\rho(g)=g-\sum_{j=1}^m\sigma_j(g)z^{A_j}$$

とおけば，$\mathrm{ex}(\rho(g))\cap E=\phi$ となる．

$$g=\sum_{j=1}^m\sigma_j(g)f_j+\rho(g)+s(g),\qquad s(g)=\sum_{j=1}^m\sigma_j(g)h_j,$$

$$f_j=z^{A_j}-h_j\quad(1\leq j\leq m)$$

とも書ける．$s(g)$ に同じ手続きをあてはめる．

$$g=\sum_j(\sigma_j(g)+\sigma_j(s(g)))f_j+(\rho(g)+\rho(s(g)))+s^2(g),$$

ただし，$s^2(g)=s(s(g))$．

ここで，σ_j,ρ は線型，すなわち

$$\sigma_j(g+s(g))=\sigma_j(g)+\sigma_j(s(g)),$$

$$\rho(\quad+\quad)=\rho(\quad)+\rho(\quad)$$

に注意して，上の操作をさらにくり返すことを考えれば，問題は $g+s(g)+s^2(g)+s^3(g)+\cdots$ が $\boldsymbol{C}[[z]]$ の元として意味をもつか，つまり，$\mathrm{ord}(s^\nu(g))\to\infty$ となるかということになる．

補題 1.9　$M>0$ が $(1/M)\leq\min_j\{v_L(h_j)-v_L(f_j)\}$ を満たすならば，すべての $g\in\boldsymbol{C}[[z]]$ について

$$v_L(s(g))\geq v_L(g)+\frac{1}{M},$$

したがって

$$v_L(s^\nu(g))\geq v_L(g)+\frac{\nu}{M}.$$

証明　$g=\sum_j\sigma_j(g)z^{A_j}+\rho(g)$ について，$\mathrm{ex}(\sigma_j(g)z^{A_j})\subset\nabla_j$ $(1\leq j\leq m)$，$\mathrm{ex}(\rho(g))\subset\boldsymbol{Z}_0^n\backslash E$ であり，$\boldsymbol{Z}_0^n\backslash E$, $\nabla_1,\cdots,\nabla_m$ は共通部分をもたないから，

$$v_L(g)=\min\{v_L(\sigma_j(g))+v_L(f_j),\ v_L(\rho(g))\}$$

$$\leq\min\{v_L(\sigma_j(g))+v_L(h_j)\}-\frac{1}{M}$$

$$\leq v_L(s(g)) - \frac{1}{M} \quad (s(g) = \sum \sigma_j(g) h_j).$$ (証終)

補題 1.10 $\boldsymbol{L}(\boldsymbol{x}) = \sum_{i=1}^{n} \varepsilon_i \boldsymbol{x}_i$ のとき $\varepsilon = \max\{\varepsilon_i\}$ とおくと，$g \in \boldsymbol{C}[[z]]$ について必ず

$$\varepsilon \cdot \mathrm{ord}(g) \geq v_L(g).$$

証明 $B = (b_1, \cdots, b_n) \in \boldsymbol{Z}_0^n$ については

$$L(B) = \sum \varepsilon_i b_i \leq \varepsilon \cdot \sum b_i = \varepsilon |B|,$$

$g = \sum a_B z^B$ とするとき，$a_{B_0} \neq 0$ ならば

$$\varepsilon \cdot |B_0| \geq L(B_0) \geq v_L(g) = \min\{L(B) \mid B \in \boldsymbol{Z}_0^n,\ a_B \neq 0\}$$

だから

$$\varepsilon \cdot \mathrm{ord}(g) = \varepsilon \cdot \min\{|B_0| \mid B_0 \in \boldsymbol{Z}_0^n,\ a_{B_0} \neq 0\} \geq v_L(g).$$ (証終)

以上のことから，$P = [\varepsilon M] + 1$ とおくと([ ] はガウス(Gauss)記号)，$\mathrm{ord}(s^\nu(g)) > \nu/P$ $(\nu = 1, 2, \cdots)$．このことから，無限和

$$\lambda = g + s(g) + s^2(g) + \cdots + s^\nu(g) + \cdots$$

は意味があり，$\boldsymbol{C}[[z]]$ の元となる．そして

$$g = \sum_j \sigma_j(\lambda) f_j + \rho(\lambda).$$

$q_j = \sigma_j(\lambda)$ $(1 \leq j \leq m)$，$r = \rho(\lambda)$ とおけば，定理 1.7 が示されたことになる．

次に収束について考える．

定理 1.8 の証明 一般に $h \in \boldsymbol{C}[[z]]$ が収束するとは，$K > 0$ と $R \in \boldsymbol{R}_+^n$ が存在して，次の関係が成り立つことであった．

$$|h| \leq K \sum_A R^A t^A.$$

記号を簡素化するために 2 つの仮定をおく．

(1) $$|h_j| \leq \sum_A t^A, \qquad j = 1, 2, \cdots, m.$$

h_j の定義からわかるように，h_j は定数項をもっていない．したがって $N > 0$ を十分大きくとって z_i を z_i/N で置き換えれば，つまり変数変換すれば，この形にできる．もし定数項があれば，前に K が必要となるが，いまの場合 $K = 1$ にできる．

(2) $g \in \boldsymbol{C}\{z\}$ に対して，$K > 0$，$d \in \boldsymbol{R}_+^n$ を選んで $|g| \leq K \sum_B d^B t^B$ となるようにする．ただし $d = (d_1, \cdots, d_n)$ は $d_i \geq 2$ $(i = 1, 2, \cdots, n)$ となるように

しておく．

問題は $\lambda=g+s(g)+s^2(g)+\cdots$ が収束べき級数かどうかということである．λ の収束がいえれば，もちろん，その部分和である $\sigma_j(\lambda)$，$\rho(\lambda)$ も収束する．だから次の補題が欲しい．

補題 1.11　$C\in \boldsymbol{R}_+$，$N\in \boldsymbol{R}_+^n$ が存在して

$$\sum_{\nu=0}^{\infty}|s^\nu(g)|\leq C\sum_B N^B t^B.$$

証明　$|g|\leq K\sum_B d^B t^B$ だから

$$\begin{aligned}|\sigma_j(g)|&\leq K\sum_{B\in\nabla_j} d^B t^{B-A_j}\\&=K\sum_{B\in\nabla_j-A_j} d^{B+A_j}t^B\\&\leq Kd^{A_j}\cdot\sum_{B\in Z_0{}^n} d^B t^B,\end{aligned}$$

$$\begin{aligned}|s(g)|&\leq\sum_{j=1}^{m}|\sigma_j(g)||h_j|\\&\leq\sum_{j=1}^{m}(Kd^{A_j}\cdot\sum_B d^B t^B)(\sum_A t^A)\\&=K(\sum_{j=1}^{m}d^{A_j})(\sum_B d^B t^B)(\sum_A t^A)\\&=K(\sum_{j=1}^{m}d^{A_j})\cdot\sum_A\left(\prod_{i=1}^{n}\frac{d_i^{a_i+1}-1}{d_i-1}\right)t^A\qquad(A=(a_1,\cdots,a_n))\\&\leq K\cdot H\sum_A d^A t^A\qquad(d_i\geq 2\ \ (1\leq i\leq n)),\end{aligned}$$

ただし $H=(\sum_{j=1}^m d^{A_j})\cdot\prod_{i=1}^{n}d_i$．これをくり返せば次式が得られる．

$$|s^\nu(g)|\leq KH^\nu\sum_A d^A t^A.$$

H は大きな数だから，この式を ν について和をとるのでは $1+H+H^2+\cdots$ が発散してしまい，証明は失敗ということになる．

ここで，$\mathrm{ord}(s^\nu(g))>\nu/P$ $(\nu=1,2,\cdots)$ となることを思い出そう．$0\neq A\in\boldsymbol{Z}_0^n$ について，もし $\nu\geq P|A|$ ならば $s^\nu(g)$ の中で t^A の係数は 0 である．だから，t^A の係数を調べるのには，$\sum_{\nu=0}^{\infty}|s^\nu(g)|$ のかわりに $\sum_{\nu=0}^{P|A|-1}|s^\nu(g)|$ をとっても同じである．

$$\begin{aligned}|t^A\text{ の係数}|&\leq K(1+H+\cdots+H^{P|A|-1})d^A\\&=K\frac{H^{P|A|}-1}{H-1}d^A\end{aligned}$$

$$\leq KH^{|A|P}d^A = K(H^Pd)^A,$$

$A=0$ についてもこの評価式は成立するから，結果として

$$\sum_{\nu=0}^{\infty} |s^\nu(g)| \leq K\sum_A (H^Pd)^A t^A$$

となる．$C=K$, $N=H^Pd$ とおけば，定理 1.8 が証明された． (証終)

§2. 古典的な定理との関係

$z=(z_1, z_2, \cdots, z_n)$ を $z=(z_1, z')$，$z'=(z_2, \cdots, z_n)$ と分けて書こう．

定理 2.1 （ワイエルシュトラスの割算定理） 収束べき級数 $f \in \boldsymbol{C}\{z\}$ について

$$f(z_1, 0) = cz_1^d + (\text{高次の項}), \qquad 0 \neq c \in \boldsymbol{C}$$

という形になっていると仮定する．このとき，任意の $g \in \boldsymbol{C}\{z\}$ は，一意的に

$$g = qf + r,$$
$$r = \sum_{i=1}^{d} \varphi_i(z') z_1^{d-i}, \qquad \varphi_i \in \boldsymbol{C}\{z'\}$$

と書ける．

証明 $L(x) = x_1 + \sum_{i=2}^{n}(d+1)x_i$ とおく．すると

$$f = cz_1^d + h = cz^A + h, \qquad A = (d, 0, \cdots, 0) \in \boldsymbol{Z}_0^n$$

と書くとき，$v_L(h) > d = v_L(f)$ となる．したがって，収束ワイエルシュトラスの定理が適用できて，$g \in \boldsymbol{C}\{z\}$ は

$$g = qf + r, \qquad \mathrm{ex}(r) \cap (A + \boldsymbol{Z}_0^n) = \phi$$

と書ける．r についての条件は z_1 については次数が d より小さい多項式であることと同値である．これで，定理の表示が存在することが証明できた．次に一意性をいう．それには，定理での形をしている r に対し，$0=qf+r$ から $q=r=0$ が従うことをいえば十分である．なぜなら $g=q_1f+r_1=q_2f+r_2$ なら，$0=(q_1-q_2)f+(r_1-r_2)$ となり，$q_1=q_2$，$r_1=r_2$ となるからである．

ひとつ記号を導入しよう．$0 \neq g = \sum_B a_B z^B \in \mathrm{C}[[z]]$，$v_L(g) = e$ に対して

$$\mathrm{in}_L(g) = \sum_{L(B)=e} a_B z^B \in \boldsymbol{C}[z]$$

と書く．

$qf+r=0$，$q \neq 0$ ならば $\mathrm{in}_L(q) \cdot \mathrm{in}_L(f) + \mathrm{in}_L(r) = 0$．ところが $\mathrm{in}_L(f) = cz_1^d$ $(c \neq 0)$ であるから，$\mathrm{in}_L(r)$ の各項は z_1^d で割り切れる．これは r が z_1 に

ついては $(d-1)$ 次以下の多項式であることに反する．したがって $q=r=0$.

（証終）

注意 2.2　$d=0$, $g=1$ のときを考える．定理より，$q\in\boldsymbol{C}\{z\}$ が存在して，$1=qf$ と書ける．つまり，定数項が 0 でない収束べき級数は $\boldsymbol{C}\{z\}$ の可逆元である．$\boldsymbol{C}\{z\}$ は $m=(z_1,\cdots,z_n)\boldsymbol{C}\{z\}$ を唯一の極大イデアルとする局所環であることがわかる．

定義 2.3　$\boldsymbol{C}\{z'\}=\boldsymbol{C}\{z_2,\cdots,z_n\}$ 上の z_1 の多項式

$$P(z)=z_1^d+a_1(z')z_1^{d-1}+\cdots+a_d(z'),\qquad a_i(z')\in\boldsymbol{C}\{z'\}$$

が ① 最高次の項の係数が 1，② $a_i(0)=0\ (1\leq i\leq d)$ となるとき，P は**ワイエルシュトラス多項式**であるという．

系 2.4　（古典的ワイエルシュトラスの予備定理）　定理 2.1 の仮定を満たす f は，一意的に

$$f=u\cdot P$$

と書ける．ただし，u は $\boldsymbol{C}\{z\}$ の可逆元であり，P は d 次のワイエルシュトラス多項式である．

証明　$g=z_1^d$ に対して，定理 2.1 を適用する．一意的に

$$z_1^d=qf-\sum_{i=1}^{d}a_i(z')z_1^{d-i}$$

と書けることがわかる．

$$P(z)=z_1^d+a_1(z')z_1^{d-1}+\cdots+a_d(z')$$

とおけば，$qf=P$ となる．$z'=0$ を代入すれば $q(z_1,0)f(z_1,0)=P(z_1,0)$. $f(z_1,0)$ は位数が d であり，$P(z_1,0)$ は位数が d 以下である．これより q の位数は 0，すなわち q は定数項をもち，可逆元であること，そして $a_i(0)=0$ $(1\leq i\leq d)$ となることがわかる．$u=q^{-1}$ も q により一意的に定まる．（証終）

§3.　接的ワイエルシュトラスの定理

定義 3.1　開集合 $U\subset\boldsymbol{C}^n$ 上の複素数値関数 f が**正則関数**であるとは，各点 $\xi=(\xi_1,\cdots,\xi_n)\in U$ に対して，収束べき級数 $\varphi_\xi\in\boldsymbol{C}\{z\}$ が存在して，ξ の近傍で，$f(w_1,\cdots,w_n)=\varphi_\xi(w_1-\xi_1,w_2-\xi_2,\cdots,w_n-\xi_n)$ が常に成り立つことである．ただし $w_1,\cdots,w_n$ は $\boldsymbol{C}^n$ の座標関数である．

例 3.2　$w_1,\cdots,w_n$ の多項式は $\boldsymbol{C}^n$ 上の正則関数を定める．

例 3.3　定義1.1によれば，収束べき級数 $\varphi \in \boldsymbol{C}\{z\}$ に対して，$r=(r_1, \cdots, r_n) \in \boldsymbol{R}_+^n$ が存在し，$\xi \in \Delta(r)=\{\xi \in \boldsymbol{C}^n \mid |\xi_i|<r_i \ (1 \leq i \leq r)\}$ に対し，値 $\varphi(\xi)$ が定まる．このとき φ は $\Delta(r)$ 上の正則関数である．

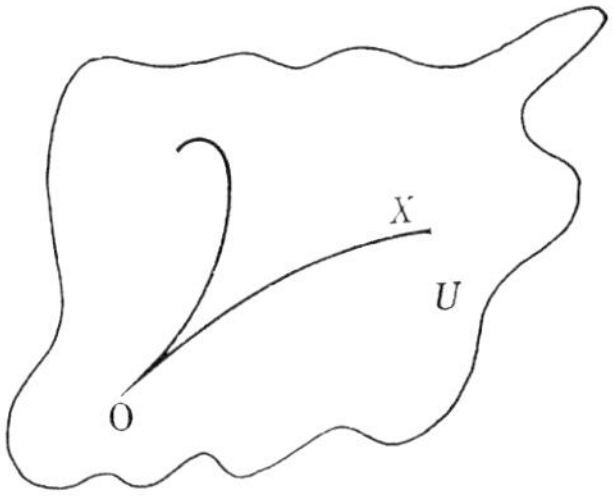

図1

$\tilde{f}_1, \cdots, \tilde{f}_r$ を原点Oを含む開集合 $U \subset \boldsymbol{C}^n$ 上の正則関数とする．

$$X=\{\eta \in U \mid \tilde{f}_1(\eta)=\cdots=\tilde{f}_r(\eta)=0\}$$

は U の**複素解析的部分集合**である．$O \in X$ と仮定しておく．イデアル I を $I=(\tilde{f}_1, \cdots, \tilde{f}_r)\boldsymbol{C}\{z\}$ とおく．

定義 3.4　$0 \neq g=\sum_B a_B z^B \in \boldsymbol{C}\{z\}$, $\mathrm{ord}(g)=d$ について，$\mathrm{in}(g)=\sum_{|B|=d} a_B z^B \in \boldsymbol{C}[z]$ とおき，g の**イニシャル多項式**と呼ぶ．

$\bar{I}=\mathrm{in}(I)=\{\mathrm{in}(g) \mid 0 \neq g \in I\}\boldsymbol{C}[z]$ を I の**接的イデアル**と呼ぶ．

$\bar{I}$ は斉次イデアルである．また $\bar{I}=(\varphi_1, \cdots, \varphi_e)\boldsymbol{C}[z]$ となる生成元 $\varphi_1, \cdots, \varphi_e$ をとってくれば，X の点Oでの**接錘** $C_{X,0}$ は $\varphi_1=\cdots=\varphi_e=0$ で定義される．

$0 \neq \eta \in X$ をとり，0 と η とを結ぶ直線を L_η とする（L_η は複素直線と解しても，実直線と解してもよい）．

$C_{X,0}$ は単に集合としては

$$C_{X,0}=\bigcup \lim_{\nu \to +\infty} L_{\eta_\nu}$$

である．ここで集合の和は，Oに収束する点列 $\eta_\nu \in X$ で $\lim_{\nu \to +\infty} L_{\eta_\nu}$ が確定する

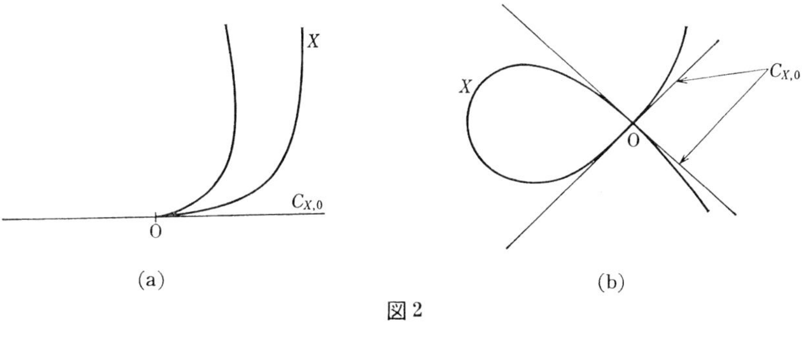

図2

ものすべてにわたってとる．

定義 3.5　$\boldsymbol{Z}_0^n$ の**辞書式順序** $>$ を次のように定める．$A=(a_1, \cdots, a_n)$，$B=(b_1, \cdots, b_n)\in\boldsymbol{Z}_0^n$ について

$$A > B$$

$\Longleftrightarrow$ある整数 i $(1\leq i\leq n)$ が存在して，$1\leq j<i$ のとき $a_j=b_j$ かつ $a_i>b_i$.

また，0 でない多項式 $\varphi\in\boldsymbol{C}[z]$ に対し，$\mathrm{ex}(\varphi)$ の中の元で上の辞書式順序に対して最大のものを $\mathrm{lex}(\varphi)$，あるいは変数 $z=(z_1, \cdots, z_n)$ に依存していることを明確にしたいときには $\mathrm{lex}_z(\varphi)$ と書く．

$E=\mathrm{lex}(\mathrm{in}(I))=\{\mathrm{lex}(\varphi)\,|\,0\neq\varphi\in\bar{I}\}$ とおく．$\varphi\in\bar{I}, A\in\boldsymbol{Z}_0^n$ とすると $z^A\varphi\in\bar{I}$ であり，$\mathrm{lex}(z^A\varphi)=A+\mathrm{lex}(\varphi)$．つまり，$E+\boldsymbol{Z}_0^n=E$．この性質をもつ $\boldsymbol{Z}_0^n$ の部分集合を**モノイデアル**と呼ぶ．モノイド $\boldsymbol{Z}_0^n$ のイデアルみたいなものだからである．

定理 3.6　指数が E に全然含まれない収束べき級数全体を，$\boldsymbol{C}\{z\}^E=\{\varphi\in\boldsymbol{C}\{z\}\,|\,\mathrm{ex}(\varphi)\cap E=\phi\}$ と書く．すると次式は全単射である．

$$\boldsymbol{C}\{z\}^E \xrightarrow{K} \boldsymbol{C}\{z\}/I$$

ただし，K は自然な全射 $\boldsymbol{C}\{z\}\to\boldsymbol{C}\{z\}/I$ の $\boldsymbol{C}\{z\}^E$ への制限である．

注意 3.7　任意のモノイデアル $M\subset\boldsymbol{Z}_0^n$ は有限生成．つまり，有限個の $A_1, \cdots, A_m\in M$ があって，$M=\bigcup_{i=1}^{m}(A_i+\boldsymbol{Z}_0^n)$.

証明　$\mathscr{I}(M)=\{z^A\,|\,A\in M\}\boldsymbol{C}[z]$ とすると，逆に M は $\mathscr{I}(M)$ より $M=\{A\in\boldsymbol{Z}_0^n\,|\,z^A\in\mathscr{I}(M)\}$ と求められる．ところが，ヒルベルト(Hilbert)の基底定理により，$\mathscr{I}(M)$ は有限生成だから，$\mathscr{I}(M)=(z^{A_1}, \cdots z^{A_m})$ と単項式の基底がとれる．$\mathscr{I}(M)\ni z^A$ は $z^{A_1}, \cdots, z^{A_m}$ の 1 次結合で書かれるから，そのどれかで割れる．　　（証終）

定理 3.6 の証明　以下，$E=\mathrm{lex}(\mathrm{in}(I))=\bigcup_{i=1}^{m}(A_i+\boldsymbol{Z}_0^n)$ なる表示をひとつ固定する．このとき，$A_i=\mathrm{lex}(\varphi_i)$ となるような $\varphi_i\in\bar{I}$ が存在する．$\bar{I}$ は斉次イデアルだから，φ_i の $|A_i|$ 次斉次部分で φ_i を置き換えることにより，φ_i は斉次と仮定してよい．

φ_i は斉次だから，$\varphi_i=\mathrm{in}(f_i)$ となる $f_i\in I$ が存在する．このような $f_1, \cdots, f_m$ を 1 組選んで固定する．

各 f_i を，$f_i=c_iz^{A_i}-h_i$ $(0\neq c_i\in\mathrm{C}$, h_i は z^{A_i} の項をもたない)の形に書く．

そこで，重み関数 $L: \boldsymbol{R}^n \to \boldsymbol{R}$ を次のようにとる．$M=\max_{1\le i\le m}|A_i|+2$，そして，$\varepsilon_i=1+(1/M)+(1/M^2)+\cdots+(1/M^{i-1})$ $(i=1,2,\cdots,m)$ により，$L(x)=\sum_{i=1}^m \varepsilon_i x_i$ と定める．

補題 3.8 $A, B\in Z_0^n$ について

（1） $|A|<|B|$，$|A|<M-1 \Rightarrow L(A)<L(B)$，

（2） $|A|=|B|<M-1$，$A>B \Rightarrow L(A)<L(B)$．

証明 $A=(a_1,\ \cdots, a_n)$，$B=(b_1,\cdots,b_n)$ とおく．

（1） $L(B)-L(A)$

$$=\sum_{i=1}^n \varepsilon_i(b_i-a_i)$$

$$=\sum_{i=1}^n(\varepsilon_i-1)(b_i-a_i)+|B|-|A|$$

$$\ge |B|-|A|-\sum_{i=1}^n(\varepsilon_i-1)a_i.$$

ここで，$\varepsilon_i-1<\dfrac{1}{M}+\dfrac{1}{M^2}+\cdots=\dfrac{1}{M}\dfrac{1}{1-1/M}=\dfrac{1}{M-1}$

$$\ge |B|-|A|-\frac{|A|}{M-1}>0,$$

なぜなら $|B|-|A|$ は正の整数，$|A|/(M-1)$ は仮定より，1より小さい数．

（2） $A>B$ であるから，ある整数 i $(1\le i\le n)$ について，$1\le j<i$ ならば $a_j=b_j$ そして $a_i>b_i$ となっている．1から $i-1$ までは等しいのだから

$$L(B)-L(A)$$

$$=\sum_{j=i}^n \varepsilon_j(b_j-a_j)$$

$$=\sum_{j=i+1}^n(\varepsilon_j-\varepsilon_i)(b_j-a_j) \quad \left(|A|=|B| \text{ だから } \sum_{j=i}^n(b_j-a_j)=0\right)$$

$$=\frac{1}{M^i}\sum_{j=i+1}^n \varepsilon_{j-i}(b_j-a_j),$$

なぜなら

$$\varepsilon_j-\varepsilon_i=\frac{1}{M^i}+\cdots+\frac{1}{M^{j-1}}=\frac{1}{M^i}\left(1+\frac{1}{M}+\cdots+\frac{1}{M^{j-i-1}}\right)=\frac{\varepsilon_{j-i}}{M^i}.$$

いま，$B^*=(b_{i+1},\cdots,b_n)$，$A^*=(a_{i+1},\cdots,a_n)$ とおくと，$|A|=|B|$ かつ $a_1=b_1,\cdots,a_{i-1}=b_{i-1}$，$a_i>b_i$ より $|A^*|<|B^*|$ がわかる．そこで（1）におい

て n を $n-i$ に置き換えた命題をここに適用して

$$\frac{1}{M^i}\sum_{j=i+1}^{n}\varepsilon_{j-i}(b_j-a_j)>0. \qquad \text{(証終)}$$

補題 3.9　上で選んだ $f_1, \cdots, f_m \in I$, $f_i = c_i z^{A_i} - h_i$ について

$$v_L(h_i) > v_L(f_i) = v_L(cz^{A_i}) = L(A_i) \qquad (1 \le i \le m).$$

証明　$f_i = \varphi_i + N_i$, ただし $\varphi_i = \mathrm{in}(f_i)$ と書いたとする．M の定め方により $\deg\varphi_i = |A_i| < M-1$ だから，補題 3.8(1) により $v_L(\varphi_i) < v_L(N_i)$．$\varphi_i = c_i z^{A_i} + N_i'$ と書くと，補題 3.8(2) により $L(A_i) < v_L(N_i')$．　(証終)

補題 3.9 により定理 3.6 の状況に収束ワイエルシュトラスの定理が適用できることがわかる．

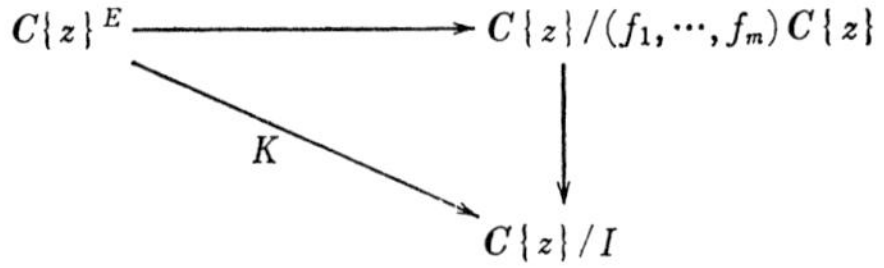

その定理は上の可換図式の水平矢印が全射であることを示す．$(f_1, \cdots, f_m)\boldsymbol{C}\{z\} \subset I$ だから，縦矢印はもちろん全射．だから K は全射である．

K が単射でないとする．$0 \neq f \in \boldsymbol{C}\{z\}^E$ があって，$K(f)=0$, つまり $f \in I$．$0 \neq \varphi = \mathrm{in}(f) \in \bar{I}$ であり，$A = \mathrm{lex}(\varphi) \in E$ となる．この A に対して f の中の z^A の係数は 0 でない．これは $f \in \boldsymbol{C}\{z\}^E$ に反する．だから K は単射でもある．

以上で定理 3.6 の証明が終わった．

系 3.10　$I = (f_1, \cdots, f_m)\boldsymbol{C}\{z\}$.

証明　K が全単射であることから上の図式の縦矢印も全単射であることとなり，2 つのイデアルは一致する．　(証終)

系 3.11　$\boldsymbol{C}\{z\}$ はネーター環.

上の証明を見直せば出発点のイデアル I は $\boldsymbol{C}\{z\}$ の任意のイデアルでよいことがわかる．　(証終)

以上により，$g \in \boldsymbol{C}\{z\}$ は必ず

$$g = \sum_{i=1}^{m} q_i f_i + r, \qquad q_1, \cdots, q_m \in \boldsymbol{C}\{z\}, \qquad r \in \boldsymbol{C}\{z\}^E$$

と書け，r は g に対して一意的に定まることがわかった．

命題 3.12　ここで $q_1, \cdots, q_m$ を次の条件を満たすように選べる．

$$\mathrm{ord}(q_i) \geq \mathrm{ord}(g) - \mathrm{ord}(f_i) \qquad (1 \leq i \leq m).$$

証明 $g \neq 0$ としてよい．$d = \mathrm{ord}(g)$，$E' = \{A \in E \mid |A| \geq d\}$ とおく．E' もモノイデアルである．注意 3.7 により

$$E' = \bigcup_{j=1}^{s} (B_j + \boldsymbol{Z}_0^n)$$

と書ける．$E' \subset E$ だから，各 $j\,(1 \leq j \leq s)$ に対して $i = \sigma(j)\,(1 \leq \sigma(j) \leq m)$ がとれて，$B_j = A_{\sigma(j)} + \alpha_j$ と書ける．$\{f_1, \cdots, f_m\}$ のかわりに $\{z^{\alpha_j} f_{\sigma(j)} \mid 1 \leq j \leq s\}$ をとる．同じ重み関数に対して，補題 3.9 と同様のことが，$z^{\alpha_j} f_{\sigma(j)}$ について成り立つことがすぐわかるから，ワイエルシュトラスの定理が使える．だから

$$g = \sum_{j=1}^{s} p_j z^{\alpha_j} f_{\sigma(j)} + r', \qquad r' \in \boldsymbol{C}\{z\}^{E'}$$

と書ける．$q_i = \sum_{j \in \sigma^{-1}(i)} p_j z^{\alpha_j}$ とおけば

$$g = \sum_{i=1}^{m} q_i f_i + r'.$$

$|\alpha_j| = |B_j| - |A_{\sigma(j)}| \geq d - |A_{\sigma(j)}| = d - \mathrm{ord}(f_{\sigma(j)})$ だから，$\mathrm{ord}(q_i) \geq d - \mathrm{ord}(f_i)$ となる．

すると必然的に $\mathrm{ord}(r') \geq d$ である．$E' = \{A \in E \mid |A| \geq d\}$ を思い出せば，$r' \in \boldsymbol{C}\{z\}^E$ より $r' \in \boldsymbol{C}\{z\}^{E'}$ が従う．一意性より $r = r'$ となる． (証終)

§4. 単調モノイデアル

$\boldsymbol{C}\{z\}^E$ の構造をみたいが，まだそれはあまりはっきりしていない．モノイデアル $E \subset \boldsymbol{Z}_0^n$ が与えられたとき，$\boldsymbol{Z}_0^n \setminus E$ を調べてみよう．

$pr_j : \boldsymbol{Z}_0^n = \boldsymbol{Z}_0^j \times \boldsymbol{Z}_0^{n-j} \to \boldsymbol{Z}_0^j$ を前の j 成分への射影とする．

$$\boldsymbol{Z}_0^n \supset (pr_1 E) \times \boldsymbol{Z}_0^{n-1} \supset (pr_2 E) \times \boldsymbol{Z}_0^{n-2} \supset \cdots \supset pr_n E = E$$

だから，$\Gamma_1 = \boldsymbol{Z}_0 \setminus pr_1 E$，$\Gamma_i = (pr_{i-1} E) \times \boldsymbol{Z}_0 \setminus pr_i E$，$i = 2, 3, \cdots, n$ とおくと，$(pr_{i-1} E) \times \boldsymbol{Z}_0^{n-i+1} \setminus (pr_i E) \times \boldsymbol{Z}_0^{n-i} = \Gamma_i \times \boldsymbol{Z}_0^{n-i}$ であり，

$$\boldsymbol{Z}_0^n \setminus E = \bigcup_{i=1}^{n} (\Gamma_i \times \boldsymbol{Z}_0^{n-i})$$

と共通部分のない部分集合の和に書ける．

各 Γ_i が有限集合だとしよう．$z(i) = (z_{i+1}, z_{i+2}, \cdots, z_n)$ と書き，$A = (a_1, \cdots, a_i) \in \boldsymbol{Z}_0^i$ に対して $z^A = z_1^{a_1} \cdots z_i^{a_i}$ ではじめの i 個の変数についての単項式を示

すことにすれば，ワイエルシュトラスの定理は

$$\sum_{i=1}^{n}\sum_{A\in\Gamma_i} z^A \boldsymbol{C}\{z(i)\}\cong\boldsymbol{C}\{z\}/I$$

を示す．左辺の和は $\boldsymbol{C}\{z\}$ の中でとっているのであるが，直和になる．右辺は環であるが，左辺は $z^A\cdot z_j$，$A\in\Gamma_i$，$j\leq i$ の形の掛算を忘れている．

ひとつ例を考えよう．

例 4.1　$n=2$ とする．$z_1=x$，$z_2=y$ と書く．

$$f(x,y)=(x-y^2)(y-x^2)$$

とする．重み関数 $L:\boldsymbol{R}^2\to\boldsymbol{R}$ としては $L(t)=t_1+t_2$ ととれば，$f=xy-h$ と書くとき，$v_L(h)>2=v_L(xy)$ となり，ワイエルシュトラスの定理が使えて，$g\in\boldsymbol{C}\{x,y\}$ は

$$g=\lambda f+\varphi(x)+\psi(y),\qquad \lambda\in\boldsymbol{C}\{x,y\},\qquad \varphi(z),\psi(z)\in\boldsymbol{C}\{z\}$$

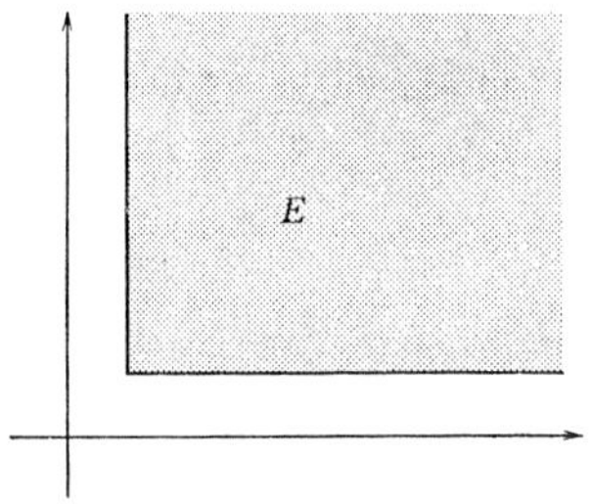

図 3

と書ける．なぜなら $E=(1,1)+\boldsymbol{Z}_0^2$ とおくと

$$\boldsymbol{Z}_0^2\backslash E=(0\times\boldsymbol{Z}_0)\cup(\boldsymbol{Z}_0\times 0)$$

いま，$\Gamma_1=\{0\}$，$\Gamma_2=\boldsymbol{Z}_0\times 0\backslash\{(0,0)\}$ となり，Γ_2 は有限集合ではない．

$g=xy$ とすれば，x と y について対称だから

$$xy=\lambda f+\varphi(x)+\varphi(y)$$

と書かれる．$y=x^2$ とおくと $f\equiv 0$ となることから，

$$x^3=\varphi(x)+\varphi(x^2)$$

となり，未定係数法により

$$\varphi(z)=\sum_{i=0}^{\infty}(-1)^i z^{3\cdot 2^i}$$

となることがわかる．$\varphi(z)$ は単位円 $\{|z|<1\}$ の中で正則であるが，その外には境界 $\{|z|=1\}$ のどこを通っても，解析接続が全然ない超越的な関数である．

g も f も代数的であったのに，余りとして超越的なものがでてきてしまった．

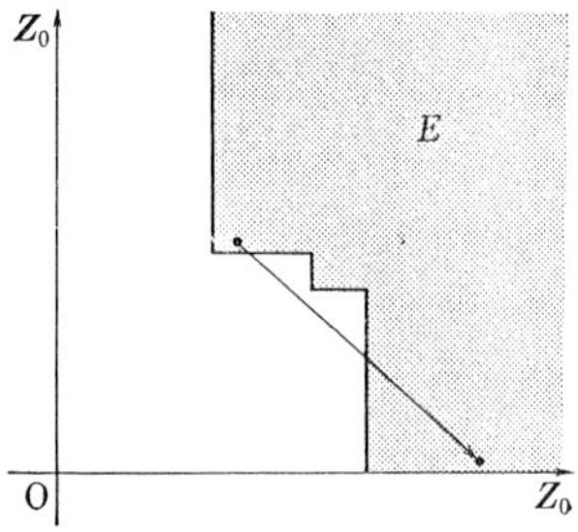

図 4

定義 4.2 モノイデアル $E\subset \boldsymbol{Z}_0^n$ が**単調**であるとは，任意の元 $A=(a_1, \cdots, a_n)\in E$ および任意の整数 i $(1\leq i\leq n)$ に対して必ず，$(a_1, \cdots, a_{i-1}, \sum_{j=i}^n a_j, 0, \cdots, 0)\in E$ となることとする．

上の定義は $z_1, \cdots, z_i$ はそのままで，$j>i$ については $z_j\mapsto z_j+c_jz_i$ の形の座標変換を考えることを暗示している．

以下では適当な座標変換ののち，イデアル I に対して定義したモノイデアル $E=\mathrm{lex}(\mathrm{in}(I))$ は単調となることと，単調ならばすべての Γ_i は有限集合となることを示そう．

$w_1, \cdots, w_n$ および u_{ij}, $1\leq i, j\leq n$ を不定元とする．$z_1, \cdots, z_n$ は不定元であったから，いま

$$z_i=\sum_{j=1}^n u_{ij}w_j, \qquad 1\leq i\leq n$$

という関係があるとしてもよい．このとき，$\boldsymbol{C}[z]$ の元 φ は，z に上の関係式を代入することにより，$\boldsymbol{C}[u][w]$ の元とみなせる．$R=\boldsymbol{C}[u, 1/\Delta]$, $\Delta=\det(u_{ij})_{1\leq i,j\leq n}$ とおく．マトリクス (u) は可逆の方が便利だから $1/\Delta$ をつけ加えるのである．

$$\tilde{I}=\{\varphi\in\bar{I}\subset\boldsymbol{C}[z]\}R[w]$$

とおくと，$\tilde{I}$ は次数つき環 $R[w]$ の斉次イデアルである．

$$\tilde{E}=\{\mathrm{lex}_w(\tilde{\varphi})\,|\,0\neq\tilde{\varphi}\in\tilde{I}\}$$

とおくと，これはモノイデアルであり，$\tilde{E}=\bigcup_{i=1}^s(A_i+\boldsymbol{Z}_0^n)$ と書ける．$A_i=\mathrm{lex}_w(\tilde{\varphi}_i)$, $\tilde{\varphi}_i\in\tilde{I}$ として

$$\tilde{\varphi}_i=\varphi_{i,A_i}w^{A_i}+\sum_{B<A_i}\varphi_{i,B}w^B, \qquad \varphi_{i,A_i}, \varphi_{i,B}\in R$$

と書く．分母をはらうために，適当に整数 r をとり

$$P=\left(\prod_{i=1}^s\varphi_{i,A_i}\right)\cdot\Delta^r$$

とおく．P は u_{ij}, $1\leq i, j\leq n$ の多項式である．

一方，$\sigma=(\sigma_{ij})\in GL(n, \boldsymbol{C})$ に対して，$z_1', \cdots, z_n'\in\boldsymbol{C}[z]$ が

$$z_i=\sum_{j=1}^n\sigma_{ij}z_j', \qquad 1\leq i\leq n$$

という関係式を満たしているとき，$z'=(z_1', \cdots, z_n')$ に対して次式をおく．

$$E_\sigma=\{\mathrm{lex}_{z'}(\varphi)\,|\,0\neq\varphi\in\bar{I}\}$$

補題 4.3　$P(\sigma)\neq 0$ ならば $\tilde{E}=E_\sigma$.

証明　$R=\boldsymbol{C}[u,1/\Delta]$，または $R[w]$ の元 $\tilde{\varphi}$ に対して，$\boldsymbol{u}=(u_{ij})$ に元 $\sigma\in GL(n,\boldsymbol{C})$ を代入するということは意味がある．代入したものを $\tilde{\varphi}(\sigma)$ などと書くことにする．

$\tilde{\varphi}_1,\cdots,\tilde{\varphi}_s$ に σ を代入して

$$\tilde{\varphi}_i(\sigma)=\varphi_{i,A_i}(\sigma)z'^{A_i}+\sum_{B<A_i}\varphi_{i,B}(\sigma)z'^B \qquad (1\leq i\leq s).$$

$P(\sigma)\neq 0$ より，$\varphi_{iA_i}(\sigma)\neq 0$．したがって $\mathrm{lex}_{z'}(\tilde{\varphi}_i(\sigma))=A_i$．そして $\tilde{\varphi}_i(\sigma)\in\bar{I}$．だから $A_i\in E_\sigma$ $(1\leq i\leq s)$．$A_1,\cdots,A_s$ が $\tilde{E}$ の生成元であったら，$\tilde{E}\subset E_\sigma$.

部分集合 $S\subset\boldsymbol{Z}_0^n$ に対して，$S_m=\{A\in S\,|\,|A|=m\}$ と書く．$\bar{I}=\bigoplus_{m=0}^{\infty}\bar{I}_m$，$\tilde{I}=\bigoplus_{m=0}^{\infty}\tilde{I}_m$ と斉次部分の直和に書けば $\#((E_\sigma)_m)=\dim_{\boldsymbol{C}}\bar{I}_m$, $\#(\tilde{E}_m)=\dim_R\tilde{I}_m$ がわかる．マトリクス $(u_{ij})_{1\leq i,j\leq n}$ は R 上可逆だから $R[w]=R[z]$．$\tilde{I}=\bar{I}R[z]$, $\bar{I}\subset\boldsymbol{C}[z]$ だから，$\dim_{\boldsymbol{C}}\bar{I}_m=\dim_R\tilde{I}_m$．したがって $\#((E_\sigma)_m)=\#(\tilde{E}_m)$ となり，これと $\tilde{E}\subset E_\sigma$ から，$\tilde{E}=E_\sigma$ となる．　(証終)

注意 4.4　局所環 $A=\boldsymbol{C}\{z\}/I$ に対して

$$H_A(\nu)=\dim_{\boldsymbol{C}}(A/m^{\nu+1})=\dim_{\boldsymbol{C}}(\mathrm{C}\{z\}/I+(z_1,\cdots,z_n)^{\nu+1})$$
$$=\sum_{\mu=0}^{\nu}(n\text{ 変数 }\mu\text{ 次の単項式の数})-\dim_{\boldsymbol{C}}\bar{I}_m\}$$

を A の**ヒルベルト・サミュエル**(Hilbert–Samuel)**関数**という．ただし m は A の極大イデアル．

補題 4.5　$\tilde{E}$ は単調.

証明　整数 $i(1\leq i\leq n)$ を固定する．$A=(a_1,\cdots,a_n)\in\tilde{E}$ のとき，$A^*=(a_1,\cdots,a_{i-1},\sum_{j=i}^n a_j,0,\cdots,0)\in\tilde{E}$ を示す．斉次元 $\tilde{\varphi}\in\tilde{I}\subset R[w]$ で，$\mathrm{lex}_w(\tilde{\varphi})=A$ となるものがある．$N=w_1^{a_1}w_2^{a_2}\cdots w_{i-1}^{a_{i-1}}$ とおき，$\tilde{\varphi}=N\tilde{\varphi}_1+\tilde{\varphi}_2$ と書く．ただし $\tilde{\varphi}_2$ は N で割れない項全体の和である．$w^A=N\cdot w_i^{a_i}\cdots w_n^{a_n}$ の係数は 0 でないのだから，$\tilde{\varphi}_1$ は 0 でない．また，$\tilde{\varphi}_1\in R[w_i,w_{i+1},\cdots,w_n]$．なぜなら，$\tilde{\varphi}_1$ の現れる変数のうちで番号のいちばん小さいものを w_j とし，$j<i$ とすると，$\tilde{\varphi}$ は $N\times w_j^b\times(w_{j+1},\cdots,w_n$ の単項式$)=w_1^{a_1}\cdots w_{j-1}^{a_{j-1}}w_j^{a_j+b}\times(w_{j+1},\cdots,w_n$ の単項式$)$，ただし $b>0$ の形の項を含む．この項の辞書式順序は A よりも大きくなってしまい，矛盾である．

次に，複素数 $\lambda_i,\lambda_{i+1},\cdots,\lambda_n\in\boldsymbol{C}$ を $\lambda_i\neq 0$ かつ $\tilde{\varphi}_1=\tilde{\varphi}_1(w_i,\cdots,w_n)$ につい

て，$\tilde{\varphi}_1(\lambda_i, \lambda_{i+1}, \cdots, \lambda_n) \neq 0$ となるように選ぶ．そして，座標変換を次のように行う．

$$w_j = w_j', \qquad 1 \leq j < i,$$
$$w_i = \lambda_i w_i',$$
$$w_j = w_j' + \lambda_j w_i', \qquad i < j \leq n.$$

こうすると，実は $\mathrm{lex}_{w'}(\varphi) = A^*$，ただし $w' = (w_1', \cdots, w_n')$ となる．

もし，それが示せたならば，上の座標変換を $w_i = \sum_j \lambda_{ij} w_j'$，$\lambda = (\lambda_{ij}) \in GL(n, \boldsymbol{C})$ の形に書き，$u = (u_{ij})$ に対して $u' = u \cdot \lambda$ とおけば，$u' = (u_{ij}')$ の行列要素 u_{ij}' はすべて $\boldsymbol{C}$ 上超越的であり，不定元とみなせる．このことより，$R[w] = R[z]$ の自己同型 $\omega : R[z] \to R[z]$ で，$\omega(u_{ij}') = u_{ij}$，$\omega(w_j') = w_j$，そして部分環 $\boldsymbol{C}[z]$ へ制限すると恒等写像となるものがあることがわかる．$\tilde{I}$ は $\tilde{I} = IR[z]$，$I \subset \boldsymbol{C}[z]$ の形をしていたから，$\tilde{\varphi}' = \omega(\tilde{\varphi}) \in \tilde{I}$．そして，$\mathrm{lex}_w(\tilde{\varphi}') = \mathrm{lex}_{w'}(\tilde{\varphi}) = A^*$ となり，$A^* \in E$ が示される．

あとは $\mathrm{lex}_{w'}(\tilde{\varphi}) = A^*$ を示せばよい．$\tilde{\varphi} = N\tilde{\varphi}_1 + \tilde{\varphi}_2$ の $\tilde{\varphi}_2$ の部分に現れる w の単項式を $w_1^{b_1} w_2^{b_2} \cdots w_n^{b_n}$ とすると，$j < i$ なる j で，$a_1 = b_1$，$a_2 = b_2$，$\cdots$，$a_{j-1} = b_{j-1}$，$a_j > b_j$ となるものがある．$w_1, \cdots, w_n$ を上記の変換により $w_1', \cdots, w_n'$ で置き換えると，展開したときにでてくる単項式 w'^c は，座標変換が実質的に $w_i, \cdots, w_n$ についてのもので，$j < i$ だから，$w'^c = w_1'^{b_1} \cdots w_j'^{b_j} \times (w_{j+1}', \cdots, w_n'$ の単項式) の形をしている．これから，必ず $C < A$ となってしまうことがわかる．

$N\tilde{\varphi}_1$ を $w_1', \cdots, w_n'$ について書き直してみることを考えると，座標変換の形と $\tilde{\varphi}_1$ が $w_i, \cdots, w_n$ だけに依存していたことから，$\tilde{\varphi}_1 \in R[w_i', \cdots, w_n']$．そして $\mathrm{ord}(\tilde{\varphi}_1) = \sum_{j=i}^n a_j$ だから

$$\begin{aligned} \mathrm{lex}_{w'}(N\tilde{\varphi}_1) &= \mathrm{lex}_{w'}(N) + \mathrm{lex}_{w'}(\tilde{\varphi}_1) \\ &\leqq (a_1, \cdots, a_i, 0, \cdots, 0) + (0, \cdots, 0, \sum_{j=i}^n a_j, 0, \cdots, 0) \\ &= A^*. \end{aligned}$$

ところが，$N\tilde{\varphi}_1$ の w'^{A^*} の係数は容易にわかるように，$\varphi_1(\lambda_i, \cdots, \lambda_n) \neq 0$．以上をまとめると $\mathrm{lex}_{w'}(\tilde{\varphi}) = \mathrm{lex}_{w'}(N\tilde{\varphi}_1 + \tilde{\varphi}_2) = A^*$ がわかる． （証終）

系 4.6 $P(\sigma) \neq 0$ ならば E_σ は単調．

命題 4.7 空でないモノイデアル E が単調ならば，$\Gamma_i (1 \leq i \leq n)$ はすべて

有限集合．

証明する前に少し調べてみよう．以下 $E\neq\phi$ とする．

注意 4.8　pr_1E とは何だろう．E がモノイデアルだから pr_1E もモノイデアルである．だから $pr_1E=\{e\in\boldsymbol{Z}\mid e\geq d_1\}$ と書ける．したがって

$$\Gamma_1=\boldsymbol{Z}_0\backslash pr_1E=\{e\in\boldsymbol{Z}\mid 0\leq e<d_1\}.$$

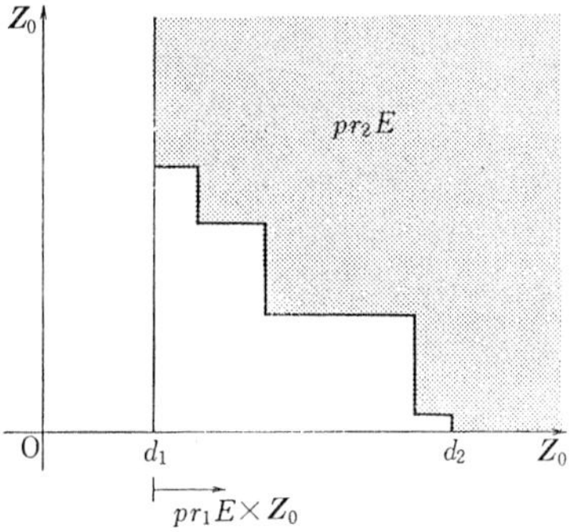

図 5

これはいつでも有限集合である．

注意 4.9　$\Gamma_2=pr_1E\times\boldsymbol{Z}\backslash pr_2E\subset\boldsymbol{Z}_0^2$．したがって Γ_2 が有限集合かどうかは，図をみれば pr_2E の右下端が下の軸についているかで決まることがわかる．

Γ_2 が有限集合 $\Longleftrightarrow$ $(d_2, 0)\in pr_2E$ となる d_2 がある．

注意 4.10　Γ_2 を 有限集合とする．$\Gamma_3=pr_2E\times\boldsymbol{Z}\backslash pr_3E$．

$(d_2+e, 0, 0)$，ただし $e\in\boldsymbol{Z}_0$ の形の元は必ず $pr_2E\times\boldsymbol{Z}$ に含まれるから，Γ_3 が有限集合であるためには，$(d_3, 0, 0)\in pr_3E$ となる d_3 が存在することが必要になる．

少しくふうをしよう．第1成分で切って考えてみる．$E(e)=\{e\}\times\boldsymbol{Z}_0^{n-1}\cap E$，$\Gamma_3(e)=(\{e\}\times\boldsymbol{Z}_0^{n-1})\cap\Gamma_3=pr_2E(e)\times\boldsymbol{Z}_0\backslash pr_3E(e)$ とおく．

$$\Gamma_3=\bigcup_{e\geq d_1}\Gamma_3(e)$$

であるが，$e\geq d_3$ に対しては $\Gamma_3(e)=\phi$ となるから，次の2条件が満たされれば，各 $\Gamma_3(e)$ そして Γ_3 が有限集合となる．

（1）　$(d_3, 0, 0)\in pr_3E$ となる d_3 が存在する．

（2）　$d_1\leq e<d_3$ を満たす e について必ず，$E(e)'=P(E(e))\subset\boldsymbol{Z}_0^{n-1}$ は注意 4.8 の条件を満たすモノイデアルである．

ただし，$P:\boldsymbol{Z}_0^n=\boldsymbol{Z}\times\boldsymbol{Z}_0^{n-1}\to\boldsymbol{Z}_0^{n-1}$ は後の $(n-1)$ 成分への射影である．

これでもう証明ができてしまっている．空でないモノイデアル E に対して，すべての Γ_i が有限集合であることを“E は有限性条件を満たす”ということにする．一般に，次の2条件が満たされれば E は有限性条件を満たす．

（1） $i=2, \cdots, n$ に対して $(d_i, \underbrace{0, \cdots, 0}_{(i-1)\text{ 個}}) \in pr_i E$ を満たす d_i が存在する.

（2） $pr_1 E = \{e \in \boldsymbol{Z}_0 \mid e \geq d_1\}$ のとき，$e \geq d_1$ となる任意の $e \in \boldsymbol{Z}_0$ について，$E(e)' \subset \boldsymbol{Z}_0^{n-1}$ が有限性条件を満たす．これは

$$\Gamma_i = \bigcup_{d_i > e \geq d_1} \Gamma_i(e), \qquad \Gamma_i(e) = \{e\} \times (pr_{i-1} E(e)' \times \boldsymbol{Z}_0 \backslash pr_i E(e)')$$

と書けることより明らかである.

命題 4.7 を帰納法で証明するには，あと“空でない E が単調ならば $(D, 0, \cdots, 0) \in E$ となる D があり，かつすべての $e \in \boldsymbol{Z}$ について $E(e)'$ は空でなければ単調モノイデアルである”をいえばよい．しかし，これは明らかである. （証終）

最後にいままでに証明したことを定理の形にしてまとめておこう.

定理 4.9 $I \subset \boldsymbol{C}\{z'\}$, $z' = (z'_1, \cdots, z'_n)$ をイデアルとする．n^2 個の変数 u_{ij}, $1 \leq i, j \leq n$ の複素数係数の 0 でない多項式 $H(u)$ があり，$\sigma = (\sigma_{ij}) \in GL(n, \boldsymbol{C})$ に対して，$H(\sigma) \neq 0$ ならば，$z = (z_1, \cdots, z_n)$, $z_i = \sum_{j=1}^{n} \sigma_{ij} z'_j$ の形の座標変換を行い，$E = \{\mathrm{lex}_z(\mathrm{in}(f)) \mid 0 \neq f \in I\}$ とおくと，E は単調モノイデアルであり，各整数 i $(1 \leq i \leq n)$ に対して $\Gamma_i = pr_{i-1} E \times \boldsymbol{Z}_0 \backslash pr_i E$ は有限集合となる．そして

$$\sum_{i=1}^{n} \sum_{A \in \Gamma_i} z^A \boldsymbol{C}\{z(i)\} \xrightarrow{\ K\ } \boldsymbol{C}\{z\}/I$$

は同型となり，左辺は直和となる．ここで $z(i) = (z_{i+1}, \cdots, z_n)$ とおいた．また左辺の和は $\boldsymbol{C}\{z\}$ の中で考えている.

演 習 問 題

1. 局所環 $A = \boldsymbol{C}\{z_1, \cdots, z_n\}/I$ のヒルベルト・サミュエル関数 $H_A(\nu)$ は，ν が十分大きいとき，多項式関数に一致する．つまり，$N > 0$ および多項式 $P(t) \in \boldsymbol{Q}[t]$ が存在して，$\nu \geq N$ のとき $P(\nu) = H_A(\nu)$.

2. この $P(t)$ の次数を A の**クルル次元**といい，$\dim A$ で表す．$\dim A = n - \min\{i \mid \Gamma_i \neq \phi\}$.

3. $d = \dim A = \deg P(t)$ とおくとき，$P(t)$ の最高次の係数の $d!$ 倍は整数である（この整数を局所環 A の**重複度**といい，$\mathrm{mult}\, A$ で表す）.

4. $\sharp(\Gamma_{n-d})=\mathrm{mult}\,A$. とくに $I=f\boldsymbol{C}\{z\}$ ($f\in\boldsymbol{C}\{z\}$) と単項イデアルのときには, $\mathrm{mult}\,A=\mathrm{ord}\,f$.

5. 一般の体 K 上の多項式環 $K[z_1,\cdots z_n]$ の斉次イデアル $\bar{I}$ に対しても, 本文と同じように, $E, \tilde{E}, E_\sigma$ などが定義できることを示せ.

6. 5で定義した $\tilde{E}$ は単調どころか, 実は**強単調**である. つまり

$$(a_1,\cdots,a_r,\cdots,a_s,\cdots,a_n)\in\tilde{E} \qquad (1\leq r<s\leq n)$$

かつ整数 h, $0\leq h\leq a_s$ に対して, 二項係数 $\binom{a_s}{h}$ は体の標数 $\mathrm{char}\,K$ の倍数ではないとする. すると

$$(a_1',\cdots,a_r',\cdots,a_s',\cdots,a_n')=(a_1,\cdots,a_r+h,\cdots,a_s-h,\cdots,a_n)\in\tilde{E}.$$

ここで

$$a_i'=a_i \quad (i\neq r,s), \qquad a_r'=a_r+h, \qquad a_s'=a_s-h$$

である.

注意 $s=r+1$. $a_{s+1}=\cdots=a_n=0$, $h=a_s$ のときの強単調の条件は, E が単調であることを示す.

2 位相環 $\mathscr{H}(\bar{\Delta}(\mathbf{r}))$ の構造

§5. イデアル基底の選択

前の章では $\boldsymbol{C}\{z\}/I$ について考えたが，こんどはイデアル I の方を考えてみよう．

問題は I の基底をうまく選ぶことである．モノイデアル E は I の構造を反映しているはずだから，E の生成元をうまく選ぶことをまず考えよう．

定義 5.1 いくつか記号を導入する．モノイデアル $E\subset\boldsymbol{Z}_0^n$ に対して

$$E_i=pr_i(E\cap\boldsymbol{Z}_0^i\times(0)^{n-i})\qquad(1\leq i\leq n)$$
$$=\{\alpha=(\alpha_1,\cdots,\alpha_i)\in\boldsymbol{Z}_0^i\,|\,(\alpha_1,\cdots,\alpha_i,0,\cdots,0)\in E\}$$
$$=\{\alpha=(\alpha_1,\cdots,\alpha_i)\in\boldsymbol{Z}_0^i\,|\,\alpha\times\boldsymbol{Z}_0^{n-i}\subset E\},$$

ただし

$$\boldsymbol{Z}_0^i\times(0)^{n-i}=\{(\alpha_1,\cdots,\alpha_n)\in\boldsymbol{Z}_0^n\,|\,\alpha_{i+1}=\alpha_{i+2}=\cdots=\alpha_n=0\},$$
$$\alpha\times\boldsymbol{Z}_0^{n-i}=\{(\alpha_1,\cdots,\alpha_i,\beta_{i+1},\cdots,\beta_n)\,|\,(\beta_{i+1},\cdots,\beta_n)\in\boldsymbol{Z}_0^{n-i}\}$$

である．さらに，$\Delta_0=\{\phi\}$，

$$\Delta_i=pr_iE_{i+1}\backslash E_i\qquad(1\leq i<n),$$
$$\Gamma_i'=(pr_{i-1}E_i)\times\boldsymbol{Z}_0\backslash E_i\qquad(1\leq i\leq n)$$

とおく．また

$$\Gamma_i=(pr_{i-1}E)\times\boldsymbol{Z}_0\backslash pr_iE\qquad(1\leq i\leq n)$$

は前と同じである．ただし $(pr_0E)\times\boldsymbol{Z}_0=(pr_0E_1)\times\boldsymbol{Z}_0=\boldsymbol{Z}_0$ と理解する．

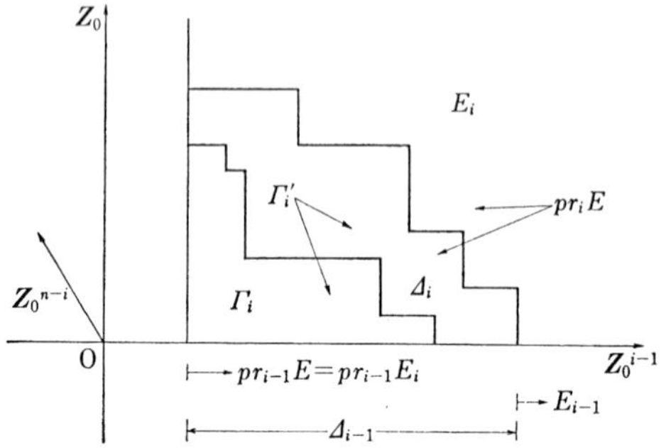

図 6

補題 5.2　単調モノイデアル E について，$j<i$ のとき，$pr_jE_i=pr_jE$.

証明　まず，$pr_{i-1}E_i=pr_{i-1}E$ を示す．$E_i\times(0)^{n-i}\subset E$ であるから，$pr_{i-1}E_i\subset pr_{i-1}E$. $(\alpha_1,\cdots,\alpha_{i-1})\in pr_{i-1}E$ とすれば，$(\alpha_1,\cdots,\alpha_{i-1},\alpha_i,\cdots,\alpha_n)\in E$ となる $\alpha_i,\cdots,\alpha_n$ が存在する．E は単調であったから，$(\alpha_1,\cdots,\alpha_{i-1},\sum_{j\geq i}\alpha_j,0,\cdots,0)=\alpha^*\in E$. ところが，$\alpha^*$ は $E_i\times(0)^{n-i}$ の元である．$(\alpha_1,\cdots,\alpha_{i-1})=pr_{i-1}\alpha^*\in pr_{i-1}E_i$. だから $pr_{i-1}E_i=pr_{i-1}E$.

これより，$j<i$ ならば次式がいえる．

$$pr_jE_i=pr_jpr_{i-1}E_i=pr_jpr_{i-1}E=pr_jE.\qquad\text{(証終)}$$

補題 5.3　E が単調モノイデアルならば，任意の整数 $i\,(1\leq i\leq n)$ について

$$\boldsymbol{Z}_0^i\backslash E_i=\bigcup_{j=1}^{i-1}\Gamma_j\times\boldsymbol{Z}_0^{i-j}\cup\Gamma_i',$$

ただし，右辺は共通部分のない部分集合の和である．

証明　$\boldsymbol{Z}_0^i\supset pr_1E_i\times\boldsymbol{Z}_0^{i-1}\supset pr_2E_i\times\boldsymbol{Z}_0^{i-2}\supset\cdots\supset pr_{i-1}E_i\times\boldsymbol{Z}_0\supset E_i$ である．そして補題 5.2 により

$$pr_{j-1}E_i\times\boldsymbol{Z}_0^{i-j+1}\backslash pr_jE_i\times\boldsymbol{Z}_0^{i-j}=\Gamma_j\times\boldsymbol{Z}_0^{i-j}\quad(j<i),$$
$$pr_{i-1}E_i\times\boldsymbol{Z}_0\backslash E_i=\Gamma_i'$$

となるから，証明ができた．　　(証終)

さて，$i\geq 2$ として，$\delta=(\delta_1,\cdots,\delta_{i-1})\in pr_{i-1}E_i$ をとろう．$\varepsilon\in\boldsymbol{Z}_0$ が存在して，$(\delta_1,\cdots,\delta_{i-1},\varepsilon)\in E_i$ となる．だから $d(\delta)=\min\{\varepsilon\in\boldsymbol{Z}_0\,|\,(\delta_1,\cdots,\delta_{i-1},\varepsilon)\in E_i\}$ が定まる．

また，$i=1$ の場合として，$E_1=\phi$ ならば $d(\phi)=\infty$, $E_1\neq\phi$ ならば $d(\phi)=\min\{\delta\in\boldsymbol{Z}\,|\,\delta\in E_1\}=\min\{\delta\in\boldsymbol{Z}_0\,|\,(\delta,0,\cdots,0)\in E\}$ とおく．

補題 5.4　$1\leq i\leq n$ について

$$\Gamma_i' = \bigcup_{\varepsilon \in \Delta_{i-1}} \varepsilon \times [0, d(\varepsilon)),$$

ただし，$\varepsilon = (\varepsilon_1, \cdots, \varepsilon_{i-1})$ について

$$\varepsilon \times [0, d(\varepsilon)) = \{(\varepsilon_1, \cdots, \varepsilon_{i-1}, \delta) \in \boldsymbol{Z}_0^i \mid 0 \leq \delta < d(\varepsilon)\},$$

また

$$\phi \times [0, d(\phi)) = \{\delta \in \boldsymbol{Z}_0 \mid 0 \leq \delta < d(\phi)\}$$

と書いた．

証明　$\Gamma_i' = (pr_{i-1}E_i) \times \boldsymbol{Z}_0 \backslash E_i$ であった．$\delta \in pr_{i-1}E_i$ について，$(\delta \times \boldsymbol{Z}_0) \cap \Gamma_i' = (\delta \times \boldsymbol{Z}_0) \backslash (\delta \times \boldsymbol{Z}_0) \cap E_i = \delta \times [0, d(\delta))$ となるから

$$\Gamma_i' = \bigcup_{\delta \in pr_{i-1}E_i} \delta \times [0, d(\delta)).$$

ところが，$d(\delta) = 0 \Longleftrightarrow (\delta_1, \cdots, \delta_{i-1}, 0) \in E_i \Longleftrightarrow (\delta_1, \cdots, \delta_{i-1}) \in E_{i-1}$ だから，$\Delta_{i-1} = pr_{i-1}E_i \backslash E_{i-1}$ であることに注意すれば，δ は Δ_{i-1} 内だけで動かせばよいことがわかる（$i=1$ の場合は $pr_0E_1 = \{\phi\}$，$E_{-1} = \phi$ と約束する）．（証終）

注意 5.5　E が単調なら，各 i $(1 \leq i \leq n)$ について，E_i は空でない単調モノイデアルになるから，命題 4.6 と補題 5.3 の証明により，Γ_i' は有限集合である．$\varepsilon \in \Delta_{i-1}$ ならば $\varepsilon \times [0, d(\varepsilon)) \neq \phi$ だから，上の補題の Γ_i' の表示より，Δ_{i-1} も有限集合になる．

補題 5.6　$\delta = (\delta_1, \cdots, \delta_{i-1}) \in \Delta_{i-1}$ に対して

$$A_{i\delta} = (\delta_1, \cdots, \delta_{i-1}, d(\delta), 0, \cdots, 0)$$

とおく．すると

$$E = \bigcup_{i=1}^{n} \bigcup_{\delta \in \Delta_{i-1}} (A_{i\delta} + \boldsymbol{Z}_0^n).$$

証明　まず，$\alpha = (\alpha_1, \cdots, \alpha_n) \in E$ が次の性質 P をもつとする．P: $\alpha \in \beta + \boldsymbol{Z}_0^n$ かつ $\alpha \neq \beta$ ならば $\beta \notin E$.

$\alpha^{(i)} = (\alpha_1, \cdots, \alpha_i, 0, \cdots, 0)$ と書き，$k = \min\{i \mid \alpha^{(i)} \in E\}$ とおけば P により $\alpha = \alpha^{(k)}$．$\delta = pr_{k-1}\alpha$ とおけば，$\delta \in \Delta_{k-1}$ であり，再び P により $\alpha_k = d(\delta)$，$\alpha = A_{k\delta}$ となる．

一般には $|\alpha|$ についての帰納法を用いる．$m = \min\{|\alpha| \,\big|\, \alpha \in E\}$ とおけば $\alpha \in E$ かつ $|\alpha| = m$ ならば α は性質 P をもつからよい．任意の $\alpha \in E$ については，α が P をもつときには上のことからよい．α が P をもたないとする．$\beta \in E$，$0 \neq \gamma \in \boldsymbol{Z}_0^n$ があり，$\alpha = \beta + \gamma$ と書ける．$|\beta| < |\alpha|$ だから，ある i，ある

$\delta\in\Delta_{i-1}$ があって $\beta\in A_{i\delta}+\boldsymbol{Z}_0^n$ としてよい．このとき $\alpha\in A_{i\delta}+\boldsymbol{Z}_0^n$.　（証終）

定理 5.7　イデアル $I\subset \boldsymbol{C}\{z_1,\cdots,z_n\}$ に対して，モノデアル $E=\{\mathrm{lex}(\mathrm{in}(f))\mid 0\neq f\in I\}$ は単調であるとする．I のイデアル基底として

$$\{f_{i\delta}\}_{1\leq i\leq n,\,\delta\in\Delta_{i-1}}.$$

ただし，

（Ⅰ）　$\mathrm{lex}(\mathrm{in}(f_{i\delta}))=A_{i\delta}$,

（Ⅱ）　$\mathrm{ex}(f_{i\delta})\cap E=\{A_{i\delta}\}$,

（Ⅲ）　$f_{i\delta}$ における $z^{A_{i\delta}}$ の係数は 1

を満たすものが一意的に存在する．そしてこれは

$$f_{i\delta}=f'_{i\delta}+\sum_{\varepsilon\in\Delta_{i-1}}z^{\varepsilon}P_{i\delta\varepsilon},$$

$$f'_{i\delta}\in\sum_{j=1}^{i-1}\sum_{\gamma\in\Gamma_j}z^{\gamma}\boldsymbol{C}\{z(j)\},$$

$$P_{i\delta\varepsilon}\in\boldsymbol{C}\{z(i)\}[z_i],$$

$\delta\neq\varepsilon$ のとき　$\deg_{z_i}P_{i\delta\varepsilon}<d(\varepsilon)$,

$\delta=\varepsilon$ のとき　$P_{i\delta\delta}$ は z_i について $d(\delta)$ 次の最高次の係数が 1 の多項式

と表示される．

注意 5.8　$z(i)=(z_{i+1},z_{i+2},\cdots,z_n)$ であった．また，各 (i,δ) ごとに条件（Ⅰ），（Ⅱ），（Ⅲ）を満たす $f_{i\delta}\in I$ が選べるなら，系 3.10 によれば，自動的に $\{f_{i\delta}\mid 1\leq i\leq n,\ \delta\in\Delta_{i-1}\}$ が I を生成することになる．

証明　まず，任意の i $(1\leq i\leq n)$，$\delta\in\Delta_{i-1}$ に対して，$f_{i\delta}\in I$ で $A_{i\delta}=\mathrm{lex}(\mathrm{in}(f_{i\delta}))$ となるものがとれる．$z^{A_{i\delta}}$ の係数は 1 としてよい．$f_{i\delta}=z^{A_{i\delta}}+h_{i\delta}$ と書ける．ワイエルシュトラスの定理を $h_{i\delta}$ に適用すれば

$$h_{i\delta}=r+s,\qquad r\in\sum_j\sum_{\gamma\in\Gamma_j}z^{\gamma}\boldsymbol{C}\{z(j)\},\qquad s\in I,$$

$$\mathrm{ord}(r)\geq\mathrm{ord}(h_{i\delta})\geq\mathrm{ord}(f_{i\delta})$$

と書ける．$f^*_{i\delta}=z^{A_{i\delta}}+r$ とおこう．$f^*_{i\delta}=f_{i\delta}-s\in I$．そして，$\mathrm{ord}(f^*_{i\delta})=|A_{i\delta}|=\mathrm{ord}(f_{i\delta})$ だから，$\mathrm{in}(f^*_{i\delta})$ は $|A_{i\delta}|$ 次の多項式．$\mathrm{lex}(\mathrm{in}(f^*_{i\delta}))\in\mathrm{ex}(r)$ ならば，$f^*_{i\delta}\in I$ だから，$\mathrm{lex}(\mathrm{in}(f^*_{i\delta}))\in E\cap\mathrm{ex}(r)\neq\phi$ となり矛盾．したがって $\mathrm{lex}(\mathrm{in}(f^*_{i\delta}))=A_{i\delta}$．$f^*_{i\delta}$ は（Ⅰ），（Ⅱ），（Ⅲ）を満たす．

$f^{**}_{i\delta}$ も（Ⅰ），（Ⅱ），（Ⅲ）を満たすとする．$g=f^*_{i\delta}-f^{**}_{i\delta}$ とおく．$g\neq 0$ なら

ば，$g\in I$ だから $\mathrm{lex}(\mathrm{in}(g))\in E$. ところが，条件（II），(III) より $\mathrm{ex}(g)\cap E=\phi$. $\mathrm{lex}(\mathrm{in}(g))\in\mathrm{ex}(g)$ だから矛盾. $f_{i\delta}^{*}=f_{i\delta}^{**}$ となる.

一意性がいえたので * をとって，$f_{i\delta}=z^{A_{i\delta}}+h_{i\delta}$ と書こう.

$$\Gamma_i'\times \boldsymbol{Z}_0^{n-i}=pr_{i-1}E\times \boldsymbol{Z}_0^{n-i+1}\backslash E_i\times \boldsymbol{Z}_0^{n-i},$$

$$\bigcup_{j=i}^{n}\Gamma_j\times \boldsymbol{Z}_0^{n-j}=pr_{i-1}E\times \boldsymbol{Z}_0^{n-i+1}\backslash E,$$

$$E\supset E_i\times \boldsymbol{Z}_0^{n-i}$$

であるから

$$\Gamma_i'\times \boldsymbol{Z}_0^{n-i}\supset\bigcup_{j=i}^{n}\Gamma_j\times \boldsymbol{Z}_0^{n-j}.$$

このことから，$h_{i\delta}=f_{i\delta}'+r'$, $\mathrm{ex}(f_{i\delta}')\subset\bigcup_{j=1}^{i-1}\Gamma_j\times \boldsymbol{Z}_0^{n-j}$, $\mathrm{ex}(r')\subset\bigcup_{j=i}^{n}\Gamma_j\times \boldsymbol{Z}_0^{n-j}$ と書いたとき

$$r'\in\sum_{\gamma\in\Gamma_i'}z^{\gamma}\boldsymbol{C}\{z(i)\}.$$

ところが

$$\Gamma_i'=\bigcup_{\varepsilon\in\Delta_{i-1}}\varepsilon\times[0,d(\varepsilon))$$

であったから

$$r'\in\sum_{\varepsilon\in\Delta_{i-1}}\sum_{k=0}^{d(\varepsilon)-1}z^{\varepsilon}z_i^{k}\boldsymbol{C}\{z(i)\},$$

つまり

$$r'=\sum_{\varepsilon\in\Delta_{i-1}}z^{\varepsilon}P_{i\delta\varepsilon}',\qquad P_{i\delta\varepsilon}'\in\boldsymbol{C}\{z(i)\}[z_i],\qquad \deg_{z_i}P_{i\delta\varepsilon}'<d(\varepsilon)$$

と書ける. $\delta\neq\varepsilon$ のとき $P_{i\delta\varepsilon}=P_{i\delta\varepsilon}'$, $\delta=\varepsilon$ のとき $P_{i\delta\delta}=z_i^{d(\delta)}+P_{i\delta\delta}'$ とおけば，定理の条件はすべて満たされる. (証終)

注意 5.9 実は

$$I=\sum_{j=1}^{n}\sum_{\delta\in\Delta_{j-1}}\boldsymbol{C}\{z(j-1)\}f_{j\delta}\qquad(\text{直和})$$

となることが示せる.

注意 5.10 $\mathrm{lex}(\mathrm{in}(f_{i\delta}))=\mathrm{lex}(\mathrm{in}(z^{\delta}P_{i\delta\delta}))=A_{i\delta}$ であることより

$P_{i\delta\delta}$ の z_i^e の係数の位数 $\geq d(\delta)-e$,

$P_{i\delta\varepsilon}(\delta\neq\varepsilon)$ の z_i^e の係数の位数 $\geq\mathrm{ord}(f_{i\delta})-|\varepsilon|-e=d(\delta)+|\delta|-|\varepsilon|-e$.

また，$P_i=\det(P_{i\delta\varepsilon})_{\delta,\varepsilon\in\Delta_{i-1}}$ とおくと，これは $\boldsymbol{C}\{z(i)\}[z_i]$ の元で，z_i については次数 $D_i=\sum_{\delta\in\Delta_{i-1}}d(\delta)$ の最高次の係数が 1 の多項式である．そして，$\mathrm{ord}(z^\varepsilon P_{i\delta\varepsilon})\geq\delta+d(\delta)$ だから，$\mathrm{ord}(\prod_{\varepsilon\in\Delta_{i-1}}z^\varepsilon\cdot P_i)\geq\sum_{\delta\in\Delta_{i-1}}(\delta+d(\delta))$．したがって，$\mathrm{ord}\,P_i\geq D_i$.

結局，$\mathrm{ord}\,P_i=D_i=\deg_{z_i}P_i$ であり，P_i の係数は $z_i^{D_i}$ の係数が 1 である以外原点で消えることがわかる．

§6.　$\mathscr{H}(\bar{\Delta}(r))$ の直和表示

いよいよクライマックスの定理へ向かう．いままではいわば“無限小”の近傍上の関数環 $\boldsymbol{C}\{z\}$ を考えてきたが，クライマックスでは小さいが有限の大きさをもった近傍上の関数環 $\mathscr{H}(\bar{\Delta}(r))$ のしくみがわかるようになる．

記号 6.1　$r=(r_1,\cdots,r_n)\in\boldsymbol{R}_+^n$ に対して

$$\bar{\Delta}(r)=\{z=(z_1,\cdots,z_n)\in\boldsymbol{C}^n \mid \text{すべての}\ i\,(1\leq i\leq n)\ \text{に対して}\ |z_i|\leq r_i\}$$

とおき，半径 r の**閉多重円板**と呼ぶ．

$$\mathscr{H}(\bar{\Delta}(r))=\{\bar{\Delta}(r)\ \text{上の正則関数全体}\}$$

と書く．$\mathscr{H}(\bar{\Delta}(r))$ の元とは，$\bar{\Delta}(r)$ を含むある開集合上で正則な関数を $\bar{\Delta}(r)$ に制限したものである．

$r\in\boldsymbol{R}_+^n$ について，$r(i)=(r_{i+1},\cdots,r_n)$ と書き，$\bar{\Delta}(r(i))\subset\boldsymbol{C}^{n-i}$，$\mathscr{H}(\bar{\Delta}(r(i)))$ も同様に定めよう．

r を固定したときには，簡単のため次のように書くことにする．

$$\mathscr{H}(0)=\mathscr{H}(\bar{\Delta}(r)),\qquad \mathscr{H}(i)=\mathscr{H}(\bar{\Delta}(r(i))).$$

$f\in\mathscr{H}(\bar{\Delta}(r))$ のノルムは次のように定める．

$$\|f\|=\|f\|_{\bar{\Delta}(r)}=\max\{|f(\zeta)| \mid \zeta\in\bar{\Delta}(r)\}.$$

定理 6.2　イデアル $I\subset\boldsymbol{C}\{z\}$ について，モノイデアル $E=\{\mathrm{lex}(\mathrm{in}(f))\mid 0\neq f\in I\}$ は単調だとする．定理 5.7 の条件を満たすイデアル基底 $\{f_{i\delta}\}$ を選ぶ．そして $r\in\boldsymbol{R}_+^n$ が次の条件（I），（II）を満たすとしよう．

（I）　$f_{i\delta}, f'_{i\delta}, P_{i\delta\varepsilon}$ は $\bar{\Delta}(r)$ 上正則，

（II）　すべての $i\,(1\leq i\leq n)$ に対して，$P_i(z_i,z(i))=\det(P_{i\delta\varepsilon})\in\boldsymbol{C}\{z(i)\}[z_i]$ は，最高次の係数が 1 の z_i の多項式であるが，$\zeta(i)\in\bar{\Delta}(r(i))$ について必ず

$P_i(z_i, \zeta(i))=0$ の根はすべて，$|z_i|<r_i$ を満たす.

このとき，

（1） すべての $g\in\mathscr{H}(0)=\mathscr{H}(\bar{\Delta}(r))$ は一意的に

$$g=\sum_{j=1}^{n}\sum_{\gamma\in\Gamma_j}z^\gamma g_{j\gamma}+\sum_{i=1}^{n}\sum_{\delta\in\Delta_{i-1}}g'_{i-1,\delta}f_{i\delta},$$

ただし，$g_{j\gamma}\in\mathscr{H}(\bar{\Delta}(j))$，$g'_{i-1,\delta}\in\mathscr{H}(\bar{\Delta}(i-1))$ と書ける.

（2） $r\in\boldsymbol{R}^n_+$ と $\{f_{i\gamma}\}$ に依存する正の数 M があり，すべての $j,\gamma,i-1,\delta$ に対して

$$\|g_{j\gamma}\|\leq M\|g\|,\qquad \|g_{i-1,\delta}\|\leq M\|g\|.$$

証明 帰納法を用いることを考えよう．$E_k=\{\alpha\in\boldsymbol{Z}^k_0\,|\,\alpha\times\boldsymbol{Z}^{n-k}_0\subset E\}$ とおけば

$$\boldsymbol{Z}^{k-1}_0\backslash E_{k-1}=\bigcup_{j=1}^{k-2}\Gamma_j\times\boldsymbol{Z}^{k-j}_0\cup\Gamma'_{k-1}$$

であった(補題 5.3)．だから $g\in\mathscr{H}(0)$ に対して

$$g=\sum_{j=1}^{k-2}\sum_{\gamma\in\Gamma_j}z^\gamma h_{j\gamma}+\sum_{\gamma\in\Gamma'_{k-1}}z^\gamma h''_{k-1,\gamma}+\sum_{i=1}^{k-1}\sum_{\delta\in\Delta_{i-1}}h'_{i-1,\delta}f_{i\delta},\tag{6.1}$$

$$h_{j\gamma}\in\mathscr{H}(\bar{\Delta}(i)),\quad h'_{i-1,\delta}\in\mathscr{H}(\bar{\Delta}(i-1)),\quad h''_{k-1,\gamma}\in\mathscr{H}(\bar{\Delta}(k-1))$$

の形の式が $k=1,2,\cdots,n+1$ について成立してくれば，$\Gamma_n=\Gamma'_n$ だから，$k=n+1$ の場合として定理が成立する．I_k を $\{f_{i\delta}|0<i\leq k-1,\ \delta\in\Delta_{i-1}\}$ で生成されるイデアルとすれば，イデアル列 $0=I_1\subset I_2\subset\cdots\subset I_{n+1}=I$ が得られるから，小さいイデアルから順番に定理を示し，最後に I に達しようというわけだ．$k=1$ の場合は (6.1) は何もいっていないから正しい．納帰法のステップを次に進めるためには，(6.1) の2番目のシグマの部分がうまく書き直せるようになってほしい.

定義 5.1 と補題 5.2 により

$$\Gamma'_{k-1}=\Gamma_{k-1}\cup\Delta_{k-1},\qquad \Gamma_{k-1}\cap\Delta_{k-1}=\phi$$

だから

$$\sum_{\gamma\in\Gamma'_{k-1}}z^\gamma h''_{k-1,\gamma}=\sum_{\gamma\in\Gamma_{k-1}}z^\gamma h''_{k-1,\gamma}+\sum_{\delta\in\Delta_{k-1}}z^\delta h''_{k-1,\delta}.\tag{6.2}$$

補題 6.3 整数 $k(1\leq k\leq n)$ と $h''_{k-1,\delta}\in\mathscr{H}(k-1)\,(\delta\in\Delta_{k-1})$ に対して，一意的に $g'_{k-1,\varepsilon}\in\mathscr{H}(k-1)$，$g''_{kj\delta}\in\mathscr{H}(k)\,(\varepsilon\in\Delta_{k-1},\ \delta\in\Delta_{k-1},\ 0\leq j<d(\delta))$ が定ま

り，すべての $\delta\in\varDelta_{k-1}$ について次の等式を満たす．

$$h''_{k-1,\delta}=\sum_{\varepsilon\in\varDelta_{k-1}}g'_{k-1,\varepsilon}P_{k\varepsilon\delta}+\sum_{j=0}^{d(\delta)-1}g''_{kj\delta}z_k^j.$$

そして，$r=(r_1,\cdots,r_n)\in\boldsymbol{R}_+^n$ と $\{P_{k\varepsilon\delta}\}_{\varepsilon,\delta\in\varDelta_{k-1}}$ のみに依存する正の数 M' があり，$\|h''_{k-1}\|=\max_{\delta\in\varDelta_{k-1}}\|h''_{k-1,\delta}\|$ と書くとき

$$\|g'_{k-1,\varepsilon}\|\leq M'\|h''_{k-1}\|,\qquad \|g''_{kj\delta}\|\leq M'\|h''_{k-1}\|\qquad (\varepsilon,\delta\in\varDelta_{k-1},\ 0\leq j<d(\delta)).$$

補題が示せたとしよう．$\varepsilon\in\varDelta_{k-1}$ について

$$f_{k,\varepsilon}=\sum_{j=1}^{k-1}\sum_{\gamma\in\Gamma_j}z^\gamma b_{j\varepsilon\gamma}+\sum_{\delta\in\varDelta_{k-1}}z^\delta P_{k\varepsilon\delta},$$

$$b_{j\varepsilon\gamma}\in\mathscr{H}(j),\qquad P_{k\varepsilon\delta}\in\mathscr{H}(k)[z_k]\tag{6.3}$$

と一意的に書けることにまず注意しよう．補題 6.3 および (6.3) より

$$\sum_{\delta\in\varDelta_{k-1}}z^\delta h''_{k-1,\delta}=\sum_{\varepsilon\in\varDelta_{k-1}}g'_{k-1,\varepsilon}\Big(\sum_{\delta\in\varDelta_{k-1}}z^\delta P_{k\varepsilon\delta}\Big)+\sum_{\delta\in\varDelta_{k-1}}\sum_{j=0}^{d(\delta)-1}g''_{kj\delta}z^\delta z_k^j$$

$$=-\sum_{j=1}^{k-1}\sum_{\gamma\in\Gamma_j}z^\gamma\Big(\sum_{\varepsilon\in\varDelta_{k-1}}g'_{k-1,\varepsilon}b_{j,\varepsilon\gamma}\Big)+\sum_{\varepsilon\in\varDelta_{k-1}}g'_{k-1,\varepsilon}f_{k,\varepsilon}+\sum_{\gamma\in\Gamma_k'}g''_{k,\gamma}z^\gamma,$$

ただし，$\delta=(\delta_1,\cdots,\delta_{k-1})\in\varDelta_{k-1}$，$0\leq j<d(\delta)$ に対して，$\gamma=(\delta_1,\cdots,\delta_{k-1},j)$ とおくと，$\Gamma'_k=\bigcup_{\delta\in\varDelta_{k-1}}\delta\times[0,d(\delta))$ であったから，$\gamma\in\Gamma'_k$ である．このとき $g''_{k,\gamma}=g''_{kj\delta}$ とおいた．

(6.1), (6.2) より，結局

$$g=\sum_{j=1}^{k-2}\sum_{\gamma\in\Gamma_j}z^\gamma\Big(h_{j\gamma}-\sum_{\varepsilon\in\varDelta_{k-1}}g'_{k-1,\varepsilon}b_{j,\varepsilon\gamma}\Big)+\sum_{\gamma\in\Gamma_{k-1}}z^\gamma\Big(h''_{k-1,\gamma}-\sum_{\varepsilon\in\varDelta_{k-1}}g'_{k-1,\varepsilon}b_{k-1,\varepsilon\gamma}\Big)$$

$$+\sum_{\gamma\in\Gamma_k'}g''_{k,\gamma}z^\gamma+\sum_{i=1}^{k-1}\sum_{\delta\in\varDelta_{i-1}}h'_{i-1,\delta}f_{i\delta}+\sum_{\varepsilon\in\varDelta_{k-1}}g'_{k-1,\varepsilon}f_{k,\varepsilon}$$

となる．この式より，(6.1) において $h_{j,\gamma}\in\mathscr{H}(j)$，$h'_{k-1}\in\mathscr{H}(k-1)$，$h'_{i-1,\delta}\in\mathscr{H}(i-1)$ と仮定すれば，帰納法の次のステップでも変数がどこから現れるかについて，同じ仮定が成立することがわかる．また，$h'_{i-1,\delta}$ は $k\geq i$ ならば k によらずに定まることもわかる．だから，定理 6.2 で表示の存在と $\{g'_{i-1,\delta}\}$ の一意性がわかる．$\{g_{j,\gamma}\}$ の一意性は接的ワイエルシュトラスの定理における一意性から明らかである．あとはノルムについての条件さえいえばよい．

帰納法を用いるとして，条件 (I), (II) を満たす $\boldsymbol{r}\in\boldsymbol{R}_+^n$ および $\{f_{i\delta}\}$ にのみ依存する正の数 M_1 があり

$$\|h_{j\gamma}\|\leq M_1\|g\|,\qquad \|h''_{k-1,\gamma}\|\leq M_1\|g\|,\qquad \|h'_{i-1,\delta}\|\leq M_1\|g\|\tag{6.4}$$

としてよい．また補題 6.3 により

$$\|g'_{k-1,\varepsilon}\| \leq M'\|h''_{k-1}\|, \qquad \|g''_{kj\delta}\| \leq M'\|h''_{k-1}\|.$$

$K=\max\limits_{j,\varepsilon,\gamma}\|b_{j\varepsilon\gamma}\|$ とおき，$M=\max\{M_1, M_1M', M_1+(\#\varDelta_{k-1})\cdot KM'M_1\}$ とでもおけば，前の g の表示式により，帰納法の次のステップでも (6.4) の形の評価式が成立することがわかる．定理 6.2 が一応証明された． (証終)

補題 6.3 の証明が残っている．

証明 δ や ε を $\varDelta_{k-1}$ 内で走らせて，$h''_{k-1,\delta}$, $g'_{k-1,\varepsilon}$, $g''_{kj\delta}$ などは横ベクトル h''_{k-1}, g'_{k-1}, g''_{kj} の成分，$P_{k\varepsilon\delta}$ はマトリクス $\boldsymbol{P}_k$ の成分であるとみれば

$$h_{k-1}=g'_{k-1}\cdot\boldsymbol{P}_k+\sum_j g''_{kj}z_k^j \tag{6.5}$$

(h の肩の ″ は以後は省くことにする)

である．これを g'_{k-1}, g''_{kj} についての方程式とみて，解を次の形に求める．

$$g'_{k-1}=\frac{1}{2\pi\sqrt{-1}}\int_{|\zeta_k|=r_k+\theta}\frac{h_{k-1}(\zeta_k, z(k))\boldsymbol{P}_k(\zeta_k, z(k))^{-1}}{\zeta_k-z_k}d\zeta_k.$$

そして

$$\boldsymbol{P}_k(\zeta_k, z(k))-\boldsymbol{P}_k(z_k, z(k))=(\zeta_k-z_k)\sum_j \boldsymbol{Q}_{kj}(\zeta_k, z(k))z_k^j$$

により行列 $\boldsymbol{Q}_{kj}$ を定めて

$$g''_{kj}=\frac{1}{2\pi\sqrt{-1}}\int_{|\zeta_k|=r_k+\theta}h_{k-1}(\zeta_k, z(k))\boldsymbol{P}_k(\zeta_k, z(k))^{-1}\boldsymbol{Q}_{kj}(\zeta_k, z(k))d\zeta_k.$$

ただし，$\theta>0$ は十分小さい正の実数で，積分路 $|\zeta_k|=r_k+\theta$ が積分されるすべての関数の定義域にはいるようにとる(定義により $\mathscr{H}(\bar{\varDelta}(r))$ の元は $\bar{\varDelta}(r)$ を含むある開集合で定義されている)．

まず，$j\geq d(\delta)$ のとき，$g''_{kj\delta}=0$．なぜなら $\deg_{z_k}P_{k\varepsilon\delta}\leq d(\delta)$ だから

$$P_{k\varepsilon\delta}(\zeta_k)-P_{k\varepsilon\delta}(z_k)=(\zeta_k-z_k)\sum_j Q_{kj\varepsilon\delta}(\zeta_k)z_k^j$$

の右辺も z_k についてたかだか $d(\delta)$ 次の多項式のはずである．したがって，$j\geq d(\delta)$ ならば $Q_{kj\varepsilon\delta}=0$．ゆえに $g''_{kj\delta}=0$．そして (6.5) が成り立つ．実際

$$\begin{aligned}&g'_{k-1}\cdot\boldsymbol{P}_k+\sum_j g''_{kj}z_k^j\\&=\frac{1}{2\pi\sqrt{-1}}\int_{|\zeta_k|=r_k+\theta}\frac{h_{k-1}(\zeta_k, z(k))\boldsymbol{P}_k(\zeta_k, z(k))^{-1}}{\zeta_k-z_k}\\&\qquad\cdot\{\boldsymbol{P}_k(z_k, z(k))+\sum_j(\zeta_k-z_k)\boldsymbol{Q}_{kj}(\zeta_k, z(k))z_k^j\}d\zeta_k\end{aligned}$$

$$=\frac{1}{2\pi\sqrt{-1}}\int_{|\zeta_k|=r_k+\theta}\frac{h_{k-1}(\zeta_k, z(k))}{\zeta_k-z_k}d\zeta_k$$

$$=h_{k-1}(z_k, z(k)).$$

なぜならば，上の｛　｝内は $\boldsymbol{P}_k(\zeta_k, z(k))$ に等しい．

次に g'_{k-1}, g''_{kj} の一意性をいう．それには

$$g'_{k-1}\cdot\boldsymbol{P}_k+\sum_j g''_{kj}z_k^j=0 \quad \text{のとき} \quad g'_{k-1}=0$$

をいえば，自動的に g''_{kj} も 0 になり，十分である．さて，

$$g'_{k-1}(z(k-1))=\frac{1}{2\pi\sqrt{-1}}\int_{|\zeta_k|=r_k+\theta}\frac{g'_{k-1}(\zeta_k, z(k))}{\zeta_k-z_k}d\zeta_k$$

$$=\frac{1}{2\pi\sqrt{-1}}\int\frac{(g_{k-1}\cdot\boldsymbol{P}_k)(\zeta_k, z(k))\boldsymbol{P}_k(\zeta_k, z(h))^{-1}}{\zeta_k-z_k}d\zeta_k$$

$$=\frac{-1}{2\pi\sqrt{-1}}\int\frac{\sum_j g''_{kj}\zeta_k^j\cdot\boldsymbol{P}_k(\zeta_k, z(k))^{-1}}{\zeta_k-z_k}d\zeta_k,$$

したがって

$$g'_{k-1,\delta}(z_k, z(k))=\frac{-1}{2\pi\sqrt{-1}}\int\frac{子(\zeta_k, z(k))}{(\zeta_k-z_k)P_k(\zeta_k, z(k))}d\zeta_k, \qquad (6.6)$$

ただし

$$P_k(z_k, z(k))=\det\boldsymbol{P}_k(z_k, z(k)),$$

$$子(\zeta_k, z(k))=\sum_{\varepsilon\in\varDelta_{k-1}}\sum_{j=0}^{d(\varepsilon)-1}g''_{kj\varepsilon}(z(k))\zeta_k^j t_{\varepsilon\delta}(\zeta_k, z(k)).$$

$t_{\varepsilon\delta}(z_k, z(k))$ は $\boldsymbol{P}_k(z_k, z(k))$ の (δ, ε)-余因子行列式．$\deg_{z_k}P_{k\delta\varepsilon}\leq d(\varepsilon)$ であったことを思い出そう．

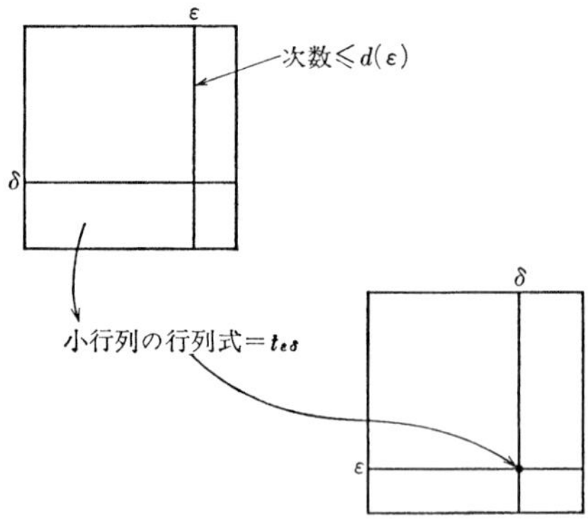

図 7

$D=\sum_{\delta\in\varDelta_{k-1}}d(\delta)$ とおくとき，$\deg_{\zeta_k}t_{\varepsilon\delta}(\zeta_k, z(k))\leq D-d(\varepsilon)$ となり，$\deg_{\zeta_k}子(\zeta_k, z(k))\leq D-1$ である．

$(z_k, z(k))\in\bar{\varDelta}(k-1)$ を固定し，ζ_k 平面で考える．積分路の外 $\{|\zeta_k|\geq r_k+\theta\}$ では定理 6.2 の根の条件（II）により (6.6) の積分される関数の分母 (ζ_k-z_k)

$P_k(\zeta_k, z(k))$ は正則であり，かつ零点をもたない．

$\zeta_k=\eta^{-1}$ と変数変換すれば $d\zeta_k=-\eta^{-2}d\eta$ であり，

$$g'_{k-1,\delta}(z_k, z(k))=\frac{1}{2\pi\sqrt{-1}}\int\frac{子(1/\eta, z(k))\cdot\eta^{D-1}}{(1/\eta-z_k)P_k(1/\eta, z(k))\cdot\eta^{D+1}}d\eta.$$

被積分関数は $0<|\eta|\leq 1/(r_k+\theta)$ で正則である．ところが $\deg_{\zeta_k}子(\zeta_k, z(k))\leq D-1$ だったから，子$(1/\eta, z(k))\cdot\eta^{D-1}$ は $\eta=0$ で正則．同様に，$H(\eta)=(1/\eta-z_k)P_k(1/\eta, z(k))\cdot\eta^{D+1}$ は $\eta=0$ で正則．さらに，$P_k(z_k, z(k))$ が z_k については次数 D の最高次の係数が 1 の多項式であったことに注意すると，$H(0)=1\neq 0$ となり，被積分関数は $\eta=0$ でも正則であることになる．コーシー(Cauchy)の積分定理により

$$g'_{k-1,\delta}(z_k, z(k))=0.$$

最後にノルムについての条件を証明する．

行列やベクトルのノルムとは，その成分のノルムの最大値とする．たとえば $\|\boldsymbol{P}_k\|=\max_{\varepsilon,\delta\in\varDelta_{k-1}}\|P_{k\varepsilon\delta}\|$.

コーシーの積分定理によれば，g''_{kj} の定義の積分路を少し縮められることに注意しよう．つまり

$$\begin{aligned}g''_{kj}&=\frac{1}{2\pi\sqrt{-1}}\int_{|\zeta_k|=r_k+\theta}h_{k-1}(\zeta_k, z(k))\boldsymbol{P}_k(\zeta_h, z(k))^{-1}\boldsymbol{Q}_{kj}(\zeta_k, z(h))d\zeta_k\\&=\frac{1}{2\pi\sqrt{-1}}\int_{|\zeta_k|=r_k}h_{k-1}(\zeta_k, z(k))\boldsymbol{P}_k(\zeta_k, z(k))^{-1}\boldsymbol{Q}_{kj}(\zeta_k, z(k))d\zeta_k.\end{aligned}$$

$L=\min\{|P_k(\zeta_k, z(k))|\,\big|\,|\zeta_k|=r_k,\ z(k)\in\bar{\varDelta}(r(k))\}$ とおけば，根の条件 (II) により $L>0$ である．そして $m=\#(\varDelta_{k-1})$ とおくとき．

$$\|g''_{kj}\|\leq m^2\|h_{k-1}\|\,\|t\|\,\|\boldsymbol{Q}_{kj}\|\cdot\frac{1}{L}\cdot r_k.$$

$M_1=\max_j m^2\|t\|\,\|\boldsymbol{Q}_{kj}\|\cdot r_k/L$, $d_0=\max_{\delta\in\varDelta_{k-1}}d(\delta)$ とおく．

$$g'_{k-1}(\zeta_k, z(k))=\boldsymbol{P}_k(\zeta_k, z(k))^{-1}\{h_{k-1}(\zeta_k, z(k))-\sum_{j=0}^{d_0-1}g'_{k,j}(z(k))\zeta_k^j\}$$

だから $|\zeta_k|=r_k$ のとき，関数 $z(k)\longmapsto g'_{k-1}(\zeta_k, z(k))$ について

$$\|g'_{k-1}(\zeta_k, z(k))\|_{\bar{\varDelta}(r(k))}\leq\frac{m\|t\|}{L}(1+\sum_{j=0}^{d_0-1}M_1r_k^j)\|h_{k-1}\|,$$

ところが，最大値の原理より $\|g'_{k-1}\|\leq\max_{|\zeta_k|=r_k}\|g'_{k-1}(\zeta_k, z(k))\|_{\bar{\varDelta}(r(k))}$ であるから

$$M'=\max\{M_1, \frac{m\|t\|}{L}(1+\sum_{j=0}^{d_0-1}M_1r_k^j)\}$$

とおけば

$$\|g'_{k-1}\|\leq M'\|h_{k-1}\|, \qquad \|g''_{kj}\|\leq M'\|h_{k-1}\|. \qquad \text{(証終)}$$

§7.　ま　と　め

いままでの結果を使いやすい形にまとめよう.

定義 7.1　関数 $\rho_i:\boldsymbol{R}_+^{i-1}\to\boldsymbol{R}_+$ が**単調**とは，　$r=(r_1,\cdots,r_{i-1})$，　$r'=(r'_1,\cdots,r'_{i-1})\in\boldsymbol{R}_+^{i-1}$ について，$r_j\geq r'_j$ がすべての $j(1\leq j\leq i-1)$ について成り立つならば，$\rho_i(r)\geq\rho_i(r')$ となることとする.

ただし，$\boldsymbol{R}_+^0=\{\phi\}$ と約束する．$\rho_1=\rho_1(\phi)$ は $\boldsymbol{R}_+$ の元と同一視される.

$\boldsymbol{R}_+^n$ の部分集合 Λ が ***P*-システム** であるとは，単調関数の系 $\rho_i:\boldsymbol{R}_+^{i-1}\to\boldsymbol{R}_+$, $i=1,2,\cdots,n$ があり，$\Lambda=\{(r_1,\cdots,r_n)\in\boldsymbol{R}_+^n \mid$ すべての i $(1\leq i\leq n)$ について，$r_i<\rho_i(r_1,\cdots,r_{i-1})\}$ と書けることとする.

注意 7.2　P-システム $\Lambda\subset\boldsymbol{R}_+^n$ は空でない．また任意の正の実数 ε に対して，$(r_1,\cdots,r_n)\in\Lambda$ で，$0<r_i<\varepsilon(1\leq i\leq n)$ となるものがある．実数 $r_1,\cdots,r_n$ を順番に $0<r_i<\min\{\rho_i(r_1,\cdots,r_{i-1}),\varepsilon\}$ を満たすようにとってゆけばよい.

定理 7.3　U を原点Oを含む $\boldsymbol{C}^n$ の開集合，$g_1,\cdots,g_m$ を U 上の正則関数とすると，n^2 個の変数 u_{ij}, $1\leq i,j\leq n$ の 0 でない多項式 H が決まり，次の条件を満たす．条件：$\sigma\in GL(n,\boldsymbol{C})$ が $H(\sigma)\neq0$ を満たすならば，σ および $g_1,\cdots,g_m$ に依存して P-システム $\Lambda\subset\boldsymbol{R}_+^n$ が定まり，σ により $\boldsymbol{C}^n$ の座標を線型変換し，新座標を $z_1,\cdots,z_n$ とすると，すべての $r=(r_1,\cdots,r_n)\in\Lambda$ について

（1）　$\bar{\Delta}(r)=\{(z_1,\cdots,z_n)\in\boldsymbol{C}^n \mid |z_i|\leq r_i(1\leq i\leq n)\}\subset U$,

（2）　写像 $\mathscr{H}(\bar{\Delta}(r))^m\xrightarrow{g}\mathscr{H}(\bar{\Delta}(r))$ を

$$g(h_1,\cdots,h_m)=\sum_{i=1}^m h_ig_i$$

によって定めるとき，$\mathscr{H}(\bar{\Delta}(r))$ のノルム $\|\ \|_{\bar{\Delta}(r)}$ により定まる位相について連続な $\boldsymbol{C}$-線型写像

$$g^*:\mathscr{H}(\bar{\Delta}(r))\to\mathscr{H}(\bar{\Delta}(r))^m$$

が存在し，次のようになる.

$$g^* \circ g \circ g^* = g^*,$$
$$g \circ g^* \circ g = g.$$

注意 7.4 V, W を $\boldsymbol{C}$ 上の位相線型空間，$p: V \to W$，$q: W \to V$ は連続線型写像で，$p \cdot q \cdot p = p$，$q \cdot p \cdot q = q$ となるものとすると，位相線型空間として

$$V \cong \operatorname{Ker}(p) \oplus \operatorname{Im}(q),$$
$$W \cong \operatorname{Im}(p) \oplus \operatorname{Ker}(q)$$

であり，p, q の制限 $p: \operatorname{Im}(q) \to \operatorname{Im}(p)$，$q: \operatorname{Im}(p) \to \operatorname{Im}(q)$ は同型であり，互いに他の逆写像である．

証明 $v \in V$ は $v = qp(v) + (v - qp(v))$ と書け，$qp(v) \in \operatorname{Im}(q)$，そして，$p(v - qp(v)) = p(v) - pqp(v) = p(v) - p(v) = 0$ だから，$v - qp(v) \in \operatorname{Ker}(p)$．もし $v \in \operatorname{Ker}(p) \cap \operatorname{Im}(q)$ とすれば，$v = q(w)$，$w \in W$ と書けるが，$p(v) = 0$ だから

$$v = q(w) = qpq(w) = qp(v) = q(0) = 0.$$

$v \in V$ について，$v' = v - qp(v) \in \operatorname{Ker}(p)$，$v'' = qp(v) \in \operatorname{Im}(q)$ を対応させる写像および，$v' \in \operatorname{Ker}(p)$，$v'' \in \operatorname{Im}(q)$ に $v = v' + v''$ を対応させる写像は明らかに連続だから

$$V \cong \operatorname{Ker}(p) \oplus \operatorname{Im}(q)$$

がわかる．W についても同様である．p, q の制限についての主張は $qpq(w) = q(w)$，$pqp(v) = p(v)$ となることより明らか． （証終）

注意 7.5
$$\varphi: \mathscr{H}(\bar{\Delta}(r))^m \to \mathscr{H}(\bar{\Delta}(r))^{m'}$$
を $\mathscr{H}(\bar{\Delta}(r))$-加群としての写像とする．つまり $f \in \mathscr{H}(\bar{\Delta}(r))$，$g_1, g_2 \in \mathscr{H}(\bar{\Delta}(r))^m$ について，必ず $\varphi(f(g_1 + g_2)) = f\varphi(g_1) + f\varphi(g_2)$ を満たすとする．すると φ はノルム $\|\ \|_{\Delta(r)j}$ により定まる位相について，必ず連続になる．とくに定理 7.3 の g は連続である．

証明 φ は環 $\mathscr{H}(\bar{\Delta}(r))$ の元を成分とする行列 $(\varphi_{ij})_{1 \le i \le m',\ 1 \le j \le m}$ で表示される．$h = (h_1, \cdots, h_m) \in \mathscr{H}(\bar{\Delta}(r))^m$ について

$$\|\varphi(h)\| = \max_{1 \le i \le m'} \|\sum_{j=1}^{m} \varphi_{ij} h_j\| \le \max_i \left(\sum_{j=1}^{m} \|\varphi_{ij}\|\,\|h_j\|\right)$$
$$\le \max_i \left(\sum_{j=1}^{m} \|\varphi_{ij}\|\|h\|\right) \le mM\|h\|.$$

これは φ が連続であることを示す．ただし，$M=\max_{ij}\|\varphi_{ij}\|$ とおいた．なお，定義により，$\|h\|=\max_{1\le j\le m}\|h_j\|$ である．（証終）

定理 7.3 の証明 $\boldsymbol{C}^n$ の座標を $z'=(z_1', \cdots, z_n')$ としよう．定理 4.10 をイデアル $I=(g_1, \cdots, g_m)\boldsymbol{C}\{z'\}$ に適用する．このとき多項式 $H\neq 0$ が存在して，$H(\sigma)\neq 0$ を満たす $\sigma\in GL(n, \boldsymbol{C})$ で座標変換したときの新座標 $z=(z_1, \cdots, z_n)$ に対して，モノイデアル $E=\{\mathrm{lex}_z(\mathrm{in}(f))\,|\,0\neq f\in I\}$ は単調である．すると定理 5.7 が適用できて，I のイデアル基底 $\{f_{i\delta}\}$ が選べる．さて $a_{j,i\delta}, b_{i\delta,j}\in\boldsymbol{C}\{z\}$ が存在して

$$g_j=\sum_{i,\delta} a_{j,i\delta}f_{i\delta} \qquad (1\le j\le m),$$

$$f_{i\delta}=\sum_{j=1}^{m} b_{i\delta,j}g_j \qquad (1\le i\le n,\ \ \delta\in\varDelta_{i-1})$$

と書ける．原点を含む十分小さい開集合 $U'\subset U$ で，その上では，$g_j, a_{j,i\delta}$, $b_{i\delta,j}$ や $f_{i\delta}$ から定まる $f'_{i\delta}, P_{i\delta\varepsilon}$ たちがすべて正則であるものが選べる．そのような U' を 1 つとって固定する．

単調関数 $\rho_i: \boldsymbol{R}_+^{i-1}\to\boldsymbol{R}_+ (i=1, 2, \cdots, n)$ を次のように定める．$r=(r_1, \cdots, r_n)\in\boldsymbol{R}_+^n$ に対して，まず

$$\rho_1'(\phi)=\sup\{\rho\in\boldsymbol{R}_+\,|\,\bar{\varDelta}(\underbrace{\rho, \cdots, \rho}_{n\text{ 個}})\subset U'\}.$$

$i\ge 2$ のときは

$$\rho_i'(r_1, \cdots, r_{i-1})=\sup\Big\{\rho\in\boldsymbol{R}_+\,\Big|\,\zeta=(\zeta_i, \cdots, \zeta_n)\in\boldsymbol{C}^{n-i+1}\text{ が，}|\zeta_j|<\rho\ (i\le j\le n)\text{ を満たすのなら，}P_{i-1}(z_{i-1}, \zeta)=0\text{ の根 }\xi\text{ は必ず }|\xi|<r_{i-1}\text{ を満たす}\Big\}.$$

そして

$$\rho_i(r_1, \cdots, r_{i-1})=\min_{1\le j\le i}\{\rho_j'(r_1, \cdots, r_{j-1})\}$$

とおく．ここで，P_i は

$$f_{i\delta}=f'_{i\delta}+\sum_{\varepsilon\in\varDelta_{i-1}} z^{\varepsilon}P_{i\delta\varepsilon},$$

$$P_i=\det(P_{i\delta\varepsilon})_{\delta,\varepsilon\in\varDelta_{i-1}}$$

で定義される．P_i は U' 上正則な，変数 $z_{i+1}, \cdots, z_n$ の正則関数を係数とする

z_iについての多項式であった．注意5.10によれば，最高次の係数である1を除いて，P_iのz_iのべきの係数はすべて原点で消える．だから関数論のルーシェ(Rouché)の定理によれば，ρ'_iの定義でsupをとる集合は空でない．

$\rho'_1, \cdots, \rho'_n$，したがって$\rho_1, \cdots, \rho_n$が単調関数であることは容易にわかる．Λを$\rho_1, \cdots, \rho_n$から定まるP-システムとする．

$r=(r_1, \cdots, r_n)\in\Lambda$，つまり$r_i<\rho_i(r_1, \cdots, r_{i-1})$ $(1\leq i\leq n)$としよう．まず$r_i<\rho'_1(\phi)$ $(1\leq i\leq n)$だから$\bar{\Delta}(r)\subset U'$．$(\zeta_1, \cdots, \zeta_n)\in\bar{\Delta}(r)$をとれば，任意に固定した$i(1\leq i\leq n)$について，$n\geq j>i$ならば，$|\zeta_j|\leq r_j<\rho_j(r_1, \cdots, r_{j-1})\leq\rho'_i(r_1, \cdots, r_{i-1})$．だから，$\rho'_i$の定義によれば，$P_{i-1}(z_{i-1}, \zeta_i, \cdots, \zeta_n)=0$の根$\xi$は必ず$|\xi|<r_{i-1}$を満たす．定理6.2の仮定（I），（II）が$r\in\Lambda$について満たされることがわかる．

$$A=\bigoplus_{i=1}^{n}\bigoplus_{\delta\in\Delta_{i-1}}\mathscr{H}(i-1), \qquad B=\bigoplus_{i=1}^{n}\bigoplus_{\gamma\in\Gamma_i}\mathscr{H}(i)$$

とおく．写像ω: $A\oplus B\to\mathscr{H}(0)$を$h=\bigoplus_i\bigoplus_\delta h'_{i\delta}\oplus\bigoplus_i\bigoplus_\gamma h_{i\gamma}$に対し，$\omega(h)=\sum_i\sum_{\gamma\in\Gamma}z^\gamma h_{i\gamma}+\sum_i\sum_{\delta\in\Delta_{i-1}}f_{i\delta}h'_{i\delta}$で定める．注意7.5と同じ方法で，$\omega$は連続であることがわかる．定理6.2は$\omega$の逆写像が存在し，連続であることを示す．

ωから$A\oplus B$と$\mathscr{H}(0)$を同一視すると$A\subset\{f_{i\delta}|1\leq i\leq n,\ \delta\in\Delta_{i-1}\}\mathscr{H}(0)=\tilde{I}$は明らか．$g\in\tilde{I}$は$g=\sum_i\sum_\gamma z^\gamma g_{i\gamma}+\sum_i\sum_\delta f_{i\delta}g'_{i\delta}$と書けるが，これを$C\{z\}$の元の等式とみて，接的ワイエルシュトラスの定理を使えば，すべてのi, γについて$g_{i\gamma}=0$がでる．つまり$A=\tilde{I}$.

次の図式を考える．

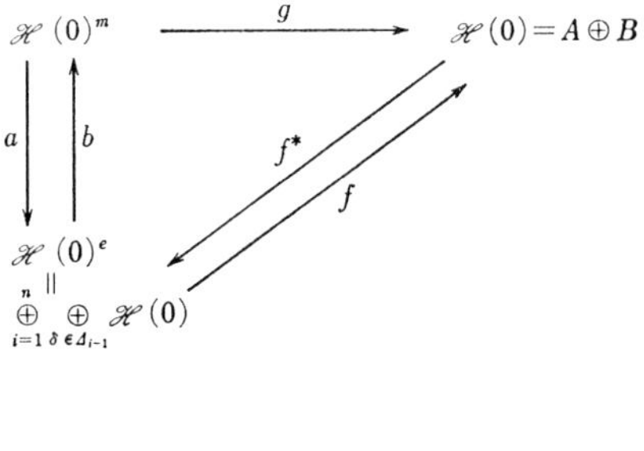

ここで

・$e=\sum_{i=1}^{n}\#(\Delta_{i-1})$.

・f^*は，射影$A\oplus B\to A=\bigoplus_i\bigoplus_{\delta\in\Delta_{i-1}}\mathscr{H}(i-1)$と，自然な埋入$\bigoplus_i\bigoplus_\delta\mathscr{H}(i-1)\hookrightarrow$

$\bigoplus_i \bigoplus_\delta \mathscr{H}(0)$ の合成.

・f は $k=\bigoplus_{i,\delta} k_{i\delta}$ に対して，$f(k)=\sum_{i,\delta} k_{i\delta} f_{i\delta}$ で定まる写像.

・a, b はこの証明のはじめの部分ででてきた，$a_{j,i\delta}$，$b_{i\delta,j}$ を用いて，$h=(h_1, \cdots, h_m)\in\mathscr{H}(0)^m$，$k=\bigoplus_{i,\delta} k_{i\delta}\in\mathscr{H}(0)^e$ に対して，それぞれ

$$a(h)=\bigoplus_{i,\delta}\sum_{j=1}^{m} a_{j,i\delta}h_j, \qquad b(k)=(\sum_{i,\delta} b_{i\delta,j}k_{i\delta}, \cdots, \sum_{i,\delta} b_{i\delta,m}k_{i\delta})$$

で定まる写像.

注意 7.5 によれば f, a, b は連続. f^* も連続写像の合成として連続である.

$A=\tilde{I}=\mathrm{Im}(f)$ と定理 6.2 の表示の一意性により，$f\circ f^*\circ f=f$，$f^*\circ f\circ f^*=f^*$ となる. また，

$$f\cdot a(h)=\sum_{i,\delta}\sum_j a_{j,i\delta}h_j f_{i\delta}=\sum_j g_j h_j=g(h),$$

$$g\cdot b(k)=\sum_i\sum_{i,\delta} g_j b_{i\delta,j}k_{i\delta}=\sum_{i\delta} k_{i\delta}f_{i\delta}=f(k)$$

だから，$f\cdot a=g$，$g\cdot b=f$ となる.

$g^*=b\cdot f^*$ とおこう. g^* は連続である.

$$g\cdot g^*\cdot g=g\cdot b\cdot f^*\cdot g=f\cdot f^*\cdot f\cdot a=f\cdot a=g,$$

$$g^*\cdot g\cdot g^*=g^*\cdot g\cdot b\cdot f^*=b\cdot f^*\cdot f\cdot f^*=b\cdot f^*=g^*.$$

これが求めたかったことである.　　（証終）

K を $\boldsymbol{C}^n$ のコンパクト集合とし，$\mathscr{H}(K)$ で K 上の正則関数全体のなす環を表す. $g_1, \cdots, g_m\in\mathscr{H}(K)$ により，$g:\mathscr{H}(K)^m\to\mathscr{H}(K)$ を定理 7.3 におけるのと同様に定めたとき，一般に g^* は存在するだろうか.

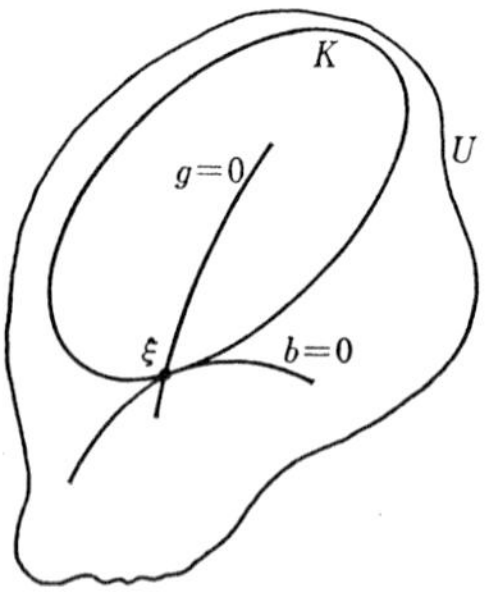

図 8

命題 7.6　K を原点 O の近傍を含む $\boldsymbol{C}^n$ のコンパクト集合とする. K は凸であると仮定しよう. つまり，$\eta_1, \eta_2\in K$ のとき必ず $\{t\eta_1+(1-t)\eta_2 \mid 0\leq t\leq 1\}\subset K$. さらに正則関数 $b\in\mathscr{H}(K)$ について，その定義域を $U(\supset K)$ とするとき，K のある境界の点 ξ に対し，$K\cap\{\eta\in U \mid b(\eta)=0\}=\{\xi\}$ となっていると仮定する.

すると，0 でない元 $g\in\mathscr{H}(K)$ が $g(\xi)=0$ を満たすならば，写像 $g:\mathscr{H}(K)\to\mathscr{H}(K)$，ただし

$g(h)=g\cdot h$ に対して，$g\cdot g^*\cdot g=g$ となる連続写像 $g^*:\mathscr{H}(K)\to\mathscr{H}(K)$ は存在しない．ただし，$\mathscr{H}(K)$ の位相はノルム $\|h\|=\max\{|h(\eta)|\,|\,\eta\in K\}$ から導かれるものとする．

証明 写像 g は単射だから，g^* が存在したら $g^*g=$恒等写像となる．つまり，$h\in\mathscr{H}(K)$ について，$h=g^*g(h)=g^*(gh)$．g^* が連続とする．$\varepsilon=1$ に対して，$\delta>0$ が存在して，$\|gh\|\leq\delta$ ならば $\|h\|\leq1$ となる．$0\neq h\in\mathscr{H}(K)$ に対して $\hat{h}=\delta h/\|gh\|$ とおくと，$\|g\hat{h}\|=\delta$．したがって $\|\hat{h}\|\leq1$，つまり $\|h\|\leq(1/\delta)\|gh\|$．

しかし，以下で関数列 $h_m\in\mathscr{H}(K)$，$m=1,2,3,\cdots$ に対し常に $\|gh_m\|=1$ となるが，$\|h_m\|$ は有界ではないものが存在することを示す．これは $\|h_m\|\leq(1/\delta)\|gh_m\|\leq(1/\delta)$ に矛盾する．

必要ならば座標軸を平行移動し，原点Oを K の別の内点に移すことにより，はじめから $g(0)\neq0$ と仮定してよい．

適当な定数 $0\neq c\in\boldsymbol{C}$ をとり(後で定める)，$e=\exp(1/cb)$ とおく．K は凸だったから，$z\in K$, $0\leq\varepsilon\leq1$ について $(1-\varepsilon)z\in K$．そこで $e_\varepsilon(z)=e((1-\varepsilon)z)$ とおけば，$0<\varepsilon\leq1$ について $e_\varepsilon\in\mathscr{H}(K)$．しかし，$e_0=e$ は ξ に“特異点”をもつ．さらに，g を定数倍することにより $\|g\|<\min\{1,1/|e(0)|\}$ と仮定してよい．

$0<m\in\boldsymbol{Z}$ に対して，$I(m)=\{\varepsilon\in(0,1]\,|\,\|g^m e_\varepsilon\|\leq1\}$ とおく．$1\in I(m)\neq\phi$ である．そこで $u(m)=\inf(I(m))$ と定める．

補題 7.7 m を固定して考えるとき
$$\lim_{\varepsilon\to+0}\|g^m e_\varepsilon\|=+\infty.$$
補題を仮定すれば $u(m)>0$ となる．また $\varepsilon\longmapsto\|g^m e_\varepsilon\|$ は連続写像であり，$\|g^m e_1\|=\|g\|^m|e(0)|<1$ だから，中間値の定理により，$\|g^m e_{u(m)}\|=1$ となる．

任意の $\varepsilon>0$ に対して，十分大きい m をとれば，$\|g^m e_\varepsilon\|\leq\|g\|^m\|e_\varepsilon\|\leq1$．つまり $u(m)\leq\varepsilon$．いいかえれば，$\lim_{m\to\infty}u(m)=0$．

各 m ごとに $|g(\eta_m)^m e_{u(m)}(\eta_m)|=1$ となる $\eta_m\in K$ をとる．η_0 を $\{\eta_m\}$ の集積点の1つとし，$\eta_0\neq\xi$ と仮定する．η_0 の K 内での近傍 $V\subset K$ で $\bar{V}\not\ni\xi$ となるものをとる．ξ は境界上の点だから，$0<\varepsilon\leq1$ のときも $\xi\notin(1-\varepsilon)\bar{V}$．$\hat{K}=\bigcup_{0\leq\varepsilon\leq1}(1-\varepsilon)\bar{V}$ とおく．$\hat{K}\not\ni\xi$ であり，$\hat{K}$ 上では e は正則である．したがって

$$\sup_{0\le\varepsilon\le1}\sup_{\eta\in V}|e_\varepsilon(\eta)|=\sup_{\varepsilon}\sup_{\eta}|e((1-\varepsilon)\eta)|=\sup_{\eta\in\hat{K}}|e(\eta)|=C<\infty.$$

η_0 に収束する $\{\eta_m\}$ の部分列を $\{\eta_{m_n}\}$ とする．十分大きな N をとれば，$n\ge N$ のとき $\eta_{m_n}\in\bar{V}$ となる．このとき

$$1=|g(\eta_{m_n})^{m_n}e_{u(m_n)}(\eta_{m_n})|\le\|g\|^{m_n}C.$$

ところが，$n\to+\infty$ のとき，$\|g\|^{m_n}C\to0$ だから矛盾．

$\{\eta_m\}\subset K$ はコンパクト集合の部分集合だから，必ず集積点をもつが，以上によりそれは ξ 以外ではありえないことがわかった．つまり $\lim_{m\to+\infty}\eta_m=\xi$ である．

そして，$|g(\eta_m)^m e_{u(m)}(\eta_m)|=1$ だから $g(\eta_m)\neq0$．また $g(\xi)=0$ だから，$m\to+\infty$ のとき $1/|g(\eta_m)|\to+\infty$．

$h_m=g^{m-1}e_{u(m)}$ とおこう．$\|gh_m\|=\|g^m e_{u(m)}\|=1$．

$$\|h_m\|\ge|g(\eta_m)^{m-1}e_{u(m)}(\eta_m)|=1/|g(\eta_m)|\to+\infty\qquad(m\to+\infty).$$

これが求めることであった．　(証終)

補題 7.7 の証明が残った．$\eta_\varepsilon=(1-\varepsilon)\xi$ とおこう．

$$g(\eta_\varepsilon)^m e_\varepsilon(\eta_\varepsilon)=g((1-\varepsilon)\xi)^m e((1-\varepsilon)^2\xi).$$

$g(0)\neq0$ で K は連結だから，ξ の近傍で $g\neq0$．しかも，$g(\xi)=0$ だから $g((1-\varepsilon)\xi)^m=\varepsilon^p g_1(\varepsilon)$，$0<p\in\boldsymbol{Z}$，$g_1(\varepsilon)\in\boldsymbol{C}\{\varepsilon\}$，$g_1(0)\neq0$ と書ける．同じ理由で，ε が十分小さいとき

$$b((1-\varepsilon)^2\xi)=\varepsilon^q/b_1(\varepsilon),\qquad 0<q\in\boldsymbol{Z},\qquad b_1(\varepsilon)\in\boldsymbol{C}\{\varepsilon\},\qquad b_1(0)\neq0$$

と書ける．$c=1/b_1(0)$ とおき，b のかわりに cb を考えることにより，$b_1(0)=1$ と仮定できる．

$$g(\eta_\varepsilon)^m e_\varepsilon(\eta_\varepsilon)=\varepsilon^p g_1(\varepsilon)\exp\left(\frac{b_1(\varepsilon)}{\varepsilon^q}\right).$$

十分小さい $\varepsilon_2>0$ を選べは，$0<\varepsilon\le\varepsilon_2$ のとき，$|g_1(\varepsilon)|>G/2$，$\operatorname{Re}b_1(\varepsilon)>1/2$ となる．ただし $G=|g_1(0)|\neq0$．$\eta_\varepsilon\in K$ だから

$$\|g^m e_\varepsilon\|\ge|g(\eta_\varepsilon)^m e_\varepsilon(\eta_\varepsilon)|>\frac{G}{2}\varepsilon^p\exp\left(\frac{1}{2\varepsilon^q}\right).$$

この右辺は $\varepsilon\to+0$ のとき $+\infty$ に発散する．結局

$$\lim_{\varepsilon\to+0}\|g^m e_\varepsilon\|=+\infty.$$

($\operatorname{Re}b_1(0)<0$ であると上のことは結論できないことに注意しよう)．(証終)

例 7.8 K として $\boldsymbol{C}^n$ の単位閉球を考える．つまり，$K=\{z\in\boldsymbol{C}^n \mid \sum_{i=1}^n |z_i|^2 \leq 1\}$．すべての境界の点 ξ に対して命題の条件を満たす b が存在する．それは $\xi=(\xi_1, \cdots, \xi_n)$ に対して

$$b(z)=\sum_{i=1}^n \bar{\xi}_i(z_i-\xi_i)$$

とおけばよい(シュワルツ(Schwarz)の不等式！)．$n\geq 2$ ならば，$g\in\mathscr{H}(K)$ について，$\{\eta\in K \mid g(\eta)=0\}$ は空でなければ K の境界と交わってしまう．だから閉球に対しては，g^* の存在に対する答えがまったく否定的になってしまう．

例 7.9 $K=\bar{\Delta}(r)$, $r=(r_1, \cdots, r_n)\in \boldsymbol{R}_+^n$ を考えよう．$\partial K=\{(z_1, \cdots, z_n)\in \bar{\Delta}(r) \mid |z_1|=r_1, \cdots, |z_n|=r_n\}$ を閉多重円板 K の**シロフ**(Sylov)**境界**という．$\xi\in\partial K$ に対して，前の例と同じ b は命題 7.6 の条件を満たしている．だから，$\{g=0\}$ が ∂K と交わるならば，g^* は存在しない．

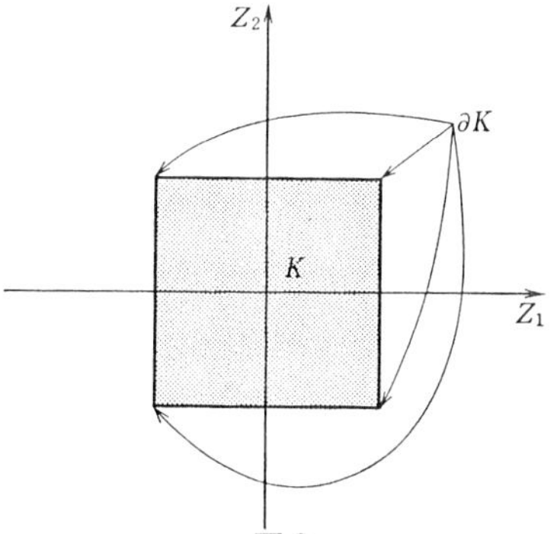

図 9

§8. さらに一般化

イデアル $I\subset C\{z\}$ について成り立ったことは，加群についても成り立つのではないのか．少し勘がはたらけばそれぐらいのことは思いつく．あとはそのアイデアを実行に移してみればよい．

定理 8.1 f: $C\{z'\}^{m'}\to \boldsymbol{C}\{z'\}^m$ を，$C\{z'\}$-加群の準同型とする．ただし，$\boldsymbol{C}\{z'\}=\boldsymbol{C}\{z_1', \cdots, z_n'\}$ である．f を行列表示したときの各成分は原点を含む開集合 U 上で正則であるとする．このとき，n^2 個の変数 u_{ij}, $1\leq i, j\leq n$ の 0 でない多項式 H が決まり，次の性質を満たす．$\sigma\in GL(n, \boldsymbol{C})$ が $H(\sigma)\neq 0$ を満たすならば，σ および f に依存して P-システム $\Lambda\subset\boldsymbol{R}_+^n$ が定まり，σ により $\boldsymbol{C}^n$ の座標を線型変換したときの新座標を $z_1, \cdots, z_n$ とするとき，すべての $r=(r_1, \cdots, r_n)\in\Lambda$ について，次の（1），（2）が満たされる．

（1）　$\bar{\Delta}(r)=\{(z_1,\cdots,z_n)\in C^r \mid |z_i|\leq r_i(1\leq i\leq n)\}\subset U.$

（1）により，f を表現する行列は $\mathscr{H}(\bar{\Delta}(r))$-加群の準同型 f: $\mathscr{H}(\bar{\Delta}(r))^{m'}\to\mathscr{H}(\bar{\Delta}(r))^m$ を定める（同じ記号で表す）．すると

（2）　ノルム $\|\ \ \|_{\Delta(r)}$ により定まる $\mathscr{H}(\bar{\Delta}(r))$ の位相に関し連続な C-線型写像 λ: $\mathscr{H}(\bar{\Delta}(r))^{m'}\to\mathscr{H}(\bar{\Delta}(r))^m$ で $f\cdot\lambda\cdot f=f$，$\lambda\cdot f\cdot\lambda=\lambda$ となるものが存在する．

簡単のため，$A=C\{z'\}$，その極大イデアルを $M=(z_1',\cdots,z_n')C\{z'\}$ と書く．

補題 8.2　f:$A^{m'}\to A^m$ を A-加群の準同型とし，$\mathrm{Im}(f)\not\subset M\cdot A^m$ と仮定する．このとき，次の図式を可換にする同型 l_1, l_2，および A-加群の準同型 $\hat{f}$: $A^{m'-1}\to A^{m-1}$ が存在する．

$$\begin{array}{ccc} A^{m'} & \xrightarrow{f} & A^m \\ \wr\downarrow l_2 & & \wr\downarrow l_2 \\ A\oplus A^{m'-1} & \xrightarrow{id\oplus\hat{f}} & A\oplus A^{m-1} \end{array} \qquad (id \text{ は恒等写像})$$

証明　f を表現する行列を

$$\begin{bmatrix} f_{11}, & f_{12}, & \cdots, & f_{1m'} \\ f_{21} & & & \vdots \\ \vdots & & & \vdots \\ f_{m1} & \cdots & \cdots & f_{mm'} \end{bmatrix}, \qquad f_{ij}\in A$$

とする．仮定より，ある $f_{ij}\notin M$．番号をつけかえることにより，$f_{11}\notin M$ としてよい．まず第1列に f_{11}^{-1} をかけ，2列以降の j 列に対し，順次，1列の $f_{1j}f_{11}^{-1}$ 倍をひく．すると第1行は，$(1,0,\cdots,0)$ になる（ここまでの手続きは $A^{m'}$ の基底をとりかえることに対応している）．得られた行列の成分を記号を混用して再び f_{ij} と書く．次に，1行の f_{j1} 倍，つまり $(f_{j1},0,\cdots,0)$ を第 j 行からひく．$j=2,3,\cdots,m$ に対してこのことを行えば（A^m の基底をとりかえることに対応する）

$$\begin{bmatrix} 1, & 0, & \cdots, & 0 \\ 0 & & & \\ \vdots & & * & \\ 0 & & & \end{bmatrix}$$

の形の行列が得られる． ＊ の部分の行列が表現する A-加群の準同型を $\hat{f}$: $A^{m'1}\to A^{m-1}$ とすればよい．　　　　(証終)

定理 8.1 の証明　加群に関する事実をイデアルのそれに翻訳してしまう，永田のトリックと呼ばれるアイデアがある．これを使うことを考える．

$\mathrm{Im}(f)\not\subset M\cdot A^m$ のときは，補題 8.2 により $\hat{f}$ が定義され，$\hat{f}$ について定理が正しければ f についても正しいから，問題が m の値が小さい場合に還元される．$m=0$ の場合は無条件に定理は正しい． m についての帰納法を用いることにすれば， $\mathrm{Im}(f)\subset M\cdot A^m$ という仮定をつけ加えて， 定理 8.1 を示せば十分であることがわかる．

$I=\mathrm{Im}(f)\subset A^m$ とおく．以下では $I\subset M\cdot A^m$ と仮定する．

新しい変数 $w_1, \cdots, w_m$ を導入する．集合 $\{\sum_{i=1}^m h_i(z')w_i \mid (h_i, \cdots, h_m)\in I\}$ および $\{w_iw_j \mid 1\leq i\leq j\leq n\}$ で生成される $B=\boldsymbol{C}\{w, z'\}=\boldsymbol{C}\{w_1, \cdots, w_m, z_1', \cdots, z_n'\}$ のイデアルを J とする．A-加群として

$$B/J\cong (A^m/I)\oplus A$$

となる．

次の図式を考える．

$$\begin{array}{ccc} A^{m'} & \xrightarrow{f} & A^m \\ \alpha\downarrow\uparrow\gamma & & \beta\downarrow\uparrow\delta \\ B^{m'}\oplus B^{\mu} & \xrightarrow{\tilde{f}} & B \end{array} \qquad \text{ただし}\quad \mu=\frac{m(m+1)}{2}$$

・$\alpha(g_1, \cdots, g_{m'})=(g_1, \cdots, g_{m'}, \underbrace{0, \cdots, 0}_{\mu=m(m+1)/2\text{ 個}})$.

・$\beta(h_1, \cdots, h_m)=h_1w_1+\cdots+h_mw_m$.

・$\gamma(\tilde{g}_1(w, z), \cdots, \tilde{g}_{m'}(w, z),\ \tilde{g}_{m'+1}(w, z), \cdots,\ \tilde{g}_{m'+\mu}(w, z))=(\tilde{g}_1(0, z),\ \cdots,\ \tilde{g}_{m'}(0, z))$.

・$\delta(\tilde{h}(w, z))=\left(\dfrac{\partial\tilde{h}}{\partial w_1}(0, z), \cdots,\ \dfrac{\partial\tilde{h}}{\partial w_m}(0, z)\right)$.

・f を表現する $m\times m'$ 行列を (f_{ij}) とするとき，$\tilde{f}$ を表現する $1\times(m'+\mu)$ 行列は

$$(\tilde{f}_1, \cdots, \tilde{f}_{m'}, w_1^2, w_1w_2, w_1w_3, \cdots, w_m^2),$$

ただし，$\tilde{f}_j=f_{1j}w_1+f_{2j}w_2+\cdots+f_{mj}w_m$. そして，後の $\mu=m(m+1)/2$ 個の

成分は w の2次の単項式を適当な順序で並べたものである．$\mathrm{Im}(\tilde{f})=J$ である．$\gamma\alpha=$恒等写像，$\delta\beta=$恒等写像．$\tilde{f}\alpha=\beta f$，$f\cdot\gamma=\delta\tilde{f}$ もわかる．

$\tilde{f}$ に定理 7.3 を適用し，f に対しての λ の存在を導きたい．しかし，そのままでは w と z の役割の違いを考慮に入れられないから，うまくゆかない．だが，あきらめる前にもう少し詳しくみてみる．

変数 $w=(w_1,\cdots,w_m)$ を $z'=(z'_1,\cdots,z'_n)$ よりも前におく．すると，$E=\{\mathrm{lex}(\mathrm{in}(\tilde{h}))\,|\,0\neq\tilde{h}\in J\}$ は次の性質をもつ．

(Ⅰ)　$(a_1,\cdots,a_m,b_1,\cdots,b_n)=(a,b)\in\boldsymbol{Z}_0^{m+n}$ について，$\sum_{i=1}^m a_i\geq 2$ ならば $(a,b)\in E$,

(Ⅱ)　$(a,b)\in E$ ならば $a_1+\cdots+a_m+b_1+\cdots+b_n\geq 2$.

(Ⅰ)は $w_1,\cdots,w_m$ の2次の単項式は必ず J に属するからであり，(Ⅱ)は $I\subset M\cdot A^m$ という仮定より，$J\subset(w,z)^2B$ となるからである．

したがって，E が単調モノイデアル $\Longleftrightarrow$ もし $(a_1,\cdots,a_m,b_1,\cdots,b_n)\in E$ ならば，任意の $j(1\leq j\leq n)$ について $(a_1,\cdots,a_m,b_1,\cdots,b_{j-1},\sum_{k=j}^n b_k,0,\cdots,0)\in E$.

このことから，E を単調にするには $z_1,\cdots,z_n$ だけの座標変換でよいことになる．補題 4.5 の証明を見直せば，n^2 個の変数の多項式 H が定まり，$\sigma\in GL(n,\boldsymbol{C})$ が $H(\sigma)\neq 0$ を満たせば，σ による線型座標変換で新座標 z を得たとすると，$E=\{\mathrm{lex}_{(w,z)}(\mathrm{in}(\tilde{h}))\,|\,0\neq\tilde{h}\in J\}$ は単調モノイデアルとなる．さらに証明を見直せば，E が単調ならば，定理 7.3 の結論はすべて有効であることがわかる．

したがって，単調関数の系 $\tilde{\rho}_i:\boldsymbol{R}_+^{i-1}\to\boldsymbol{R}_+(1\leq i\leq m+n)$ と P-システム，$\tilde{\Lambda}\subset\boldsymbol{R}_+^{m+n}$ が定まり，定理 7.3 が成り立つ．$\tilde{r}_i<\tilde{\rho}_i(\tilde{r}_1,\cdots,\tilde{r}_{i-1})$ $(1\leq i\leq m)$ を満たす $\tilde{r}_1,\cdots,\tilde{r}_m\in\boldsymbol{R}_+$ を1つとり，固定する．新たな単調関数の系 $\rho_i:\boldsymbol{R}_+^{i-1}\to\boldsymbol{R}_+(1\leq i\leq n)$ を $\rho_i(r_1,\cdots,r_{i-1})=\tilde{\rho}_{m+i}(\tilde{r}_1,\cdots,\tilde{r}_m,r_1,\cdots,r_{i-1})$ で定める．$\rho_1,\cdots,\rho_n$ で定まる P-システムを $\Lambda\subset\boldsymbol{R}_+^n$ とする．$r=(r_1,\cdots,r_n)\in\Lambda$ に対して，$\tilde{r}=(\tilde{r}_1,\cdots,\tilde{r}_m,r_1,\cdots,r_n)$ と書く．$\tilde{r}\in\tilde{\Lambda}$ である．

定理 7.3 によれば，$r\in\Lambda$, $\tilde{r}\in\Lambda$ に対し，次の図式が存在することになる．

$$\begin{array}{ccc}
\mathscr{H}(\bar{\Delta}(r))^{m'} & \xrightarrow{\ f\ } & \mathscr{H}(\bar{\Delta}(r))^{m} \\
{\scriptstyle\gamma}\uparrow\downarrow{\scriptstyle\alpha} & & {\scriptstyle\delta}\uparrow\downarrow{\scriptstyle\beta} \\
\mathscr{H}(\bar{\Delta}(\tilde{r}))^{m'+\mu} & \underset{\tilde{\lambda}}{\overset{\tilde{f}}{\rightleftarrows}} & \mathscr{H}(\bar{\Delta}(\tilde{r}))
\end{array}$$

$\alpha, \beta, f, \tilde{f}$ は行列を用いて定義される写像を前と同一の記号で表した．γ, δ も前と同様である．$\tilde{\lambda}$は$\tilde{\lambda}\cdot\tilde{f}\cdot\tilde{\lambda}=\tilde{\lambda}$; $\tilde{f}\cdot\tilde{\lambda}\cdot\tilde{f}=\tilde{f}$を満たす．さらに次の補題 8.3 によれば $\mathrm{Im}(\tilde{\lambda}\beta)\subset\mathrm{Im}(\alpha)$ と仮定できる．

$h\in\mathscr{H}(\bar{\Delta}(r))^{m}$ をとろう．$g\in\mathscr{H}(\bar{\Delta}(r))^{m'}$ があり，$\tilde{\lambda}\beta(h)=\alpha(g)$ と書ける．すると

$$\alpha\gamma\tilde{\lambda}\beta(h)=\alpha\gamma\alpha(g)=\alpha(g)=\tilde{\lambda}\beta(h),$$

つまり，$\alpha\gamma\tilde{\lambda}\beta=\tilde{\lambda}\beta$ となる．

$\lambda=\gamma\tilde{\lambda}\beta$ とおく．これは連続である．そして $\lambda\cdot f\cdot\lambda=\gamma\tilde{\lambda}\beta\tilde{f}\lambda=\gamma\tilde{\lambda}\tilde{f}\alpha\lambda=\gamma\tilde{\lambda}\tilde{f}\alpha\gamma\tilde{\lambda}\beta=\gamma\tilde{\lambda}\tilde{f}\tilde{\lambda}\beta=\gamma\tilde{\lambda}\beta=\lambda$, $f\cdot\lambda\cdot f=\tilde{f}\gamma\tilde{\lambda}\beta\tilde{f}=\delta\tilde{f}\tilde{\lambda}\tilde{f}\alpha=\delta\tilde{f}\alpha=\delta\beta\tilde{f}=f$. (証終)

補題 8.3　$\tilde{\lambda}\cdot\tilde{f}\cdot\tilde{\lambda}=\tilde{\lambda}$, $\tilde{f}\cdot\tilde{\lambda}\cdot\tilde{f}=\tilde{f}$, そして $\mathrm{Im}(\tilde{\lambda}\beta)\subset\mathrm{Im}(\alpha)$ を満たすような連続な $\tilde{\lambda}:\mathscr{H}(\bar{\Delta}(\tilde{r}))\to\mathscr{H}(\bar{\Delta}(\tilde{r}))^{m'+\mu}$ が存在する．

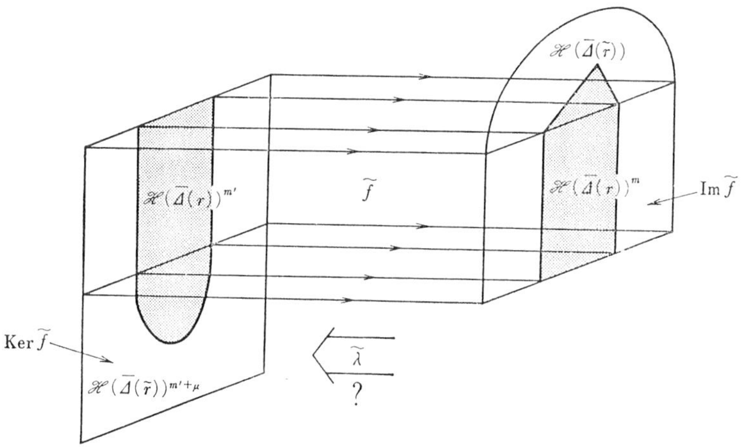

図 10

いま，イデアル $J\subset\boldsymbol{C}\{w, z\}$ に対して，モノイデアル $E=\{\mathrm{lex}_{(w,z)}(\mathrm{in}(\tilde{h}))\,|\,0\neq\tilde{h}\in J\}\subset\boldsymbol{Z}_0^{m+n}$ は単調であると仮定できる．これに対応して集合 Δ_{i-1}, Γ_i $(1\le i\le m+n)$ および定理 5.7 の条件を満たす J のイデアル基底 $\{\varphi_{i\delta}\,|\,1\le i\le m+n,\ \delta\in\Delta_{i-1}\}$ が定まったとする．

補題 8.4　(0)　$\varphi_{1\phi}=w_1^2$.

（1）　$2\leq i\leq m$ のとき $\Delta_{i-1}=\{e_1^{i-1},\cdots,e_{i-1}^{i-1},0^{i-1}\}$．ただし

$$e_j^{i-1}=\underbrace{(0,\cdots,0,\overset{j\text{番目}}{1},0,\cdots,0)}_{(i-1)\text{個}},\qquad 0^{i-1}=\underbrace{(0,\cdots,0)}_{(i-1)\text{個}},$$

$$\varphi_{i,e_j^{i-1}}=w_jw_i,\qquad \varphi_{i,0^{i-1}}=w_i^2.$$

（2）　$m<i\leq m+n$ について，$\delta=(a_1,\cdots,a_m,b_1,\cdots,b_{i-m-1})\in\Delta_{i-1}$ ならば $\sum_{j=1}^m a_j\leq 1$.

（3）　$1\leq i<m$ のとき $\Gamma_i=\phi$.

（4）　$m\leq i\leq m+n$ について，$\gamma=(a_1,\cdots,a_m,b_1,\cdots,b_{i-m})\in\Gamma_i$ ならば，$\sum_{j=1}^m a_j\leq 1$.

証明　（0）　E の性質（I）より，$E_1=\{\delta\in\boldsymbol{Z}_0|\delta\geq 2\}$ だから，$d(\phi)=\min\{\delta\in\boldsymbol{Z}_0|\delta\in E_1\}=2$．定理 5.7 における一意性より $\varphi_{1\phi}=w_1^2$.

（1）　$1\leq i\leq m$ について $E_i=\{(a_1,\cdots,a_i)\in\boldsymbol{Z}_0^i|\sum_{j=1}^i a_j\geq 2\}$．$2\leq i\leq m$ について $pr_{i-1}E_i=\boldsymbol{Z}_0^{i-1}$. そして $\Delta_{i-1}=pr_{i-1}E_i\backslash E_{i-1}=\{(a_1,\cdots,a_{i-1})\in\boldsymbol{Z}_0^{i-1}|\sum_{j=1}^{i-1}a_j\leq 1\}=\{e_1^{i-1},\cdots,e_{i-1}^{i-1},0^{i-1}\}$．$\alpha\in\boldsymbol{Z}_0^p$ のあとに $(\beta_1,\cdots,\beta_q)\in\boldsymbol{Z}_0^q$ を並べたものを $(\alpha,\beta_1,\cdots,\beta_q)\in\boldsymbol{Z}_0^{p+q}$ などと書くことにすると，$(e_j^{i-1},1)\in E_i$，$(e_j^{i-1},0)\notin E_i$ だから $d(e_j^{i-1})=1$．$A_{ie_j^{i-1}}=(e_j^{i-1},1,0,\cdots,0)$．一意性より $\varphi_{ie_j^{i-1}}=w_jw_i$．$(0^{i-1},2)\in E_i$，$(0^{i-1},1)\notin E_i$ だから $d(0^{i-1})=2$．$A_{i,0^{i-1}}=(0^{i-1},2,0,\cdots,0)$．$\varphi_{i,0^{i-1}}=w_i^2$.

（2）　E の性質（I）より，$m<i\leq m+n$ のとき，$E_{i-1}\supset\{(a_1,\cdots,a_m,b_1,\cdots,b_{i-m-1})\in\boldsymbol{Z}_0^{i-1}|\sum_{j=1}^m a_j\geq 2\}$．$\Delta_{i-1}=pr_{i-1}E_i\backslash E_{i-1}$ だから，$(a_1,\cdots,a_m,b_1,\cdots,b_{i-m-1})\in\Delta_{i-1}$ ならば $\sum_{j=1}^m a_j\leq 1$.

（3）　$1\leq i<m$ のとき $pr_iE=\boldsymbol{Z}_0^i$ であった．だから，このとき $\Gamma_i=pr_{i-1}E\times\boldsymbol{Z}\backslash pr_iE=\boldsymbol{Z}_0^i\backslash\boldsymbol{Z}_0^i=\phi$.

（4）　$m\leq i\leq m+n$ について $(a_1,\cdots,a_m,b_1,\cdots,b_{i-m})\in\Gamma_i$ ならば，$\gamma=(a_1,\cdots,a_m,b_1,\cdots,b_{i-m},0,\cdots,0)\notin E$．もし $\sum_{j=1}^m a_j\geq 2$ ならば，E の性質（I）により $\gamma\in E$ となり，矛盾．　（証終）

系 8.5　J は $\tilde{f}_1,\cdots,\tilde{f}_{m'}$ および w_kw_l $(1\leq k\leq l\leq m)$ で生成されるから，$1\leq i\leq m+n$，$\delta\in\Delta_{i-1}$ について

$$\varphi_{i\delta}=\sum_{j=1}^{m'}a_{i\delta,j}\tilde{f}_j+\sum_{1\leq k\leq l\leq m}b_{i\delta,kl}w_kw_l \tag{8.1}$$

$a_{i\delta,j},b_{i\delta,kl}\in\boldsymbol{C}\{w,z\}$ と書けるが

（1） $1 \leq i \leq m$ ならば $a_{i\delta,j}=0$,

（2） $m<i \leq m+n$ ならば $b_{i\delta,kl}=0$,

（3） $m<i \leq m+n$ ならば $a_{i\delta,j} \in \boldsymbol{C}\{z\}$,

となるように選べる.

また, $h_1, \cdots, h_m \in \mathscr{H}(\bar{\varDelta}(r))$ について, $w_1h_1+\cdots+w_mh_m \in \mathscr{H}(\bar{\varDelta}(\tilde{r}))$ だから, 定理 6.2 により

$$w_1h_1+\cdots+w_mh_m=\sum_{i=1}^{m+n}\sum_{\delta\in\varDelta_{i-1}}\varphi_{i\delta}k_{i-1,\delta}+\sum_{i=1}^{m+n}\sum_{\gamma\in\Gamma_i}t^{\gamma}k'_{i,\gamma} \tag{8.2}$$

ただし, $t=(w,z)$, $k_{i-1,\delta} \in \mathscr{H}(\bar{\varDelta}(\tilde{r}(i-1)))$, $k'_{i,\gamma} \in \mathscr{H}(\bar{\varDelta}(\tilde{r}(i)))$ と一意的に書けるが

（4） $1 \leq i \leq m$ ならば $k_{i-1,\delta}=0$.

証明 （1） $1 \leq i \leq m$ ならば $\varphi_{i\delta}$ は w の 2 次の単項式のどれかであった.

（2),（3） $m<i \leq m+n$ とする. J は w については 斉次イデアルであるから, 一意性により, $\varphi_{i\delta}$ は w についての斉次元である. 補題 8.4（2）はその w についての次数は たかだか 1 であることを示す. $\tilde{f}_j$ は w について 1 次の斉次式, w_kw_l はもちろん斉次 2 次だから, (8.1) の w についての最低次の斉次部分をとり, それを改めて (8.1) と置き直したとすると, $b_{i\delta,kl}=0$, $a_{i\delta,j} \in \boldsymbol{C}\{z\}$ となる.

（4） (8.2) に現れる項の部分和 $\varPhi=\sum_{i=1}^{m}\sum_{\delta\in\varDelta_{i-1}}\varphi_{i\delta}k_{i-1,\delta}$ を考える. $1 \leq i \leq m$ のとき $\varphi_{i\delta}$ は w の 2 次の単項式だったから, $\varPhi$ は 0 でなければ w についての位数が 2 以上となる. (8.2) のほかの項を順にみる. 左辺は w について 1 次である. $i \geq m+1$ ならば $k_{i-1,\delta}$ は w を含まず, $\varphi_{i\delta}$ は w についてたかだか 1 次だから, $\sum_{i=m+1}^{m+n}\varphi_{i\delta}k_{i-1,\delta}$ は w についてたかだか 1 次. また 補題 8.4（3）によれば, $\sum_{i=1}^{m+n}\sum_{\gamma\in\Gamma_i}t^{\gamma}k'_{i,\gamma}=\sum_{i=m}^{m+n}\sum_{\gamma\in\Gamma_i}t^{\gamma}k'_{i,\gamma}$, $i \geq m$ のとき, 補題 8.4（4）により, $t^{\gamma}(\gamma\in\Gamma_i)$ は w についてたかだか 1 次, そして $k'_{i,\gamma}$ は w を含まない. したがって, $\sum_{i=1}^{m+n}\sum_{\gamma\in\Gamma_i}t^{\gamma}k'_{i\gamma}$ も w についてたかだか 1 次. 等式 (8.2) により, $\varPhi$ は w についてたかだか 1 次であると同時に, w についての位数が 2 以上となるから, $\varPhi=0$. 定理 6.2 の表示の一意性により, $1 \leq i \leq m$ のとき $k_{i-1,\delta}=0$ となる. （証終）

補題 8.3 の証明 $h=(h_1, \cdots, h_m) \in \mathscr{H}(\bar{\varDelta}(r))^m$ をとる. $\beta(h)=w_1h_1+\cdots+w_mh_m$ である. 定理 7.3 の証明を復習してみると, $\tilde{\lambda}\beta(h)$ は (8.1), (8.2) を

用いて

$$\tilde{\lambda}\beta(h)=\Big(\bigoplus_{j=1}^{m'}\sum_{i=1}^{m+n}\sum_{\delta\in\Delta_{i-1}}k_{i-1,\delta}a_{i\delta,j},\quad \bigoplus_{1\le k\le l\le n}\sum_{i=1}^{m+n}\sum_{\delta\in\Delta_{i-1}}k_{i-1,\delta}b_{i\delta,kl}\Big)$$

と表される．ところが系 8.5（1）により

$$\sum_{i=1}^{m+n}\sum_{\delta\in\Delta_{i-1}}k_{i-1,\delta}a_{i\delta,j}=\sum_{i=m+1}^{m+n}\sum_{\delta\in\Delta_{i-1}}k_{i-1,\delta}a_{i\delta,j}.$$

$i\geq m+1$ のとき (8.2) より，$k_{i-1,\delta}$ は w を含まず，系 8.5（3）によれば，$a_{i\delta,j}$ も w を含まない．したがって，これは $\boldsymbol{C}\{z\}$ の元．また

$$\sum_{i=1}^{m+n}\sum_{\delta\in\Delta_{i-1}}k_{i-1,\delta}b_{i\delta,kl}$$
$$=\sum_{i=1}^{m}\sum_{\delta\in\Delta_{i-1}}0\cdot b_{i\delta,kl}+\sum_{i=m+1}^{m+n}\sum_{\delta\in\Delta_{i-1}}k_{i-1,\delta}\cdot 0=0.\qquad \text{(系 8.5(4), (2))}$$

このことは $\tilde{\lambda}\beta(h)\in\mathrm{Im}(\alpha)$ を示す．　　（証終）

§9.　特恵近傍系

この節では層の理論のことばをいくつか使う．わからないときには第 2 部を読んでから，読み返してほしい．

$\mathscr{O}_U$ で $\boldsymbol{C}^n$ の開集合 U 上の正則関数の芽の層を表す．$f:\mathscr{O}_U^{m_1}\to\mathscr{O}_U^{m_0}$ を $\mathscr{O}_U$-加群の層の準同型とする．次の形の $\mathscr{O}_U$-加群の層の準同型の完全列を，f の**シジジー**(syzygy)という．

$$(S)\qquad 0\to\mathscr{O}_U^{m_l}\xrightarrow{f_{l-1}}\mathscr{O}_U^{m_{l-1}}\xrightarrow{f_{l-2}}\cdots\xrightarrow{f_2}\mathscr{O}_U^{m_2}\xrightarrow{f_1}\mathscr{O}_U^{m_1}\xrightarrow{f_0}\mathscr{O}_U^{m_0}$$

ただし，$f_0=f$.

注意 9.1　G を U に含まれるコンパクト集合とする．(S) より導かれる列

$$(H)\qquad 0\to\mathscr{H}(G)^{m_l}\xrightarrow{f_{l-1}}\cdots\longrightarrow\mathscr{H}(G)^{m_1}\xrightarrow{f_0}\mathscr{H}(G)^{m_0}$$

において連続する 2 つの準同型の合成は 0 であるが，一般には完全であるとはいえない．

$\mathscr{H}(G)$ のノルム $\|\ \|_G$ ($\|h\|_G=\sup\{|h(\eta)|\,|\,\eta\in G\}$) による完備化を $\boldsymbol{B}(G)$ とする ($\boldsymbol{B}(G)$ は，G の内部で正則で，境界で連続な関数全体と一致する)．(H) を完備化して

$$(B)\qquad 0\to\boldsymbol{B}(G)^{m_l}\xrightarrow{g_{l-1}}\boldsymbol{B}(G)^{m_{l-1}}\longrightarrow\cdots\xrightarrow{g_1}\boldsymbol{B}(G)^{m_1}\xrightarrow{g_0}\boldsymbol{B}(G)^{m_0}$$

を得る．一般にはたとえ (H) が完全でも，(B) は完全であるとは限らない．

定義 9.2　U を $\boldsymbol{C}^n$ の開集合，$f: \mathcal{O}_U^{m'} \to \mathcal{O}_U^{m}$ を $\mathcal{O}_U$-加群の準同型とする．コンパクト集合 $G \subset U$ について G が $\boldsymbol{f}$-**特恵**であるとは

(1)　G を含む開集合 $U' \subset U$ と $f_0 = f|_{U'}$ のシジジー (S) がある，

(2)　シジジー (S) から導かれた列 (B) が $\boldsymbol{B}(G)$-加群の完全列である，

(3)　すべての $(0 \leq i < l)$ について，連続 $\boldsymbol{C}$-線型写像

$$\lambda_i : \boldsymbol{B}(G)^{m_i} \to \boldsymbol{B}(G)^{m_{i+1}}$$

で $\lambda_i g_i \lambda_i = \lambda_i$，$g_i \lambda_i g_i = g_i$ を満たすものが存在する．

注意 9.3　もし列 (H) に対して (1), (3) で $\boldsymbol{B}(G)$ を $\mathscr{H}(G)$ に置き換えた命題が成立するなら (B) についても (2), (3) が成り立つ．

証明　連続 $\boldsymbol{C}$-線型写像 μ_i: $\mathscr{H}(G)^{m_i} \to \mathscr{H}(G)^{m_{i+1}}$ が存在し，$\mu_i f_i \mu_i = \mu_i$，$f_i \mu_i f_i = f_i$ を満たしたなら，μ_i が $\boldsymbol{B}(G)^{m_i}$ 上にひき起こす写像を λ_i とおけば (3) が満たされる．

注意 7.4 によれば

$$\mathscr{H}(G)^{m_{i+1}} = \mathrm{Ker}(f_i) \oplus \mathrm{Im}(\mu_i),$$
$$\mathscr{H}(G)^{m_i} = \mathrm{Im}(f_i) \oplus \mathrm{Ker}(\mu_i)$$

と位相ベクトル空間として直和分解される．そして，f_i は射影：$\mathrm{Ker}(f_i) \oplus \mathrm{Im}(\mu_i) \to \mathrm{Im}(\mu_i)$，同型 $\mathrm{Im}(\mu_i) \to \mathrm{Im}(f_i)$，単射：$\mathrm{Im}(f_i) \to \mathrm{Im}(f_i) \oplus \mathrm{Ker}(\mu_i)$ に分解される．完備化に移れば，g_i は射影：$\widehat{\mathrm{Ker}(f_i)} \oplus \widehat{\mathrm{Im}(\mu_i)} \to \widehat{\mathrm{Im}(\mu_i)}$，同型：$\widehat{\mathrm{Im}(\mu_i)} \to \widehat{\mathrm{Im}(f_i)}$，単射：$\widehat{\mathrm{Im}(f_i)} \to \widehat{\mathrm{Im}(f_i)} \oplus \widehat{\mathrm{Ker}(\mu_i)}$ の合成であることになる．これより $\mathrm{Ker}(g_i) = \widehat{\mathrm{Ker}(f_i)}$，$\mathrm{Im}(g_i) = \widehat{\mathrm{Im}(f_i)}$ である（$\widehat{\ }$ は完備化を示す）．番号を 1 つずらせば $\mathrm{Ker}(g_{i-1}) = \widehat{\mathrm{Ker}(f_{i-1})}$．そして (H) が完全だという仮定より，$\mathrm{Ker}(f_{i-1}) = \mathrm{Im}(f_i)$ であるから，$\mathrm{Ker}(g_{i-1}) = \widehat{\mathrm{Ker}(f_{i-1})} = \widehat{\mathrm{Im}(f_i)} = \mathrm{Im}(g_i)$．　（証終）

定理 9.4　U を原点 O を含む $\boldsymbol{C}^n$ の開集合，$f: \mathcal{O}_U^{m_1} \to \mathcal{O}_U^{m_0}$ を $\mathcal{O}_U$-加群の準同型とする．f に対して，n^2 個の変数の多項式 $H \neq 0$ が定まり，次の性質を満たす．$H(\sigma) \neq 0$ を満たすような任意の $\sigma \in GL(n, \boldsymbol{C})$ に対し，σ で $\boldsymbol{C}^n$ の座標を線型変換する．f, σ に依存した P-システム $\Lambda \subset \boldsymbol{R}_+^n$ が定まり，すべての $r \in \Lambda$ について $\bar{\Delta}(r)$ は f-特恵的となる．

証明　ヒルベルトのシジジー定理および層の連接性により，原点 O の近傍

$U'\subset U$について次の形の$\mathscr{O}_{U'}$-加群の準同型の完全列がある.

$$0\to\mathscr{O}_{U'}^{m_l}\xrightarrow{f_{l-1}}\mathscr{O}_{U'}^{m_{l-1}}\longrightarrow\cdots\xrightarrow{f_1}\mathscr{O}_{U'}^{m_1}\xrightarrow{f_0}\mathscr{O}_{U'}^{m_0}\qquad(l\leq n).$$

ただし，$f_0=f|_{U'}$である(定理19.5参照)．各f_iに定理8.1を適用する．iごとにn^2個の変数の多項式H_iが定まるから，$H=\prod_{i=0}^{l-1}H_i$とおく．$\sigma\in GL(n,\boldsymbol{C})$について$H(\sigma)\neq 0$ならば，$H_i(\sigma)\neq 0$だから，単調関数の系$\rho_j^{(i)}:\boldsymbol{R}_+^{j-1}\to\boldsymbol{R}_+$ $(j=1,2,\cdots,n)$ および対応するP-システム$\Lambda_i\subset\boldsymbol{R}_+^n$が定まる.

$\rho_j(r_1,\cdots,r_{j-1})=\min_{0\leq i<l}\rho_j^{(i)}(r_1,\cdots,r_{j-1})$ とおけば，$\rho_j:\boldsymbol{R}_+^{j-1}\to\boldsymbol{R}_+$も単調関数である．$\Lambda$を$\rho_1,\cdots,\rho_n$から定まる$P$-システムとすると，$r\in\Lambda$ならば，すべての$i$について$r\in\Lambda_i$となる．定理8.1によれば，$\sigma$での座標変換ののち，連続線型写像$\lambda_i:\mathscr{H}(\bar{\Delta}(r))^{m_i}\to\mathscr{H}(\bar{\Delta}(r))^{m_{i+1}}$で，$f_i\lambda_i f_i=f_i$，$\lambda_i f_i\lambda_i=\lambda_i$となるものがある．注意9.3によれば，これは$\bar{\Delta}(r)$が$f$-特恵的であることを示す.　　　　(証終)

最後に次の結果(定理9.5；Y-T. Siu, *Am. Math. Soc. Transaction*, Vol. 193, 1974, p. 329-　　)を証明ぬきで紹介しておこう.

$G=\bar{\Delta}(r)=\bar{\Delta}(r_1)\times\cdots\times\bar{\Delta}(r_n)$ とする.

$\partial_k G=\{\zeta\in G\,|\,k$個の整数$1\leq i_1<i_2<\cdots<i_k\leq n$が存在し，$|\zeta_{i\alpha}|=r_{i\alpha}$ $(1\leq\alpha\leq k)\}$ と書く．$\partial_1 G$がGの位相的な境界，すなわち$G\backslash(G$の内部)，である．$\partial_n G$がGのシロフ境界である.

Gの点ηに対して$\mathscr{F}_\eta=\mathrm{Coker}(f_\eta:\mathscr{O}_\eta^{m_1}\to\mathscr{O}_\eta^{m_0})$ とおく．ただしf_ηはfがηでの茎に導く写像である．$\mathscr{F}_\eta$は有限$\mathscr{O}_\eta$-加群である．このとき，depth $\mathscr{F}_\eta$は$\mathscr{F}_\eta$-正則列の最大の長さであった(定義17.7参照).

定理 9.5　Uを$\boldsymbol{C}^n$の開集合，$G=\bar{\Delta}(r)$ はUに含まれる閉多重円板，$f:\mathscr{O}_U^{m'}\to\mathscr{O}_U^m$を$\mathscr{O}_U$-加群層の準同型とする．このとき，次の2条件に同値である.

（1）　Gはf-特恵的,

（2）　すべての整数$k(1\leq k\leq n)$，すべての点$\eta\in\partial_k G$に対して，depth $\mathscr{F}_\eta\geq k$.

演習問題

1. $f, g \in \mathscr{H}(\bar{\Delta}(r))$，$c \in \boldsymbol{C}$ に対して

① $\|f+g\| \leq \|f\|+\|g\|$,

② $\|cf\| = |c|\|f\|$,

③ $\|fg\| \leq \|f\|\|g\|$,

④ $\|f\| = 0 \Rightarrow f = 0$.

2. 定理 7.3 の証明中，ルーシェの定理を用いる部分を検証せよ.

3. (シュワルツの不等式) $a_1, \cdots, a_k, b_1, \cdots, b_k \in \boldsymbol{C}$ について

$$|\sum_{i=1}^{k} a_i \bar{b}_i|^2 \leq (\sum_{i=1}^{k}|a_i|^2)(\sum_{i=1}^{k}|b_i|^2).$$

そして，

$$\text{等号成立} \Longleftrightarrow (0,0) \neq (c, c') \in \boldsymbol{C}^2 \text{ が存在して } ca_i = c'b_i \ (1 \leq i \leq k).$$

4. 一般の体 K 上の形式的べき級数環 $K[[z_1, \cdots, z_n]]$ のイデアル I に対して，定理 5.7，注意 5.8 に対応する命題に証明を与えよ.

5.
$$I = \sum_{i=1}^{n} \sum_{\delta \in \Delta_{i-1}} f_{i\delta} \boldsymbol{C}\{z(i-1)\}$$

という表示より

$$\bigoplus_{i=1}^{n} \bigoplus_{\delta \in \Delta_{i-1}} \boldsymbol{C}\{z\} \to \boldsymbol{C}\{z\} \to \boldsymbol{C}\{z\}/I \to 0$$

の形の完全列が存在することがわかる．この列を左へ延長して $\boldsymbol{C}\{z\}/I$ のシジジーを構成することを考えよ．モノイデアル E より決まる量を用いて明確に表示することが望ましい(定義 17.3 参照).

6. 上と同様に部分加群 $I \subset \boldsymbol{C}\{z\}^m$ による剰余加群 $\boldsymbol{C}\{z\}^m/I$ についてシジジーを構成せよ.

第２部　層の理論入門

3 層

§10. 層とは

Xを位相空間とする．

$\mathrm{top}(X)$ でXの開部分集合U全体を対象とし，包含射像 $U \hookrightarrow U'$ を射とする圏を表す．(Sets) は集合の圏である．対象は集合であり，射はその間の写像である．

群の圏 (Gr)，アーベル群の圏 (Ab)，可換環の圏 (Rings) も考える．これらの射とは準同型である．

定義 10.1　集合の**準層**とは反変関手 $\mathscr{F}:\mathrm{top}(X)\to(\mathrm{Sets})$ のことである．つまり次のデータの全体である．

（1）　開集合 $U\subset X \longmapsto$ 集合 $\mathscr{F}(U)$ という対応，

（2）　包含写像 $U\hookrightarrow U' \longmapsto$ 写像 $\mathrm{res}^{U'}_U:\mathscr{F}(U')\to\mathscr{F}(U)$ という対応，

（3）　そして次の条件を満たす．

　（a）　$\mathrm{res}^U_U=$恒等写像，

　（b）　$U\hookrightarrow U'\hookrightarrow U''$ のとき $\mathrm{res}^{U'}_U\cdot\mathrm{res}^{U''}_{U'}=\mathrm{res}^{U''}_U$．

(Sets) を上であげた (Gr), (Ab), (Rings) のうち１つでとりかえて，$\mathrm{res}^{U'}_U$ はその圏の射となるとすれば，群の準層，アーベル群の準層，可換環の準層の定義になる．

定義 10.2　準層 $\mathscr{F}$ が**層**であるとは次の２条件を満たすことである．

（1）**同一性公理**　U を X の開集合，$U=\bigcup_{\alpha} U_\alpha$ を U の開被覆，$\xi, \xi' \in \mathscr{F}(U)$ とするとき，すべての α について $\mathrm{res}^U_{U_\alpha}(\xi)=\mathrm{res}^U_{U_\alpha}(\xi')$ ならば $\xi=\xi'$.

（2）**貼り合わせ公理**　Uを Xの開集合，$U=\bigcup_{\alpha} U_\alpha$ を Uの開被覆とする．各 α ごとに，$\xi_\alpha \in \mathscr{F}(U_\alpha)$ が与えられ，すべての対 α, β について

$$\mathrm{res}^{U_\alpha}_{U_\alpha \cap U_\beta}(\xi_\alpha)=\mathrm{res}^{U_\beta}_{U_\alpha \cap U_\beta}(\xi_\beta)$$

が満たされるとする．すると，$\xi \in \mathscr{F}(U)$ が存在して，すべての α について，$\xi_\alpha=\mathrm{res}^U_{U_\alpha}(\xi)$ となる．

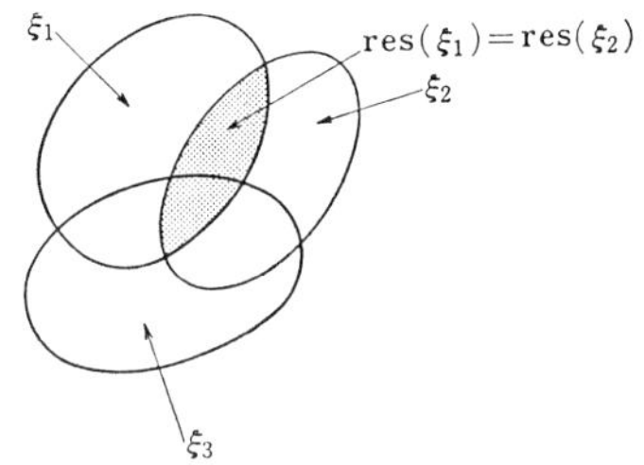

図11

$\mathscr{F}$ が層のとき，$\mathscr{F}(U)$ は $\Gamma(U, \mathscr{F})$，$H^0(U, \mathscr{F})$ などとも書かれる．$\mathscr{F}(U)$ の元のことを，$\mathscr{F}$ の U 上の**切断** (section) と呼ぶ．

例 10.3　Xを位相空間とする．たとえば$X=\boldsymbol{R}$ とでもしよう．次の対応を考える．

$$U \longmapsto \mathscr{F}(U)=\boldsymbol{Z},$$
$$U \subset U' \longmapsto \mathrm{res}^{U'}_{U}=\text{恒等写像}.$$

すると $\mathscr{F}$ はアーベル群の準層である．ところが層ではない．貼り合わせ公理は満たすが，同一性公理を満たさないのである．$I=\phi$(空集合) とすれば $\phi=\bigcup_{\alpha \in I} U_\alpha$ となる．これは開集合 ϕ の開被覆であるから，同一性公理によれば $\xi_1, \xi_2 \in \mathscr{F}(\phi)=\boldsymbol{Z}$ について必ず $\xi_1=\xi_2$ となり，矛盾である．

注意 10.4　層について $\mathscr{F}(\phi)$ はいつも 1 個の元からなる．

$\mathscr{F}$ を少し変えて

$$\mathscr{F}(U)=\begin{cases} \boldsymbol{Z}, & U \neq \phi \quad \text{のとき}, \\ 0, & U=\phi \quad \text{のとき} \end{cases}$$

とおく，これについて，今度は同一性公理は満たされるが，貼り合わせ公理は満たされない．

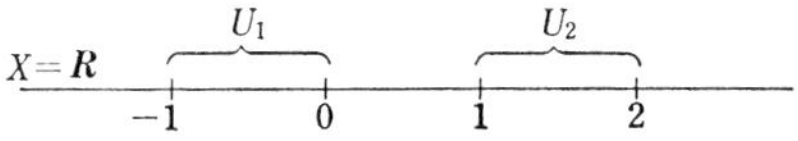

図12

$X=\boldsymbol{R}$ とし，$U_1=(-1, 0)$，$U_2=(1, 2)$, $U=U_1 \cup U_2$, $\xi_1=0 \in \mathscr{F}(U_1)=\boldsymbol{Z}$，$\xi_2=1 \in \mathscr{F}(U_2)=\boldsymbol{Z}$ とおく．

$U_1 \cap U_2 = \phi$ なので，$\mathrm{res}^{U_1}_{U_1 \cap U_2}(\xi_1) = \mathrm{res}^{U_2}_{U_1 \cap U_2}(\xi_2) = 0$ である．公理によれば，$\xi \in \mathscr{F}(U) = \boldsymbol{Z}$ があり，$\mathrm{res}^{U}_{U_i}(\xi) = \xi_i (i=1, 2)$ となるはずだが，$\mathrm{res}^{U}_{U_i}$ は恒等写像だから $0 = \xi_1 = \xi = \xi_2 = 1$ となり，矛盾である．

最終的に

$$\mathscr{F}(U) = \{U \text{ 上の局所定数 } \boldsymbol{Z}\text{-値関数}\}$$
$$\cong U \text{ の連結成分の数だけの } \boldsymbol{Z} \text{ の直積}$$

とおけば，$\mathscr{F}$ は層となる．

例 10.5　$\mathscr{F}_i$ を X 上のアーベル群の層とする．ただし，i はある添字の集合 I を動く．このとき，$\mathscr{G}(U) = \prod_{i \in I} \mathscr{F}_i(U)$ で $\mathscr{G}$ を定義すると2つの公理を満たし，$\mathscr{G}$ は層となる．$\mathscr{G} = \prod_{i \in I} \mathscr{F}_i$ と書き，$\mathscr{F}_i$ の**直積**と呼ぶ．

しかし，準層 $\bigoplus_{i \in I} \mathscr{F}_i$ を $(\bigoplus_i \mathscr{F}_i)(U) = \bigoplus_i \mathscr{F}_i(U)$ で定義すると，I が有限集合ならば，直積と一致するから層であるが，I が無限なら，同一性公理だけは満たされるが，一般には層とならない．

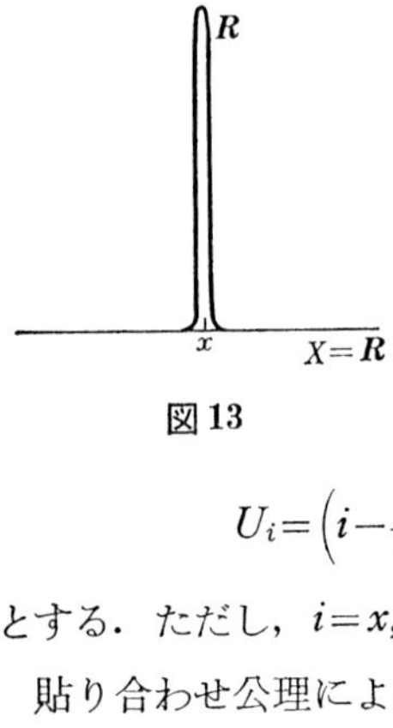

図 13

反例をあげる．$X = \boldsymbol{R}$ とし，$x \in \boldsymbol{R}$ について

$$\mathscr{F}_x(U) = \begin{cases} \boldsymbol{R}, & x \in U \quad \text{のとき}, \\ 0, & x \notin U \quad \text{のとき} \end{cases}$$

とおく．$\mathscr{F}_x$ は**超高層ビル層** (skyscraper sheaf) の一種である．このとき $\bigoplus_{x \in X} \mathscr{F}_x$ は層でない．同一性公理はよいが，貼り合わせ公理が破れる．整数 i に対して

$$U_i = \left(i - \frac{1}{4},\ i + \frac{1}{4}\right), \qquad \xi_i = \bigoplus_{x \in X} \delta_{ix} \in (\bigoplus \mathscr{F}_x)(U_i)$$

とする．ただし，$i = x$，$i \neq x$ に従って $\delta_{ix} = 1$，または $\delta_{ix} = 0$ を表す．

貼り合わせ公理によれば，$U = \bigcup_{i \in \mathrm{Z}} U_i$ に対し $\xi = \bigoplus_x \xi_x \in \bigoplus_x \mathscr{F}_x(U)$ が存在し

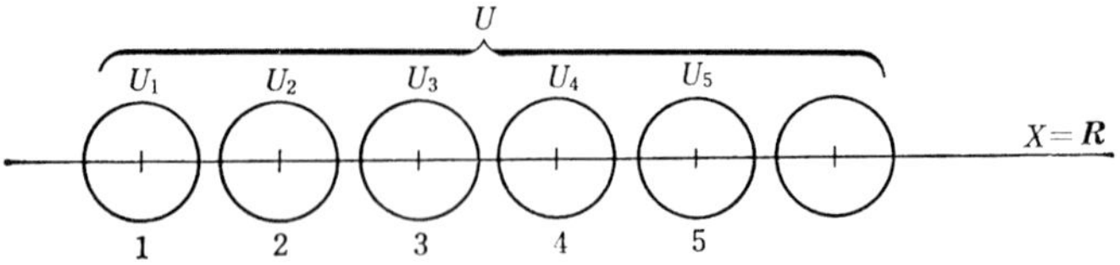

図 14

$x \in \boldsymbol{Z}$ のとき $\xi_x=1$ とならなければならない．$\xi_x \neq 0$ となる x が無限個できてしまうから，$\xi \in \prod_x \mathscr{F}_x(U)$ ではあっても $\xi \notin \bigoplus_x \mathscr{F}_x(U)$ であり，矛盾．

定義 10.6　$\mathscr{F}, \mathscr{G}$ を圏 $\mathscr{C}$ の準層とする．$\mathscr{C}$ としては (Sets), (Gr), (Ab), (Rings) などを考える．**準同型** $\varphi : \mathscr{F} \to \mathscr{G}$ とは関手としての準同型のこととする．つまり次のデータである．

（1）　開集合 U ごとに定義された，圏 $\mathscr{C}$ の射

$$\varphi(U) : \mathscr{F}(U) \to \mathscr{G}(U),$$

（2）　あらゆる $U \subset U'$ に対して次の図式は可換．

$$\begin{array}{ccc}
\mathscr{F}(U') & \xrightarrow{\varphi(U')} & \mathscr{G}(U') \\
\Big\downarrow {\scriptstyle \mathrm{res}^{U'}_U} & & \Big\downarrow {\scriptstyle \mathrm{res}^{U'}_U} \\
\mathscr{F}(U) & \xrightarrow{\varphi(U)} & \mathscr{G}(U)
\end{array}$$

$\mathscr{F}, \mathscr{G}$ が層のとき，準層としての準同型を層の準同型という．

例 10.7　$\varphi : \mathscr{F} \to \mathscr{G}$ をアーベル群の層の準同型とする．準層 $\mathrm{Ker}(\varphi)$ を

（1）　$\mathrm{Ker}(\varphi)(U) = \mathrm{Ker}(\varphi(U) : \mathscr{F}(U) \to \mathscr{G}(U))$,

（2）　$\mathrm{res}^{U'}_U : \mathrm{Ker}(\varphi)(U') \to \mathrm{Ker}(\varphi)(U)$　は，　$\mathrm{res}^{U'}_U : \mathscr{F}(U') \to \mathscr{F}(U)$　の $\mathrm{Ker}(\varphi)(U')$ への制限

とすることにより定義する．

$U = \bigcup_\alpha U_\alpha$ を開集合 U の開被覆とする．$\xi, \xi' \in \mathrm{Ker}(\varphi)(U)$ であり，$\mathrm{res}^U_{U_\alpha}(\xi) = \mathrm{res}^U_{U_\alpha}(\xi')$ がすべての α について成り立つとする．$\xi, \xi' \in \mathscr{F}(U)$ とみなすと $\mathscr{F}$ の同一性公理より，$\xi = \xi'$ となる．つまり，$\mathrm{Ker}(\varphi)$ についても同一性公理が成り立つ．次に $\xi_\alpha \in \mathrm{Ker}(\varphi)(U_\alpha)$ が与えられ，$\mathrm{res}^{U_\alpha}_{U_\alpha \cap U_\beta}(\xi_\alpha) = \mathrm{res}^{U_\beta}_{U_\alpha \cap U_\beta}(\xi_\beta)$ がすべての α, β について成り立ったとする．$\xi_\alpha \in \mathscr{F}(U_\alpha)$ とみなすと，$\mathscr{F}$ の貼り合わせ公理により，$\xi \in \mathscr{F}(U)$ が存在して $\mathrm{res}^U_{U_\alpha}(\xi) = \xi_\alpha$ がすべての α について成り立つ．$\eta = \varphi(U)(\xi) \in \mathscr{G}(U)$ とおくと，$\mathrm{res}^U_{U_\alpha}(\eta) = \varphi(U_\alpha)(\xi_\alpha) = 0$．これと $\mathscr{G}$ についての同一性公理より $\eta = 0$．したがって $\xi \in \mathrm{Ker}(\varphi(U) : \mathscr{F}(U) \to \mathscr{G}(U)) = \mathrm{Ker}(\varphi)(U)$．結局，$\mathrm{Ker}(\varphi)$ について貼り合わせ公理も成り立つ．$\mathrm{Ker}(\varphi)$ は層である．$\mathrm{Ker}(\varphi)$ を φ の核の層と呼ぶ．

例 10.8　しかし，$\overset{*}{\mathrm{Coker}}(\varphi)(U)=\mathrm{Coker}(\varphi(U))$ とおくと，$\overset{*}{\mathrm{Coker}}(\varphi)$ は準層であるが，一般には層でない．

$X=\boldsymbol{C}^2\backslash\{$原点$\}$ とし，$\mathscr{O}_X$ を X 上の正則関数のなす層とする．$\mathscr{O}_X(U)=\{U$ 上の正則関数全体$\}$ とし，$\mathrm{res}^{U'}_{U}$ は定義域の制限により定義されるものとする．(z_1, z_2) を $\boldsymbol{C}^2$ の座標としよう．準同型 $\varphi:\mathscr{O}_X\to\mathscr{O}_X$ を $f\in\mathscr{O}_X(U)$ に $z_2 f\in\mathscr{O}_X(U)$ を対応させることにより定める．$\mathscr{G}=\overset{*}{\mathrm{Coker}}(\varphi)$ とおくと，$\mathscr{G}$ について貼り合わせ公理が破れる．

これをみよう．$U_1=\{z_1\neq 0\}$，$U_2=\{z_2\neq 0\}$ とおく．$\mathscr{O}_X(U_2)\xrightarrow{\times z_2}\mathscr{O}_X(U_2)$ は可逆だから，$\mathscr{G}(U_2)=0$．同様に $\mathscr{G}(U_1\cap U_2)=0$．$\bar{f}_1=\dfrac{1}{z_1}\bmod z_2\mathscr{O}_X(U_1)\in\mathscr{G}(U_1)$，$\bar{f}_2=0\in\mathscr{G}(U_2)$ とおけば $\mathrm{res}^{U_1}_{U_1\cap U_2}(\bar{f}_1)=0=\mathrm{res}^{U_2}_{U_1\cap U_2}(\bar{f}_2)$．貼り合わせ公理が成り立つのなら $f\in\mathscr{O}_X(U_1\cup U_2)=\mathscr{O}_X(X)$ が存在し，$\mathrm{res}^X_{U_1}(f\bmod z_2\mathscr{O}_X(X))=\mathrm{res}^X_{U_1}(f)\bmod z_2\mathscr{O}_X(U_1)=\dfrac{1}{z_1}\bmod z_2\mathscr{O}_X(U_1)$ でなければならない（自然な準同型 $\mathscr{O}_X(U)\to\mathscr{G}(U)=\mathscr{O}_X(U)/z_2\mathscr{O}_X(U)$ による ξ の像を $\xi\bmod z_2\mathscr{O}_X(U)$ と書いた）．つまり，$g\in\mathscr{O}_X(U_1)$ が存在して $f-\dfrac{1}{z_1}=z_2 g$ となる．$z_2=0$ を代入すれば $f(z_1, 0)=\dfrac{1}{z_1}$．ところが，f は原点でも正則な関数 $\tilde{f}$ に拡張できる．$\tilde{f}(z_1, 0)$ はもちろん原点でも正則．しかし，一致の定理によれば $\tilde{f}(z_1, 0)=\dfrac{1}{z_1}$．これは矛盾である．

$\tilde{f}$ は次のように定める．

$$\tilde{f}(z_1, z_2)=\begin{cases} f(z_1, z_2), & (z_1, z_2)\neq(0, 0) \text{ のとき}, \\ \left(\dfrac{1}{2\pi\sqrt{-1}}\right)^2 \displaystyle\int_{|\zeta_1|=1}\int_{|\zeta_2|=1}\frac{f(\zeta_1, \zeta_2)}{(\zeta_1-z_1)(\zeta_2-z_2)}d\zeta_2 d\zeta_1, & |z_1|<1,\ |z_2|<1 \text{ のとき}. \end{cases}$$

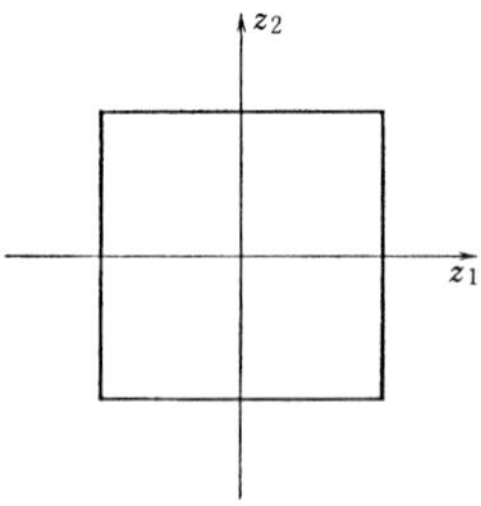

図 15

2つの定義は $\{(z_1, z_2)\in\boldsymbol{C}^2 \mid |z_1|<1, |z_2|<1\}\backslash\{(0, 0)\}$ 上で一致している．まず $z_2\neq 0$, $|z_1|<1$, $|z_2|<1$ としよう．$\zeta_1\longmapsto f(\zeta_1, z_2)$ は全複素平面で正則な関数だから，コーシーの積分公式により

$$f(z_1, z_2)=\frac{1}{2\pi\sqrt{-1}}\int_{|\zeta_1|=1}\frac{f(\zeta_1, z_2)}{\zeta_1-z_1}d\zeta_1.$$

そして，$|\zeta_1|=1$ のとき，$\zeta_2\longmapsto f(\zeta_1, \zeta_2)$ は全複

素平面で正則だから

$$f(\zeta_1, z_2)=\frac{1}{2\pi\sqrt{-1}}\int_{|\zeta_2|=1}\frac{f(\zeta_1, \zeta_2)}{\zeta_2-z_2}d\zeta_2.$$

結局

$$f(z_1, z_2)=\left(\frac{1}{2\pi\sqrt{-1}}\right)^2\int_{|\zeta_1|=1}\int_{|\zeta_2|=1}\frac{f(\zeta_1, \zeta_2)}{(\zeta_1-z_1)(\zeta_2-z_2)}d\zeta_2 d\zeta_1.$$

$z_1 \neq 0$, $|z_1|<1$, $|z_2|<1$ のときは，積分の順序を交換すれば同様である．

準層 $\mathscr{F}$ の**層化**というものを定義しよう．(Sets), (Gr), (Ab), (Rings) では帰納的極限 $\varinjlim$ が定義される．点 $x\in X$ に対し，$M=\{x$ を含む開集合$\}$，$U'<U \overset{\text{定義}}{\Longleftrightarrow} U'\supset U$ とおくと，M は順序 $<$ について有向集合となる．$\{\mathscr{F}(U), \mathrm{res}_U^{U'} \mid U, U'\in M\}$ は帰納系である． これの帰納的極限 $\mathscr{F}_x=\varinjlim_M \mathscr{F}(U)$ を $\mathscr{F}$ の x での茎という． 次のように考えてもよい．$F(x)=\{(U, \xi)\mid U\in M, \xi\in\mathscr{F}(U)\}$ とおくとき，$\mathscr{F}_x=F(x)/\sim$ (同値類の集合)．ただし，同値関係 $\sim$ は次のように定める．$(U,\xi)\sim(U',\xi') \overset{\text{定義}}{\Longleftrightarrow} x\in U''\subset U\cap U'$ なる開集合 U'' が存在して $\mathrm{res}_{U''}^{U}(\xi)=\mathrm{res}_{U''}^{U'}(\xi')$．茎の元 $\xi_x\in\mathscr{F}_x$ のことを，$\mathscr{F}$ の x における芽という．たとえば $\boldsymbol{C}^n$ の開集合 X 上の正則関数の層 $\mathscr{O}_X$ について，$\mathscr{O}_{X,x}$ は x の近傍で定義された正則関数の全体である．

層 $[\mathscr{F}]$ を次のように定める (the sheaf of discontinuous sections of $\mathscr{F}$ と呼ばれる)．$[\mathscr{F}](U)=\prod_{x\in U}\mathscr{F}_x$， そして $\mathrm{res}_U^{U'}:[\mathscr{F}](U')\to[\mathscr{F}](U)$ は直積成分への射影とする．$[\mathscr{F}]$ は実際層である．

準層の準同型 $\varepsilon:\mathscr{F}\to[\mathscr{F}]$ を，$\xi\in\mathscr{F}(U)$ に対して $\prod_{x\in U}\mathrm{res}_x^U(\xi)\in[\mathscr{F}](U)$ を対応させて定める．ただし $\mathrm{res}_x^U:\mathscr{F}(U)\to\mathscr{F}_x$ は帰納的極限への自然な準同型である．

最後に，$\xi\in[\mathscr{F}](U)$ を $\xi=\prod_{x\in U}\xi_x$, $\xi_x\in\mathscr{F}_x$ と書くことと約束する．これでようやく準備ができた．

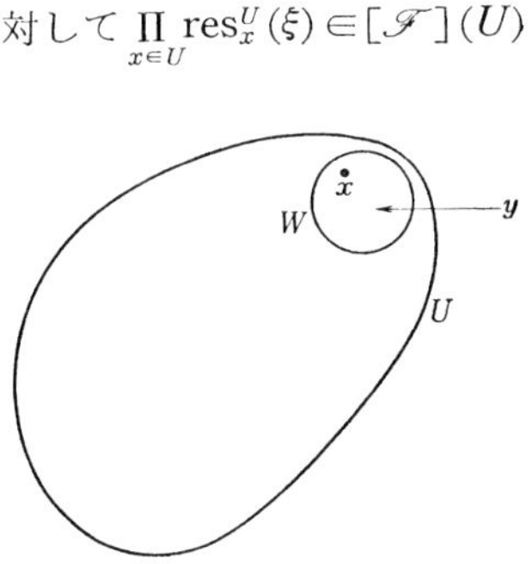

図 16

準層 $\mathscr{F}$ の層化 $\tilde{\mathscr{F}}$ は以下のように定義される．

定義 10.9　$\tilde{\mathscr{F}}(U)=\{\eta\in[\mathscr{F}](U)\mid$ すべ

ての点 $x\in U$ に対して，$x\in W\subset U$ なる開集合 W と，$\xi_W\in\mathscr{F}(W)$ があり，$\eta_y=\varepsilon(\xi_W)_y\in\mathscr{F}_y$ がすべての $y\in W$ に対して成り立つ}．{　} 内の条件は，“すべての $x\in U$ に対して” という言葉で始まっている局所的な性質だから，$\tilde{\mathscr{F}}$ が実際層になることがわかる．

注意 10.10　$\xi\in\mathscr{F}(U)$ なら，$\eta=\varepsilon(\xi)$ は $W=U$, $\xi_W=\xi$ とおくことにより上の条件を満たすから，$\eta\in\tilde{\mathscr{F}}(U)$．これから，準層の準同型 $\lambda:\mathscr{F}\to\tilde{\mathscr{F}}$ が，$\lambda(\xi)=\varepsilon(\xi)$ により定まる．

また，すべての $x\in X$ について $\mathscr{F}_x=\tilde{\mathscr{F}}_x$ となることがわかる．つまり，準層とその層化のすべての茎は一致する．

命題 10.11　$\varphi:\mathscr{F}\to\mathscr{G}$ を準層の準同型とする．ただし $\mathscr{G}$ は層であると仮定する．このとき，層の準同型，$\tilde{\varphi}:\tilde{\mathscr{F}}\to\mathscr{G}$ で $\tilde{\varphi}\cdot\lambda=\varphi$ となるものがただ1つ存在する．

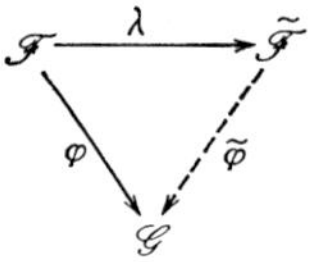

証明　$\eta\in\tilde{\mathscr{F}}(U)$ としよう．$x\in U$ ごとに開集合 W_x, $x\in W_x\subset U$ と $\xi_{W_x}\in\mathscr{F}(W_x)$ が定まり，$y\in W_x\cap W_{x'}$ に対して，$\eta_y=\varepsilon(\xi_{W_x})_y=\varepsilon(\xi_{W_{x'}})_y$ となる．帰納的極限の定義により，$y\in N_y\subset W_x\cap W_{x'}$ なる開集合 N_y があり，$\mathrm{res}^{W_x}_{N_y}(\xi_{W_x})=\mathrm{res}^{W_{x'}}_{N_y}(\xi_{W_{x'}})$ となる．φ で送ってやれば，$\mathscr{G}$ において $\mathrm{res}^{W_x}_{N_y}(\varphi(\xi_{W_x}))=\mathrm{res}^{W_x}_{N_y}(\varphi(\xi_{W_{x'}}))$ が成り立つ．$W_x\cap W_{x'}=\bigcup_y N_y$ だから，$\mathscr{G}$ の同一性公理より，$\mathrm{res}^{W_x}_{W_x\cap W_{x'}}(\varphi(\xi_{W_x}))=\mathrm{res}^{W_{x'}}_{W_x\cap W_{x'}}(\varphi(\xi_{W_{x'}}))$ となる．さらに，$\mathscr{G}$ の2つの公理を使えば $\bar{\eta}\in\mathscr{G}(U)$ で $\mathrm{res}^U_{W_x}(\bar{\eta})=\varphi(\xi_{W_x})$ となるものがただ1つ存在することがわかる．$\bar{\eta}=\tilde{\varphi}(\eta)$ とおくと，これは W_x,ξ_{W_x} などのとり方によらず，$\tilde{\varphi}=\tilde{\varphi}(U):\tilde{\mathscr{F}}(U)\to\mathscr{G}(U)$ を定めることがわかる．そして，実際層の準同型 $\tilde{\varphi}:\tilde{\mathscr{F}}\to\mathscr{G}$ を定め，$\tilde{\varphi}\cdot\lambda=\varphi$ となる．一意性も確かめられる．　（証終）

定義 10.12　$\mathscr{F},\mathscr{G}$ をアーベル群の層，$\varphi:\mathscr{F}\to\mathscr{G}$ を層の準同型とする．φ の余核の層 $\mathrm{Coker}(\varphi)$ を準層 $\overset{*}{\mathrm{Coker}}(\varphi)$ の層化として，また φ の像の層 $\mathrm{Im}(\varphi)$ を対応 $U\longmapsto\mathrm{Im}(\varphi(U))$ により定まる準層の層化として，定義する．

定義 10.13　アーベル群の層の準同型の列 $\mathscr{F}\xrightarrow{\varphi}\mathscr{G}\xrightarrow{\psi}\mathscr{H}$ が**完全**であるとは，すべての点 $x\in X$ に対して，茎に導かれた準同型の列 $\mathscr{F}_x\to\mathscr{G}_x\to\mathscr{H}_x$ が完全であることとする．

$0\to\mathscr{F}\xrightarrow{\varphi}\mathscr{G}$ が完全であることを φ は**単射**であるといい，$\mathscr{F}\xrightarrow{\varphi}\mathscr{G}\to 0$ が完全であることを φ は**全射**であるという．ただし 0 はすべての開集合に対して，1 元 0 からなるアーベル群を対応させて得られる層である．

注意 10.14　$\mathscr{F}\xrightarrow{\varphi}\mathscr{G}\xrightarrow{\psi}\mathscr{H}$ が完全でも $\mathscr{F}(U)\xrightarrow{\varphi(U)}\mathscr{G}(U)\xrightarrow{\psi(U)}\mathscr{H}(U)$ は完全であるとは限らない．ただし，次の命題は成立する．また，層係数コホモジーを定義すれば，命題の中でいつ $\mathscr{H}(U)$ の右に $\to 0$ がつけられるか判定できるようになる．

命題 10.15　アーベル群の層について，$0\to\mathscr{F}\xrightarrow{\varphi}\mathscr{G}\xrightarrow{\psi}\mathscr{H}\to 0$ が完全ならば，$0\to\mathscr{F}(U)\xrightarrow{\varphi(U)}\mathscr{G}(U)\xrightarrow{\psi(U)}\mathscr{H}(U)$ は完全である．

証明　まず $\mathrm{Ker}(\varphi(U))=0$ を示す．$f\in\mathrm{Ker}(\varphi(U))$ とする．$x\in U$ について $\varphi_x:\mathscr{F}_x\to\mathscr{G}_x$ を茎に導かれた写像とすれば $\varphi_x(\mathrm{res}_x^U(f))=\mathrm{res}_x^U(\varphi(U)(f))=0$．仮定より φ_x は単射だから $\mathrm{res}_x^U(f)=0$．帰納的極限の定義より，開集合 U_x，$x\in U_x\subset U$ があって $\mathrm{res}_{U_x}^U(f)=0$．$U=\bigcup_{x\in U}U_x$ は U の閉被覆だから，$\mathscr{F}$ の同一性公理より，$f=0$ である．

次に $\psi(U)\cdot\varphi(U)=0$，同じことだが $\mathrm{Ker}(\psi(U))\supset\mathrm{Im}(\varphi(U))$ を示す．$f\in\mathscr{F}(U)$ とし，$h=\psi(U)\cdot\varphi(U)(f)\in\mathscr{H}(U)$ とおく．定義より，$x\in U$ について $\psi_x\cdot\varphi_x=0$ だから $\mathrm{res}_x^U(h)=\psi_x\cdot\varphi_x(\mathrm{res}_x^U(f))=0$．すると，帰納的極限の定義と $\mathscr{H}$ の同一性公理により $h=0$．

最後に $\mathrm{Ker}(\psi(U))\subset\mathrm{Im}(\varphi(U))$ を示す．$g\in\mathscr{G}(U)$ について $\psi(U)(g)=0$ と仮定する．$\psi_x(\mathrm{res}_x^U(g))=\mathrm{res}_x^U(\psi(U)(g))=0$ が $x\in U$ について成立する．$0\to\mathscr{F}_x\xrightarrow{\varphi_x}\mathscr{G}_x\xrightarrow{\psi_x}\mathscr{H}_x$ は完全であるから，$f_x\in\mathscr{F}_x$ で $\varphi_x(f_x)=\mathrm{res}_x^U(g)$ となるものがただ 1 つ存在する．帰納的極限の定義より開集合 $\tilde{U}_x$，$x\in\tilde{U}_x\subset U$ および $f_{\tilde{U}_x}\in\mathscr{F}(\tilde{U}_x)$ があり，$f_x=\mathrm{res}_x^{\tilde{U}_x}(f_{\tilde{U}_x})$．そして，さらに小さい開集合 U_x，$x\in U_x\subset\tilde{U}_x$ があり，$\mathrm{res}_{U_x}^{\tilde{U}_x}(\varphi(\tilde{U}_x)(f_{\tilde{U}_x}))=\mathrm{res}_{U_x}^U(g)$．$f_{U_x}=\mathrm{res}_{U_x}^{\tilde{U}_x}(f_{\tilde{U}_x})$ とおけば，$y\in U_x\cap U_{x'}$ について $\mathrm{res}_y^{U_x}(\varphi(U_x)(f_{U_x}))=\mathrm{res}_y^{U_{x'}}(\varphi(U_{x'})(f_{U_{x'}}))=\mathrm{res}_y^U(g)=\varphi_y(f_y)$．$f_y$ の一意性より $\mathrm{res}_y^{U_x}(f_{U_x})=\mathrm{res}_y^{U_{x'}}(f_{U_{x'}})$ となる．帰納的極限の定義と，$\mathscr{F}$ の同一性公理より，$\mathrm{res}_{U_x\cap U_{x'}}^{U_x}(f_{U_x})=\mathrm{res}_{U_x\cap U_{x'}}^{U_{x'}}(f_{U_{x'}})$ が

すべての点 $x, x' \in X$ について成立する．$\mathscr{F}$ の貼り合わせ公理により，$f \in \mathscr{F}(U)$ が存在して $\mathrm{res}^U_{U_x}(f) = f_{U_x}$ がすべての $x \in X$ について成り立つ．f_{U_x} のとり方より，$\mathrm{res}^U_{U_x}(\varphi(U)(f)) = \varphi(U_x)(f_{U_x}) = \mathrm{res}^U_{U_x}(g)$．$\mathscr{G}$ の同一性公理により $g = \varphi(U)(f)$ となり，$g \in \mathrm{Im}(\varphi(U))$ がでた． （証終）

系 10.16 アーベル群の層の準同型 $\varphi: \mathscr{F} \to \mathscr{G}$ が，すべての茎に対し，同型 $\varphi_x: \mathscr{F}_x \xrightarrow{\sim} \mathscr{G}_x$ を導くのなら，開集合 U に対して，$\varphi(U): \mathscr{F}(U) \to \mathscr{G}(U)$ は必ず同型．

とくに，$\mathscr{F}$ が層ならばその層化 $\tilde{\mathscr{F}}$ は $\mathscr{F}$ に一致する．

証明 仮定のもとで，$0 \to \mathscr{F} \xrightarrow{\varphi} \mathscr{G} \to 0 \to 0$ は層の完全列となるから，命題 10.15 を適用すればよい．後半は $\lambda: \mathscr{F} \to \tilde{\mathscr{F}}$ について考えれば，注意 10.10 により前半の仮定が満たされていることがわかる． （証終）

注意 10.17 $\mathscr{F}, \mathscr{G}$ が層のとき $\mathscr{F} \xrightarrow{\varphi} \mathscr{G} \to \overset{*}{\mathrm{Coker}}(\varphi) \to 0$ は完全である．φ が単射のとき，$\mathrm{Coker}(\varphi) = \mathscr{G}/\mathscr{F}$ とも書く．

証明 開集合 U について $\mathscr{F}(U) \to \mathscr{G}(U) \to \overset{*}{\mathrm{Coker}}(\varphi)(U) \to 0$ は完全．したがって

$$\begin{array}{ccccccc} \varinjlim_{U \ni x} \mathscr{F}(U) & \to & \varinjlim_{U \ni x} \mathscr{G}(U) & \to & \varinjlim_{U \ni x} \overset{*}{\mathrm{Coker}}(\varphi)(U) & \to & 0 \\ \| & & \| & & \| & & \\ \mathscr{F}_x & & \mathscr{G}_x & & \overset{*}{\mathrm{Coker}}(\varphi)_x & & \end{array}$$

は完全，ところが注意 10.10 により $\overset{*}{\mathrm{Coker}}(\varphi)_x = \mathrm{Coker}(\varphi)_x$． （証終）

注意 10.18 層の準同型 $\psi: \mathscr{G} \to \mathscr{H}$ に対して，$\overset{*}{\mathrm{Im}}(\psi)(U) = \mathrm{Im}(\psi(U): \mathscr{G}(U) \to \mathscr{H}(U))$ とおくと $\overset{*}{\mathrm{Im}}(\psi)$ は準層であるが一般には層ではない．このことの例をあげよう．アーベル群の層の準同型 $\varphi: \mathscr{F} \to \mathscr{G}$ で φ は単射でありまた $\overset{*}{\mathrm{Coker}}(\varphi)$ は層にならないようなものをとる．そのようなものは例 10.8 であげておいた．$\mathscr{H} = \mathrm{Coker}(\varphi)$ とおき，$\psi: \mathscr{G} \to \mathscr{H}$ を自然な準同型とする．すると $0 \to \mathscr{F} \xrightarrow{\varphi} \mathscr{G} \xrightarrow{\psi} \mathscr{H} \to 0$ は完全，命題 10.15 より，$\overset{*}{\mathrm{Im}}(\psi) = \overset{*}{\mathrm{Coker}}(\varphi)$ がわかる．これは層ではない．

補題 10.19 $\varphi: \mathscr{F} \to \mathscr{G}$ をアーベル群の層の準同型とする．このとき，層 $\mathscr{H}$ が存在し，φ は全射 $\alpha: \mathscr{F} \to \mathscr{H}$，単射 $\beta: \mathscr{H} \to \mathscr{G}$ の 2 つの層の準同型の合成 $(\varphi = \beta \cdot \alpha)$ となる．

証明 $\mathscr{H} = \mathrm{Im}(\varphi)$ とおく．命題 10.11 により $\alpha: \mathscr{F} \to \mathscr{H}$，$\beta: \mathscr{H} \to \mathscr{G}$ が

定まり，注意 10.10 により，それぞれが，全射，単射であることがわかる．

（証終）

命題 10.20 アーベル群の層とその準同型について，次の 2 条件は同値．

（1） $\mathscr{F}\xrightarrow{\varphi}\mathscr{G}\xrightarrow{\psi}\mathscr{H}$ は完全，

（2） $\mathrm{Im}(\varphi)=\mathrm{Ker}(\psi)$．

証明 （2）⇒（1） （2）より各点 x について，$\mathrm{Im}(\varphi)_x=\mathrm{Ker}(\psi)_x$．注意 10.18 より $\overset{*}{\mathrm{Im}}(\varphi)_x=\mathrm{Im}(\varphi)_x$．帰納的極限の構成法により $\overset{*}{\mathrm{Im}}(\varphi)_x=\mathrm{Im}(\varphi_x:\mathscr{F}_x\to\mathscr{G}_x)$，$\mathrm{Ker}(\psi)_x=\mathrm{Ker}(\psi_x:\mathscr{G}_x\to\mathscr{H}_x)$．結局，$\mathscr{F}_x\xrightarrow{\varphi_x}\mathscr{G}_x\xrightarrow{\psi_x}\mathscr{H}_x$ が完全となり，（1）が示される．

（1）⇒（2） （1）を仮定すると，補題 10.19 より $0\to\mathrm{Im}(\varphi)\to\mathscr{G}\to\mathrm{Im}(\psi)\to0$，$0\to\mathrm{Im}(\psi)\to\mathscr{H}$ は完全．開集合 U に対しては，$0\to\mathrm{Im}(\varphi)(U)\to\mathscr{G}(U)\to\mathrm{Im}(\psi)(U)$，$0\to\mathrm{Im}(\psi)(U)\to\mathscr{H}(U)$ が完全．$\psi(U)$ は，合成 $\mathscr{G}(U)\to\mathrm{Im}(\psi)(U)\to\mathscr{H}(U)$ と一致するから，$\mathrm{Im}(\varphi)(U)=\mathrm{Ker}(\psi(U))=\mathrm{Ker}(\psi)(U)$．これより，$\mathrm{Im}(\varphi)=\mathrm{Ker}(\psi)$．（証終）

最後にあとに使う用語を定義しておこう．

定義 10.21 準層 $\hat{\mathscr{F}},\hat{\mathscr{G}},\hat{\mathscr{H}}$ とその準同型 $\hat{\varphi},\hat{\psi}$ について，$\hat{\mathscr{F}}\xrightarrow{\hat{\varphi}}\hat{\mathscr{G}}\xrightarrow{\hat{\psi}}\hat{\mathscr{H}}$ が**準層の完全列**であるとは，すべての開集合 U に対して，$\mathrm{Ker}(\hat{\psi}(U):\hat{\mathscr{G}}(U)\to\hat{\mathscr{H}}(U))=\mathrm{Im}(\hat{\varphi}(U):\hat{\mathscr{F}}(U)\to\hat{\mathscr{G}}(U))$ が成り立つことをいう．

$\hat{\mathscr{F}},\hat{\mathscr{G}},\hat{\mathscr{H}}$ が同時に層でもあるときには，“準層として完全”と“層として完全”というのは意味が違っていることに注意しよう．

§11. 連　接　層

$\mathscr{O}_X$ を位相空間 X 上の可換環の層とする．たとえば，X は $\boldsymbol{C}^n$ の開集合，$\mathscr{O}_X(U)=\{$開集合 U 上の正則関数$\}$ とおけば，1 つの例になる．

定義 11.1 X 上のアーベル群の準層 $\mathscr{F}$ が $\mathscr{O}_X$**-加群**であるとは

（1） すべての開集合 $U\subset X$ について，$\mathscr{F}(U)$ は $\mathscr{O}_X(U)$-加群，

（2） あらゆる $U'\supset U$ に対して

$$\begin{array}{ccc}\mathscr{O}_X(U')\times\mathscr{F}(U') & \longrightarrow & \mathscr{F}(U')\\ \mathrm{res}\downarrow\mathrm{res} & & \downarrow\mathrm{res}\\ \mathscr{O}_X(U)\times\mathscr{F}(U) & \longrightarrow & \mathscr{F}(U)\end{array}$$

が可換．ただし，横向矢印は加群としての環の元の乗法を表す．

$\mathscr{O}_X$-加群の準層 $\mathscr{F}, \mathscr{G}$ の間の準同型 $\varphi : \mathscr{F} \to \mathscr{G}$ が $\mathscr{O}_X$-加群の準同型であるとは，開集合 U について必ず $\varphi(U) : \mathscr{F}(U) \to \mathscr{G}(U)$ が $\mathscr{O}_X(U)$-加群の準同型となっていることとする．

例 11.2 $\mathscr{O}_X$ の p 個の直積 $\mathscr{O}_Y^p$ は $\mathscr{O}_X$-加群の層である．

注意 11.3 $\mathscr{F}$ が $\mathscr{O}_X$-加群の準層のとき，その層化 $\tilde{\mathscr{F}}$ は $\mathscr{O}_X$-加群の層となることが，層化の定義にもどってみればわかる．

だから $\varphi : \mathscr{F} \to \mathscr{G}$ を $\mathscr{O}_X$-加群の層の準同型とするとき，$\mathrm{Ker}(\varphi)$ はもちろん $\mathrm{Im}(\varphi)$，$\mathrm{Coker}(\varphi)$ も $\mathscr{O}_X$-加群の層となる．

定義 11.4 位相空間 X 上の準層 $\mathscr{F}$ に対し X の開集合 U への**制限** $\mathscr{F}|_U$ とは，開集合 $W \subset U$ に対して，$\mathscr{F}|_U(W) = \mathscr{F}(W)$ で定まる U 上の準層をいう．$\mathscr{F}$ が層ならば $\mathscr{F}|_U$ も層である．

以下この節の終わりまで，層といったら，$\mathscr{O}_X$-加群の層を意味し，層の準同型といったら，$\mathscr{O}_X$-加群の準同型のみを考えることにする．

定義 11.5 層 $\mathscr{F}$ が**有限生成**であるとは，どの点 $x \in X$ に対しても，x を含む開集合 U と次の形の層の完全列があることをいう．

$$\mathscr{O}_X^p|_U \to \mathscr{F}|_U \to 0$$

上の完全列は，$\mathscr{O}_X^p|_U(U) = \mathscr{O}_X(U)^p$ の基底を $e_1, \cdots, e_p$ とするとき，すべての点 $y \in U$ について，茎 $\mathscr{F}_y$ が $\mathscr{O}_{X,y}$-加群として，$\mathrm{res}_y^U(e_1), \cdots, \mathrm{res}_y^U(e_p)$ の像で生成されるということを意味している．

注意 11.6
$$0 \to \mathscr{F} \to \mathscr{G} \to \mathscr{H} \to 0$$
を層の完全列としよう．

（1） $\mathscr{G}$ が有限生成 $\Rightarrow \mathscr{H}$ が有限生成，

（2） $\mathscr{F}, \mathscr{H}$ が有限生成 $\Rightarrow \mathscr{G}$ が有限生成．

しかし，$\mathscr{G}, \mathscr{H}$ が有限生成でも $\mathscr{F}$ は必ずしも有限生成であるとは限らない．

証明 （1）は定義より明らか．（2）を示す．点 x に対し，その近傍 U' と完全列 $\mathscr{O}_X^p|_{U'} \xrightarrow{\alpha} \mathscr{F}|_{U'} \to 0$，$\mathscr{O}_X^q|_{U'} \xrightarrow{\beta} \mathscr{H}|_{U'} \to 0$ がある．x での茎について $\mathscr{G}_x \to \mathscr{H}_x$ は全射だから，$\mathscr{O}_X^q|_{U'}(U') = \mathscr{O}_X(U')^q$ の基底を $e_1, \cdots, e_q$ とするとき，十分小さい x の近傍 U，$x \in U \subset U'$ をとれば $\mathrm{res}_U^{U'}(e_i)$ を再び e_i と略記する

ことにすると，$\beta(U)(e_1),\cdots,\ \beta(U)(e_q)\in\mathrm{Im}(\mathscr{G}(U)\to\mathscr{H}(U))$．$f_i\in\mathscr{G}(U)$ を $\mathscr{G}(U)\to\mathscr{H}(U)$ によるその像が $\beta(U)(e_i)$ となるように選ぶと，層の準同型 $\gamma:\mathscr{O}_X^q|_U\to\mathscr{G}|_U$ が $\gamma(U)(e_i)=f_i$ により定まる．α,β の U への制限を同じ記号で表せば，γ と $\mathscr{G}|_U\to\mathscr{H}|_U$ の合成は β に一致する．$\mathscr{O}_X^p|_U\oplus\mathscr{O}_X^q|_U\to\mathscr{G}|_U$ を $\alpha+\gamma$ により定義すれば，これは全射となることがわかる．（証終）

定義 11.7　層 $\mathscr{F}$ が**連接**であるとは

（1）　開集合 $U\subset X$ と準同型 $f:\mathscr{O}_X^p|_U\to\mathscr{F}|_U$ が与えられたなら，$\mathrm{Ker}(f)$ は有限生成，

（2）　$\mathscr{F}$ は有限生成，

の2つの条件を満たすことをいう．

命題 11.8
$$0\to\mathscr{F}\to\mathscr{G}\to\mathscr{H}\to 0$$
が層の完全列のとき，$\mathscr{F},\mathscr{G},\mathscr{H}$ の3つのうちどれか2つが連接層ならば残りの1つも連接層である．

実はもう少し強く

・$\mathscr{F}$ が有限生成，$\mathscr{G}$ が連接⇒$\mathscr{H}$ が連接

もいえる．また

・$\mathscr{F}$ が有限生成，$\mathscr{G}$ が連接⇒$\mathscr{F}$ が連接．

補題 11.9　（スネークレンマ）

$$\begin{array}{ccccccc} & & A & \xrightarrow{f} & B & \xrightarrow{g} & C & \longrightarrow 0 \\ & & \downarrow a & & \downarrow b & & \downarrow c & \\ 0 & \longrightarrow & A' & \xrightarrow{f'} & B' & \xrightarrow{g'} & C' & \end{array}$$

を，アーベル群とその準同型からなる可換図式で行は完全なものとしよう．このとき，$\delta:\mathrm{Ker}(c)\to\mathrm{Coker}(a)$ が次のように定まる．$z\in C$，$c(z)=0$ について，$y\in B$ で $g(y)=z$ となるものをとれば，$g'b(y)=cg(y)=c(z)=0$ だから，$b(y)\in\mathrm{Ker}(g')=A'$ であるが，この $b(y)$ の自然な全射 $A'\to A'/a(A)=\mathrm{Coker}(a)$ による像を $\delta(z)$ と定義する．そして
$$\mathrm{Ker}(a)\xrightarrow{f}\mathrm{Ker}(b)\xrightarrow{g}\mathrm{Ker}(c)\xrightarrow{\delta}\mathrm{Coker}(a)\xrightarrow{f'}\mathrm{Coker}(b)\xrightarrow{g'}\mathrm{Coker}(c)$$
は完全な列である．ただし，f,g,f',g' などで導かれた写像を同じ記号で表した．さらに，$A\to B$ が単射なら $\mathrm{Ker}(a)\to\mathrm{Ker}(b)$ は単射であり，$B'\to C'$

が全射なら $\mathrm{Coker}(b) \to \mathrm{Coker}(c)$ は全射である．

証明　δ が矛盾なく定義されることだけを証明しよう．Ker, Coker を含む列の完全性の証明は読者に任せる．同じように問題の図式の中を追い回せばよいのである．

$z \in C$，ただし $c(z)=0$ とする．$g(y)=z$ となる $y \in B$ が存在することは，g が全射であるからよい．別の $y_1 \in B$ について，$g(y_1)=z$ となったしよう．$g(y-y_1)=0$ だから，$x=y-y_1 \in A$．そして $a(x)=b(y)-b(y_1)$ だから，$b(y)$ と $b(y_1)$ の $A' \to A'/a(A)$ による像は同じになる．　（証終）

注意 11.10　上の補題の中で問題の図式はアーベル群の層とその準同型からなるものとする．このときにも $\delta : \mathrm{Ker}(c) \to \mathrm{Coker}(a)$ が定まり補題 11.9 と同じことが成り立つ．$\theta \in \mathrm{Ker}(c)(U)$ としよう．U の被覆 $U = \bigcup_{\alpha} U_\alpha$ および $\eta_\alpha \in B(U_\alpha)$ があり，$g(U_\alpha)(\eta_\alpha) = \mathrm{res}^U_{U_\alpha}(\theta)$．そして $\xi'_\alpha = b(U_\alpha)(\eta_\alpha)$ とおけば $\xi'_\alpha \in A'(U_\alpha)$ である．それの $A'(U_\alpha) \to \mathrm{Coker}(a)(U_\alpha)$ による像を $[\xi'_\alpha]$ としよう．補題 11.9 において δ が矛盾なく定義されたことより，$[\xi'_\alpha]$ は θ によってのみ定まり，$\mathrm{res}^{U_\alpha}_{U_\alpha \cap U_\beta}([\xi'_\alpha]) = \mathrm{res}^{U_\beta}_{U_\alpha \cap U_\beta}([\xi'_\beta])$ が常に成り立つことがわかる．$\mathrm{Coker}(a)$ の貼り合わせ公理により，$[\xi'] \in \mathrm{Coker}(a)(U)$ があり，$\mathrm{res}^U_{U_\alpha}([\xi']) = [\xi'_\alpha]$ となるから，$\delta(U)(\theta) = [\xi']$ とおくことによって $\delta(U) : \mathrm{Ker}(c)(U) \to \mathrm{Coker}(a)(U)$ が定まり，実際層の準同型 $\delta : \mathrm{Ker}(c) \to \mathrm{Coker}(a)$ が定まる．

命題 11.8 の証明

①　$\mathscr{F}$ が有限生成，$\mathscr{G}$ が連接のとき　　まずこの仮定だけで $\mathscr{F}$ が連接であることを示す．なお以下では簡単のため開集合 U への制限の記号 $|_U$ を省いて書く．また，U は必要に応じて次々と小さいものととりかえていく．定義 11.7 の（2）は仮定されているから（1）をいえばよい．$\mathscr{O}^p \to \mathscr{F}$ が与えられたとする．単射 $\mathscr{F} \to \mathscr{G}$ との合成を考えることにより，$\mathrm{Ker}(\mathscr{O}^p \to \mathscr{F}) = \mathrm{Ker}(\mathscr{O}^p \to \mathscr{G})$．$\mathscr{G}$ は連接だから $\mathrm{Ker}(\mathscr{O}^p \to \mathscr{G})$ は有限生成．

次に $\mathscr{H}$ が連接であることをいう．まず注意 11.6（1）により $\mathscr{H}$ は有限生成．開集合 U 上で $\mathscr{O}^p \to \mathscr{H}$ が与えられたとする．注意 11.6 で触れたように，U を少し縮めれば $\mathscr{O}^p \to \mathscr{G}$ で合成 $\mathscr{O}^p \to \mathscr{G} \to \mathscr{H}$ が与えられた準同型に一致するものが構成できる．一方，$\mathscr{F}$ は有限生成だから，$\mathscr{O}^q \to \mathscr{F} \to 0$ の形の

完全列がある．注意 11.6 におけるのと同じ方法を用い，スネークレンマを適用すれば次の層の完全な図式を得る．

$$
\begin{array}{ccccccccc}
 & & 0 & & 0 & & 0 & & \\
 & & \downarrow & & \downarrow & & \downarrow & & \\
0 & \to & \mathscr{K} & \longrightarrow & \mathscr{L} & \longrightarrow & \mathscr{M} & \to & 0 \\
 & & \downarrow & & \downarrow & & \downarrow & & \\
0 & \to & \mathscr{O}^q & \to & \mathscr{O}^q \oplus \mathscr{O}^p & \to & \mathscr{O}^p & \to & 0 \\
 & & \downarrow & & \downarrow & & \downarrow & & \\
0 & \to & \mathscr{F} & \longrightarrow & \mathscr{G} & \longrightarrow & \mathscr{H} & \to & 0 \\
 & & \downarrow & & & & & & \\
 & & 0 & & & & & &
\end{array}
$$

ただし，$\mathscr{K}, \mathscr{L}, \mathscr{M}$ は対応する準同型の核である．$\mathscr{G}$ は連接だから $\mathscr{L}$ は有限生成．したがって $\mathscr{M}$ も有限生成．

② $\mathscr{F}, \mathscr{H}$ が連接のとき　　$\mathscr{G}$ が有限生成であることは注意 11.6 で示した．開集合 U 上で $\mathscr{O}^p \to \mathscr{G}$ が与えられたとする．次の図式を得る．

$$
\begin{array}{ccccccccc}
 & & 0 & \to & \mathscr{O}^p & \to & \mathscr{O}^p & \to & 0 \\
 & & & & \downarrow & & \downarrow & & \\
0 & \to & \mathscr{F} & \to & \mathscr{G} & \to & \mathscr{H} & \to & 0
\end{array}
$$

$\mathscr{L} = \mathrm{Ker}(\mathscr{O}^p \to \mathscr{G})$，$\mathscr{M} = \mathrm{Ker}(\mathscr{O}^p \to \mathscr{H})$ とおくと，スネークレンマより，完全列 $0 \to \mathscr{L} \to \mathscr{M} \to \mathscr{F}$ が存在する．$\mathscr{H}$ は連接だから $\mathscr{M}$ は有限生成．つまり $\mathscr{O}^q \to \mathscr{M} \to 0$ の形の完全列がある．これより次の図式を得る．

$$
\begin{array}{ccccccc}
0 & \to & \mathscr{K} & \to & \mathscr{O}^q & \to & \mathscr{F} \\
 & & \downarrow & & \downarrow & & \| \\
0 & \to & \mathscr{L} & \to & \mathscr{M} & \to & \mathscr{F} \\
 & & \downarrow & & \downarrow & & \\
 & & 0 & & 0 & &
\end{array}
$$

$\mathscr{K} = \mathrm{Ker}(\mathscr{O}^q \to \mathscr{F})$ とおいた．$\mathscr{K} \to \mathscr{L}$ が全射なのは，現れる層の茎をとり，図式を追い回せばよい．$\mathscr{F}$ は連接だから $\mathscr{K}$ は有限生成．したがって $\mathscr{L}$ も有限生成．

③ $\mathscr{G}, \mathscr{H}$ が連接のとき　　① のいちばん最初で示したことにより，$\mathscr{F}$ が有限生成であることを示せばよい．$\mathscr{G}$ は有限生成だから，完全列 $\mathscr{O}^q \to \mathscr{G} \to 0$ がある．次の図式を得る．

$$
\begin{array}{ccccccccc}
0 & \to & \mathscr{K} & \to & \mathscr{O}^q & \to & \mathscr{H} & \to & 0 \\
 & & \downarrow & & \downarrow & & \| & & \\
0 & \to & \mathscr{F} & \to & \mathscr{G} & \to & \mathscr{H} & \to & 0 \\
 & & \downarrow & & \downarrow & & & & \\
 & & 0 & & 0 & & & &
\end{array}
$$

ただし，$\mathscr{K}=\mathrm{Ker}(\mathscr{O}^q\to\mathscr{H})$．$\mathscr{K}\to\mathscr{F}$ が全射なのはスネークレンマによる．$\mathscr{H}$ は連接だから $\mathscr{K}$ は有限生成．したがって $\mathscr{F}$ も有限生成． (証終)

定理 11.11 (岡の定理) X を $\boldsymbol{C}^n$ の開集合としよう．すると正則関数の層 $\mathscr{O}_X$ は連接である．

注意 11.12 命題 11.8 と岡の定理によれば

・$\mathscr{O}_X^p$ は連接，またそれの商($\mathscr{O}_X^p$/有限生成の層)は連接．

・$\mathscr{O}_X$-加群 $\mathscr{F}$ について，連接$\Longleftrightarrow$すべての点 $\boldsymbol{x}\in X$ について，$\boldsymbol{x}$ の近傍 U と U 上の完全列 $\mathscr{O}_X^p|_U\to\mathscr{O}_X^q|_U\to\mathscr{F}|_U\to 0$ がある．

岡の定理の証明 U を $\boldsymbol{C}^n$ の開集合としよう．いま，層の準同型 $\mathscr{O}_U^p\xrightarrow{f}\mathscr{O}_U$ が与えられたとする．$\mathscr{O}_U(U)^p\to\mathscr{O}_U(U)$ による $e_i=(0,\cdots,0,1,0,\cdots,0)$ の像を f_i とする．$f_1,\cdots,f_p$ は，U 上の正則関数であり，$U'\subset U$ について，$\mathscr{O}_U(U')^p\to\mathscr{O}_U(U')$ は $(h_1,\cdots,h_p)\longmapsto\sum_{i=1}^p h_if_i$ と書ける．$\mathrm{Ker}(f)$ の元は，$\sum h_if_i=0$ となる $(h_1,\cdots,h_p)$，つまり $f_1,\cdots,f_p$ の 1 次関係式，と同一視される．

$\boldsymbol{x}\in U$をとる．適当に標標変換を行えば$\boldsymbol{x}$は原点Oであり，また $f_1(z_1,0,\cdots,0)\neq 0$ と仮定できる．$k=\mathrm{ord}(f_1(z_1,0,\cdots,0))$ とおく．§2 であげた古典的なワイエルシュトラスの予備定理により $f_1=u_1P_1$ と書ける．ただし $u_1(0)\neq 0$ であり

$$P_1=z_1^k+\varphi_1z_1^{k-1}+\cdots+\varphi_k,\qquad \varphi_1,\cdots,\varphi_k\in\mathrm{C}\{z_2,\cdots,z_n\},$$
$$\varphi_1(0)=\cdots=\varphi_k(0)=0$$

となる．やはり §2 であげたワイエルシュトラスの割算定理により，$2\leq i\leq p$ については，$f_i=u_iP_1+P_i$ と書ける．ただし，P_i は z_1 についてたかだか $k-1$ 次の多項式である．

十分小さい開集合 U_1，$0\in U_1\subset U$を選んで，$\mathrm{Ker}(f)|_{U_1}$ が有限生成であることをいいたい．まず，U_1 上では $u_1,u_1^{-1},u_2,\cdots,u_p$, $P_1,\cdots,P_p$, $f_1,\cdots,f_p$ が正則であるとする．$\sum h_if_i=0\Longleftrightarrow(\sum_{i=1}^p u_ih_i)P_1+h_2P_2+\cdots+h_pP_p=0$，すなわち，$(g_1-\sum_{i=2}^p u_ig_i)u_1^{-1}f_1+g_2f_2+\cdots+g_pf_p=0\Longleftrightarrow\sum g_iP_i=0$ である．したがって，層の準同型 $P:\mathscr{O}_{U_1}^p\to\mathscr{O}_{U_1}$ を $(g_1,\cdots,g_p)\longmapsto\sum g_iP_i$ で定義すれ

ば，$\mathrm{Ker}(P)\cong\mathrm{Ker}(f)|_{U_1}$ だから，$\mathrm{Ker}(P)$ が有限生成であることをいえばよい．

$y=(y_1,\cdots,y_n)\in U_1$ を任意に選んで固定する．$\bar{z}_i=z_i-y_i\,(1\leq i\leq n)$ と変数変換し，$l=\mathrm{ord}_{\bar{z}_1}(P_1(\bar{z}_1+y_1,y_2,\cdots,y_n))$ とおけば

$$P_1=VQ_1,\qquad Q_1=\bar{z}_1^l+\psi_1\bar{z}_1^{l-1}+\cdots+\psi_l,$$
$$\psi_1,\cdots,\psi_l\in \boldsymbol{C}\{\bar{z}_2,\cdots,\bar{z}_n\},\qquad \psi_1(0)=\cdots=\psi_l(0)=0,$$
$$V\text{ は }\boldsymbol{C}\{\bar{z}_1,\cdots,\bar{z}_n\}\text{ の可逆元}$$

と書ける．一方，$P_1,Q_1\in\boldsymbol{C}\{\bar{z}_2,\cdots,\bar{z}_n\}[\bar{z}_1]$ であり，Q_1 の最高次の係数が 1 だから，通常の割算により $V',R\in\boldsymbol{C}\{\bar{z}_2,\cdots,\bar{z}_n\}[\bar{z}_1]$ があり，$P_1=V'Q_1+R$，ただし $R=0$ または $\deg_{\bar{z}_1}(R)<l$ と書ける．§2 の商および剰余の一意性より $V'=V$，$R=0$ となる．

注意 11.13　P がワイエルシュトラス多項式でないとき，剰余は一意的でない．

例：　$P=z_1+1,\qquad 1=0\cdot P+1,\qquad 1=\left(\dfrac{1}{1+z_1}\right)\cdot P+0,$

つまり，V は $\bar{z}_1$ について $k-l$ 次の多項式となる．これは z_1 について $k-l$ 次多項式だといっても同じである．

$r_i=(-P_i,0,\cdots,0,\overset{i\text{番目}}{P_1},0,\cdots,0)\ (2\leq i\leq p)$ とおく．容易にわかるように，$r_i\in\mathrm{Ker}(P)$ である．これを**コスズル**(Koszul)**関係式**という．

$g=(g_1,\cdots,g_p)$ $g_1,\cdots,g_p\in\mathscr{O}_{U_1,y}$，$\sum_{i=1}^p g_iP_i=0$ としよう．ワイエルシュトラスの割算定理より

$$g_i=a_iQ_1+h_i=a_iV^{-1}P_1+h_i,\qquad 2\leq i\leq p,$$

ただし，h_i は z_1 について次数が $l-1$ 以下の多項式である．

$$h_1=g_1+\sum_{i=2}^p a_iV^{-1}P_i$$

とおけば

$$g-\sum_{i=2}^p a_iV^{-1}r_i=h=(h_1,\cdots,h_p)$$

となる．

$$
\begin{array}{rl}
 & (\quad g_1, \cdots\cdots, g_i, \cdots\cdots, g_p) \\
-) & \text{何倍} \times (-P_i, 0, \cdots, 0, P_1, 0, \cdots, 0) \\
\hline
 & \sim\sim\sim\sim \langle \text{残} \rangle \sim\sim\sim\sim
\end{array}
$$

↑— z_1 について次数 $\leq l-1$

$h \in \operatorname{Ker}(P)_y$ だから $h_1 P_1 = -(h_2 P_2 + \cdots + h_p P_p)$．これの右辺について考えると，$\deg_{z_1} h_i \leq l-1\ (2 \leq i \leq p)$，$\deg_{z_1} P_i \leq k-1\ (2 \leq i \leq p)$ だったから，次数がたかだか $l+k-2$ の z_1 の多項式となる．$h_1 P_1 = h_1 V Q_1$ は z_1 について多項式で次数が $l+k-2$ 以下，Q_1 は l 次のワイエルシュトラス多項式だから，商の一意性より，$h_1 V$ は z_1 について次数がたかだか $k-2$ の多項式であることになる．V は z_1 について次数がたかだか $k-l, h_2, \cdots, h_p$ はたかだか $l-1$ 次だから，$\bar{h} = (\bar{h}_1, \bar{h}_2, \cdots, \bar{h}_p) = (Vh_1, Vh_2, \cdots, Vh_p)$ の成分はすべて z_1 について次数がたかだか $k-1$ となる．

ここで，$U_1 = \{|z_1| < \varepsilon\} \times W$，ただし W は $z_2, \cdots, z_n$ を座標とする $\boldsymbol{C}^{n-1}$ の原点を含む開集合，と書けていると仮定する．環 A に対して，$A[z_1]_m$ で A の元を係数とするたかだか m 次の z_1 の多項式を表すことにすれば，対応 $W \supset W' \longmapsto \mathcal{O}_W(W')[z_1]_m$ は，W 上の $\mathcal{O}_W$-加群の層 $\mathcal{O}_W[z_1]_m$ を定める．$(\lambda_1, \cdots, \lambda_p) \in \mathcal{O}_W(W')[z_1]_{k-1}^p$ に対して $\sum_{i=1}^p \lambda_i P_i \in \mathcal{O}_W(W')[z_1]_{2k-1}$ を対応させることにより，$\mathcal{O}_W$-加群の層の準同型 $\tilde{P} : \mathcal{O}_W[z_1]_{k-1}^p \to \mathcal{O}_W[z_1]_{2k-1}$ が定まる．変数の数についての帰納法を用いれば $\mathcal{O}_W$ は連接層だと仮定してよく，そうすれば，開集合 W_1，$0 \in W_1 \subset W$ と完全列 $\mathcal{O}_{W_1}^q \to \operatorname{Ker}(\tilde{P})|_{W_1} \to 0$ があるとしてよい．U_1 は十分小さくとってよいのだから，はじめから W 自身がこの性質をもつとして，$W = W_1$ としてよい．

$r_{p+j} \in \operatorname{Ker}(\tilde{P})(W)\ (1 \leq j \leq q)$ を $e_j = (0, \cdots, 0, \overset{j\text{番目}}{1}, 0, \cdots, 0) \in \mathcal{O}_W(W)^q$ の像とすれば，$\bar{h} \in \operatorname{Ker}(\tilde{P})_{y'}$（ただし $y = (y_1, y')$）だから $b_1, \cdots, b_q \in \mathcal{O}_{W, y'}$ があり $\bar{h} = \sum_{i=1}^q b_i r_{p+i}$．$\operatorname{Ker}(\tilde{P})(W) \hookrightarrow \operatorname{Ker}(P)(U_1)$，$\mathcal{O}_{W, y'} \hookrightarrow \mathcal{O}_{U_1, y}$ とみなせるから

$$
\begin{aligned}
& g = \sum_{i=2}^{p} a_i V^{-1} r_i + \sum_{i=1}^{q} b_i V^{-1} r_{p+i}, \\
& r_2, \cdots, r_p, r_{p+1}, \cdots, r_{p+q} \in \operatorname{Ker}(P)(U_1), \\
& a_2 V^{-1}, \cdots, a_p V^{-1}, b_{11} V^{-1}, \cdots, b_q V^{-1} \in \mathcal{O}_{U_1, y}
\end{aligned}
$$

となる．これが求めることであった．

念のために注意すると，変数の数が 0 のときは $\boldsymbol{C}^n = \boldsymbol{C}^0$ は点で，$\mathcal{O}_X$ は体 $\boldsymbol{C}$ と同一視され，これは明らかに連接である．　　（証終）

§12. クザンの問題

1変数関数論に次の定理がある．

定理 12.1 $U\subset C$ を開集合，$x_i\in U,\ i=1,2,\cdots$ を U 内に集積点をもたないような点列とする．z を C の座標関数とする．各 i ごとに主部

$$f_i=\frac{a_{ik}}{t_i^k}+\frac{a_{ik-1}}{t_i^{k-1}}+\cdots+\frac{a_{i1}}{t_i},\qquad a_{ij}\in C,\qquad t_i=z_i-x_i$$

が与えられたとしよう．すると U 上の有理型関数 g で次の条件を満たすものがある．

（1） g は $U\backslash\{x_i|i=1,2,\cdots\}$ 上で正則

（2） x_i の近傍では $g-f_i$ は正則，つまり

$$g=\frac{a_{ik}}{t_i^k}+\cdots+\frac{a_{i1}}{t_i}+(\text{正則関数}).$$

この多変数への拡張として次の問題を考える．

問題 I （クザン (Cousin) の問題） U を C^n の開集合，$U=\bigcup_{\lambda\in\Lambda}U_\lambda$ を U の開被覆とする．各 $\lambda\in\Lambda$ ごとに U_λ 上の有理型関数 f_λ が与えられ，$\lambda,\mu\in\Lambda$ について必ず $f_\lambda-f_\mu$ は $U_\lambda\cap U_\mu$ 上の正則関数であるとする．

このとき，U 上の有理型関数 g ですべての $\lambda\in\Lambda$ について $g-f_\lambda$ が U_λ 上の正則関数になるようなものが存在するか．

ただし，開集合 $U\subset C^n$ に対し，U 内で稠密な U に含まれる開集合 U' 上の次の性質をもつ連続関数 g を，U 上の**有理型関数**という．性質：各点 $x\in U$ に対して，x の近傍 $W_x\subset U$ および W_x 上の正則関数 g'_x, g''_x で，$y\in W_x\cap U'$ については $g''_x(y)\neq 0$ となるものが選べて，$y\in W_x\cap U'$ についてはいつも $g(y)=g'_x(y)/g''_x(y)$．

U 上の正則関数 g_1, g_2，ただし $g_2\neq 0$ に対して $g=g_1/g_2$ とおけば，g は有理型関数の例となる．そしてこの例では $U'=\{x\in U|g_2(x)\neq 0\}$ である．

$U=U'$ ととれれば，g は U 上の正則関数となることに注意しよう．

定理 12.1 において，x_i の開近傍 U_i を $i\neq j$ については $x_j\notin U_i$ に，また f_i を $U_i\backslash\{x_i\}$ 上で正則であるように選び，加えて $U_0=U\backslash\{x_i|i=1,2,\cdots\}$，

$f_0=0$ とおくと，開被覆 $U=\bigcup_{i=0}^{\infty}U_i$ と $f_0, f_1, f_2, \cdots$ は問題 I の設定を与える．

だから $n=1$ のとき，問題 I は常にイエスだが，実は $n\geq 2$ のときは一般にはノーである．$U=C^2\setminus\{原点\}$ が反例になっていることを後で示す．

問題 II $U=\bigcup_{\lambda\in\Lambda}U_\lambda$ は前と同じとする．$\lambda, \mu\in\Lambda$ に対して $U_\lambda\cap U_\mu$ 上の正則関数 $h_{\lambda\mu}$ が与えられて，次の条件を満たすとする．

（1） すべての $\lambda, \mu\in\Lambda$ について $h_{\lambda\mu}=-h_{\mu\lambda}$,

（2） すべての $\lambda, \mu, \nu\in\Lambda$ について $h_{\mu\nu}+h_{\nu\lambda}+h_{\lambda\mu}=0$.

このとき，各 $\lambda\in\Lambda$ ごとに U_λ 上の正則関数 h_λ を選び，すべての $\lambda, \mu\in\Lambda$ について $h_{\lambda\mu}=h_\lambda-h_\mu$ が $U_\lambda\cap U_\mu$ 上で成立するようにできるか．

注意 12.2 問題 II が肯定的ならば問題 I は肯定的．

証明 問題 I の仮定の下で $h_{\lambda\mu}=f_\lambda-f_\mu$ とおくと，これは $U_\lambda\cap U_\mu$ 上の正則関数であり，問題 II の仮定の条件を満たす．問題 II の答え $\{h_\lambda\}_{\lambda\in\Lambda}$ が存在したならば，$g_\lambda=f_\lambda-h_\lambda$ とおけば，これは U_λ 上の有理型関数である．ところが $U_\lambda\cap U_\mu$ 上で

$$g_\lambda-g_\mu=(f_\lambda-f_\mu)-(h_\lambda-h_\mu)=0$$

となるから，$\{g_\lambda\}_{\lambda\in\Lambda}$ は大域的な有理型関数 g を定義する．

問題 II* 問題 II のデータが与えられたとしよう．このとき被覆 $\{U_\lambda\}_{\lambda\in\Lambda}$ の細分 $\{U'_\gamma\}_{\gamma\in\Gamma}$，すなわち開集合の集合で

（1） $U=\bigcup_{\gamma\in\Gamma}U'_\gamma$,

（2） $\gamma\in\Gamma$ に対して，$\lambda\in\Lambda$ が必ず存在して $U'_\gamma\subset U_\lambda$

の 2 条件を満たすものが存在したとする．写像 $\theta:\Gamma\to\Lambda$ を $U'_\gamma\subset U_{\theta(\gamma)}$ を満たすように定めたとき，問題 II が次のデータに対して肯定的に答えられることはないか．

$$U=\bigcup_{\gamma\in\Gamma}U'_\gamma,$$
$$h'_{\gamma\delta}=(h_{\theta(\gamma),\theta(\delta)} \text{ の } U'_\gamma\cap U'_\delta \text{ への制限}),$$

つまり，U'_γ 上に正則関数 h'_γ が選べて，$h'_{\gamma\delta}=h'_\gamma-h'_\delta$ とならないか．

注意 12.3 問題 I に対し，上のように被覆を細分するという操作をつけ加えてみる．

$\{U'_\gamma\}$ を $\{U_\lambda\}$ の細分とし，f'_γ を $f_{\theta(\gamma)}$ の U'_γ への制限とする．これに対して問題が解けて g' が存在したとすると，g' はデータ（$\{U_\lambda\}$, $\{f_\lambda\}$）に対する

答えに自動的になっている．またデータ $(\{U_\lambda\}, \{f_\lambda\})$ に対する答え g はデータ $(\{U'_\gamma\}\ \{f_\gamma\})$ に対する答えになっている．

問題Iの答えは被覆を細分するかどうかで変わらないが，問題IIは変わりうる．

チェック(Čech)**・コホモロジー**を定義しよう．

X を位相空間，$\mathfrak{U}=\{U_\lambda\}_{\lambda\in\Lambda}$ を X の開被覆，$\mathscr{F}$ を X 上のアーベル群の層とする．

定義 12.4　交代的 q-チェック・コチェインあるいは略して **q-コチェイン**とは，集合 $\{h_{\lambda_0\lambda_1\cdots\lambda_q}\}_{(\lambda_0\cdots\lambda_q)\in\Lambda^{q+1}}$ であり，

(0)　$h_{\lambda_0\lambda_1\cdots\lambda_q}\in\mathscr{F}(U_{\lambda_0}\cap\cdots\cap U_{\lambda_q})$,

(1)　$(0, 1, \cdots, q)$ の置換 σ に対して

$$h_{\lambda\sigma(0)\lambda\sigma(1)\cdots\lambda\sigma(q)}=\mathrm{sign}(\sigma)\,h_{\lambda_0\lambda_1\cdots\lambda_q},$$

(2)　同じ添字 λ_j が2つ以上あると

$$h_{\lambda_0\lambda_1\cdots\lambda_q}=0$$

を満たすものである．

交代的 q-コチェイン $h=\{h_{\lambda_0\cdots\lambda_q}\}$ に対して，$(q+1)$-コチェイン ∂h を次のように定める．

$$(\partial h)_{\lambda_0\lambda_1\cdots\lambda_{q+1}}=\sum_{j=0}^{q+1}(-1)^j h_{\lambda_0\cdots\check{\lambda}_j\cdots\lambda_{q+1}}.$$

ただし，$\lambda_0\lambda_1\cdots\lambda_{q+1}$ から λ_j を除いた列 $\lambda_0\lambda_1\cdots\lambda_{j-1}\lambda_{j+1}\cdots\lambda_{q+1}$ に対し，$h_{\lambda_0\lambda_1\cdots\lambda_{j-1}\lambda_{j+1}\cdots\lambda_{q+1}}\in\mathscr{F}(U_{\lambda_0}\cap\cdots\cap U_{\lambda_{j-1}}\cap U_{\lambda_{j+1}}\cap\cdots\cap U_{\lambda_{q+1}})$ の $\mathrm{res}:\mathscr{F}(U_{\lambda_0}\cap\cdots\cap U_{\lambda_{j-1}}\cap U_{\lambda_{j+1}}\cap\cdots\cap U_{\lambda_{q+1}})\to\mathscr{F}(U_{\lambda_0}\cap\cdots\cap U_{\lambda_{j-1}}\cap U_{\lambda_j}\cap U_{\lambda_{j+1}}, \cdots, U_{\lambda_{q+1}})$ による像を $h_{\lambda_0\cdots\check{\lambda}_j\cdots\lambda_{q+1}}$ と書いた．

注意 12.5　∂h は交代的である．つまり，上の条件 (1), (2) を満たす．また計算により，$\partial\partial h=0$.

例 12.6　$q=1$ の場合を考える．1-コチェインを $h=\{h_{\lambda\mu}\}$ とする．

$$\begin{aligned}(\partial h)_{\lambda\mu\nu}&=h_{\mu\nu}-h_{\lambda\nu}+h_{\lambda\mu}\\&=h_{\lambda\mu}+h_{\mu\nu}+h_{\nu\lambda},\end{aligned}$$

だから問題 II, II* のデータは $\partial h=0$ となる1-コチェイン h のことである．

そして，問題IIの答えとは0-コチェイン$h'=\{h'_\lambda\}$ であって $h=\partial h'$ となるものにほかならない．

さて，

$$C^q(\mathfrak{U}, \mathscr{F})=\{\text{交代的}\,q\text{-チェック・コチェインの全体}\}$$

とおくと，成分ごとの和を考えることにより，これはアーベル群となる．そして ∂ は次の群準同型を定める．

$$\partial=\partial^q : C^q(\mathfrak{U}, \mathscr{F})\to C^{q+1}(\mathfrak{U}, \mathscr{F}).$$

定義に従い，計算すれば $\partial^q\cdot\partial^{q-1}=0$ がでるから $\mathrm{Im}(\partial^{q-1})\subset\mathrm{Ker}(\partial^q)$.

注意 12.7 アーベル群とその準同型の集合，$C^{\cdot}=\{C^q, \partial^q \mid q\in \boldsymbol{Z}\}$，ただし，$\partial^q : C^q\to C^{q+1}$ で $\partial^{q+1}\cdot\partial^q=0$ となるものを**コチェイン複体**という．C^q の元を **q-コチェイン**，$\mathrm{Ker}(\partial^q)$ の元を **q-コサイクル**，$\mathrm{Im}(\partial^{q-1})$ の元を **q-コバウンダリー**と呼ぶ．$q<0$ に対し $C^q(\mathfrak{U}, \mathscr{F})=0$，$\partial^q=0$ とおけば $\{C^q(\mathfrak{U}, \mathscr{F}), \partial^q\}$ はコチェイン複体である．これを層 $\mathscr{F}$ の**チェック複体**と呼ぶ．

定義 12.8 $q\geq 0$ に対して

$$H^q(\mathfrak{U}, \mathscr{F})=\mathrm{Ker}(\partial^q : C^q\to C^{q+1})/\mathrm{Im}(\partial^{q-1} : C^{q-1}\to C^q),$$
$$C^q=C^q(\mathfrak{U}, \mathscr{F})$$

と定義する．$q=0$ に対しては特に

$$H^0(\mathfrak{U}, \mathscr{F})=\mathrm{Ker}(\partial^0 : C^0\to C^1).$$

$h=\{h_\lambda\}$ について $\partial h=0$ とは，$\lambda, \mu\in\Lambda$ について $h_\lambda-h_\mu=0$ が $U_\lambda\cap U_\mu$ 上で成り立つことである．$\mathscr{F}$ は層だから，$\mathscr{F}(X)$ は h の元と同一視できる．

$$H^0(\mathfrak{U}, \mathscr{F})=\mathscr{F}(X).$$

注意 12.9 $\mathscr{O}_U$ を U 上の正則関数の層とすると問題II $\Longleftrightarrow H^1(\mathfrak{U}, \mathscr{O}_U)=0$?

$\mathfrak{U}=\{U_\lambda\}_{\lambda\in\Lambda}$，$\mathfrak{V}=\{V_\gamma\}_{\gamma\in\Gamma}$ を X の2つの被覆とするとき $\mathfrak{V}$ の方が $\mathfrak{U}$ より**細かい**．記号で $\mathfrak{U}\prec\mathfrak{V}$ とは，写像 $\theta : \Gamma\to\Lambda$ があり，$V_\gamma\subset U_{\theta(\gamma)}$ がすべての γ について成立することとする．ただし，θ のとり方は一意的ではないことに注意しよう．

例 12.10 馬鹿げた例を考える．非常に細かい被覆 $\mathfrak{V}=\{V_\gamma\}_{\gamma\in\Gamma}$ が与えられたとする．$\mathfrak{U}=\{V_\gamma \mid \gamma\in\Gamma\}\cup\{V_0=X\}$，$\mathfrak{U}_0=\{X\}$ (X ひとつだけ) とおくと，$\mathfrak{U}\prec\mathfrak{V}$．しかし $\mathfrak{U}$ はまだ十分細かいはずであるが，なんと $\mathfrak{U}\prec\mathfrak{U}_0$．

$\mathfrak{U}\prec\mathfrak{V}$ であり，θ が1つ与えられたとする．

$$\theta^q : C^q(\mathfrak{U},\mathscr{F}) \to C^q(\mathfrak{V},\mathscr{F})$$

が $h=\{h_{\lambda_0\cdots\lambda_q}\}$ に対し $\theta^q(h)=\{h_{\theta(\gamma_0)\cdots\theta(\gamma_q)}\}$ を対応させることにより得られる．ただし，$h_{\theta(\gamma_0)\cdots\theta(\gamma_q)} \in \mathscr{F}(U_{\theta(\gamma_0)}\cap\cdots\cap U_{\theta(\gamma_q)})$ の res : $\mathscr{F}(U_{\theta(\gamma_0)}\cap\cdots\cap U_{\theta(\gamma_q)}) \to \mathscr{F}(V_{\gamma_0}\cap\cdots\cap V_{\gamma_q})$ による像を同じ記号で表した．

容易に $\theta^{q+1}\cdot\partial^q=\partial^q\cdot\theta^q$ がわかる．したがって θ^q は次式を導く．

$$\Theta^q : H^q(\mathfrak{U},\mathscr{F}) \to H^q(\mathfrak{V},\mathscr{F}).$$

注意 12.11 Θ^q は θ のとり方によらない．

実際 2 つの θ,θ' が与えられたとする．すると q ごとに群準同型

$$\kappa^{q+1} : C^{q+1}(\mathfrak{U},\mathscr{F}) \to C^q(\mathfrak{V},\mathscr{F})$$

があり，$h\in C^{q+1}(\mathfrak{U},\mathscr{F})$ について

$$\theta^q(h)-\theta'^q(h)=\kappa^{q+1}(\partial(h))+\partial(\kappa^q(h))$$

$$\begin{array}{ccccccc}
\cdots \longrightarrow & C^{q-1}(\mathfrak{U},\mathscr{F}) & \xrightarrow{\partial^{q-1}} & C^q(\mathfrak{U},\mathscr{F}) & \xrightarrow{\partial^q} & C^{q+1}(\mathfrak{U},\mathscr{F}) & \longrightarrow \\
& \theta^{q-1}\downarrow\downarrow\theta'^{q-1} & \swarrow \kappa^q & \theta'^q\downarrow\downarrow\theta'^q & \swarrow \kappa^{q+1} & \theta^{q+1}\downarrow\downarrow\theta'^{q+1} & \\
\cdots \longrightarrow & C^{q-1}(\mathfrak{V},\mathscr{F}) & \xrightarrow{\partial^{q-1}} & C^q(\mathfrak{V},\mathscr{F}) & \xrightarrow{\partial^q} & C^{q+1}(\mathfrak{V},\mathscr{F}) & \longrightarrow
\end{array}$$

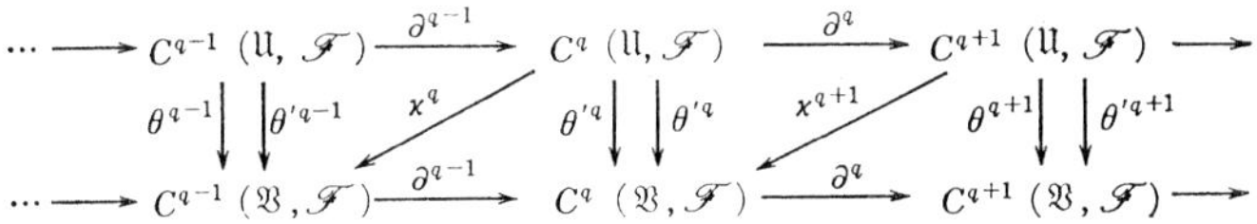

したがって，$\partial h=0$ ならば $g=\kappa^q(h)$ とおけば

$$\theta^q(h)-\theta'^q(h)=\partial g.$$

これは θ,θ' とも同じ写像 $H^q(\mathfrak{U},\mathscr{F}) \to H^q(\mathfrak{V},\mathscr{F})$ を導くことを示す．

κ^{q+1} は次のように定義する．まず集合 Γ に適当に線型順序 $<$ を導入し，Γ の元を一列に並べる．交代的 q-コチェイン $g \in C^q(\mathfrak{V},\mathscr{F})$ は，$\gamma_0<\gamma_1<\cdots<\gamma_q$ なる $\gamma_0,\cdots,\gamma_q \in \Gamma$ に対し，$g_{\gamma_0\cdots\gamma_q}$ を決めれば定まることに注意する．そこで $\gamma_0<\cdots<\gamma_q$ に対し

$$(\kappa^{q+1}(h))_{\gamma_0\cdots\gamma_q}=\sum_{j=0}^{q}(-1)^j h_{\theta(\gamma_0)\cdots\theta(\gamma_j)\theta'(\gamma_j)\cdots\theta'(\gamma_q)}$$

と定める．ただし，$h_{\theta(\gamma_0)\cdots\theta(\gamma_j)\theta'(\gamma_j)\cdots\theta'(\gamma_q)} \in \mathscr{F}(U_{\theta(\gamma_0)}\cap\cdots\cap U_{\theta(\gamma_j)}\cap U_{\theta'(\gamma_j)}\cap\cdots\cap U_{\theta'(\gamma_q)})$ の res : $\mathscr{F}(U_{\theta(\gamma_0)}\cap\cdots\cap U_{\theta(\gamma_j)}\cap U_{\theta'(\gamma_j)}\cap\cdots\cap U_{\theta'(\gamma_q)}) \to \mathscr{F}(V_{\gamma_0}\cap\cdots\cap V_\gamma\cap\cdots\cap V_{\gamma_q})$ による像を同じ文字で表した．

計算により，$\kappa^{q+1}(h)$ は上の関係式を満たすことがわかる．

定義 12.12 注意 12.11 により $\mathfrak{U}<\mathfrak{V}$ のとき，一意的に $\Theta^q : H^q(\mathfrak{U},\mathscr{F}) \to H^q(\mathfrak{V},\mathscr{F})$ が定まるから，X の開被覆全体の集合上で帰納的極限がとれる．

$$H^q(X, \mathscr{F}) \overset{\text{定義}}{=} \varinjlim_{\mathfrak{U}} H^q(\mathfrak{U}, \mathscr{F}).$$

これを層 $\mathscr{F}$ を係数とする**q-チェック・コホモロジー群**と呼ぶ.

注意 12.13 問題 II* $\Longleftrightarrow H^1(U, \mathscr{O}_U)=0$?

例 12.14 $X=\boldsymbol{C}^2\setminus\{$原点$\}$ とする. $\boldsymbol{C}^2$ の座標を z_1, z_2 としよう. $U_i=X\setminus\{z_i=0\}$ $(i=1,\ 2)$ とおくと $X=U_1\cap U_2$ は X の開被覆である.

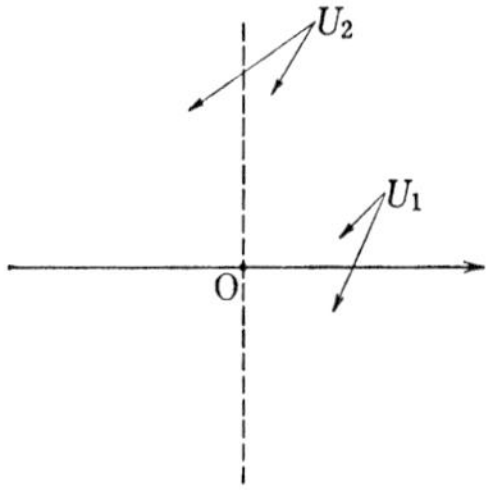

図 17

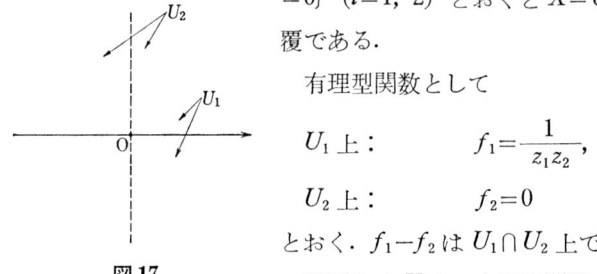

有理型関数として

U_1 上： $\quad f_1=\dfrac{1}{z_1z_2},$

U_2 上： $\quad f_2=0$

とおく. f_1-f_2 は $U_1\cap U_2$ 上で正則である.

問題 I は X 上の有理型関数 g で, $g-f_1$ が U_1 上正則, $g-f_2=g$ が U_2 上正則となるものが存在するかどうかを問うている.

答えはノーである. つまり $H^1(X, \mathscr{O}_X)\neq 0$.

そのような g があったとする. z_2g を考えると, これは U_1 上でも, U_2 上でも正則であることがわかる. 例 10.7 を思い出せば $\boldsymbol{C}^2$ 全体で定義された正則関数 h があり, $h=z_2g$ となる. $h=\sum_{n=0}^{\infty}\varphi_n(z_1)z_2^n$, $\varphi_n(z_1)\in\boldsymbol{C}\{z_1\}$ と書くと, $g-f_1=(\varphi_0(z_1)-1/z_1)/z_2+\sum_{n=1}^{\infty}\varphi_n(z_1)z_2^{n-1}$ が U_1 上で正則. したがって, $\varphi_0(z_1)=1/z_1$. これは $\varphi_0(z_1)\in\boldsymbol{C}\{z_1\}$ に反する.

§13. 乗法的クザンの問題

ある開集合 U 上の正則関数 f が可逆であるとは, f が U 上に零点をもたないことである. このとき $U\ni x\longmapsto 1/f(x)$ も再び正則になる.

次の 1 変数関数論の定理はよく知られている.

定理 13.1 U を $\boldsymbol{C}$ の開集合, z を $\boldsymbol{C}$ の座標関数とする. U 内に集積点をもたない U の点列 $\{x_i\}_{i=1,2,\cdots}$ と整数列 $\{m_i\}_{i=1,2,\cdots}$ が与えられたとする. このとき, U 上の有理型関数 g で次の (1), (2) を満たすものが存在する.

(1)　$U\setminus\{x_i \mid i=1,2,\cdots\}$ 上では可逆な正則関数,

(2)　すべての i に対して, x_i の近傍では次式が成り立つ.

$$g=(\text{可逆元})\times\left(\frac{1}{z-x_i}\right)^{m_i}.$$

これを多変数関数論に拡張することを考える.

問題（1）（乗法的クザンの問題）　X を $\boldsymbol{C}^n$ の開集合, $X=\bigcup_{\lambda\in\Lambda}U_\lambda$ を X の開被覆とする. 各 U_λ の上に有理型関数 f_λ が与えられ, $\lambda_1, \mu\in\Lambda$ について必ず f_λ/f_μ は $U_\lambda\cap U_\mu$ 上の可逆な正則関数であるとする.

このとき X 上の有理型関数で, すべての $\lambda\in\Lambda$ について g/f_λ が U_λ 上の可逆な正則関数になるようなものが存在するか.

例 13.2　$\boldsymbol{C}^n$ の開集合ではないが, $X=\boldsymbol{P}^1_{\boldsymbol{C}}=\boldsymbol{C}\cup\{\infty\}$ とおく（ガウス球面）. $\{x_i\}_{i=1,2,\cdots,r}$, $\{m_i\}_{i=1,2,\cdots,r}$ が与えられたとしよう.

問題は X 上の有理型関数 g で, g および g^{-1} が $X\setminus\{x_1,\cdots,x_r\}$ 上正則, そしてすべての i $(1\le i\le r)$ について x_i の近傍で

$$g=\begin{cases}(\text{可逆元})\times\left(\dfrac{1}{z-x_i}\right)^{m_i} & (x_i\neq\infty \text{ のとき}),\\ (\text{可逆元})\times z^{m_i} & (x_i=\infty \text{ のとき})\end{cases}$$

と書けるものが存在するか, ということになる.

ここで, g が存在するためには $\sum_{i=1}^r m_i=0$ が必要十分である.

証明　$\sum_{i=1}^r m_i=0$ としよう. 1 次分数変換を $X=\boldsymbol{P}^1_{\boldsymbol{C}}$ に施すことにより $x_r=\infty$ と仮定してよい. $g=\prod_{i=1}^{r-1}\left(\dfrac{1}{z-x_i}\right)^{m_i}$ とおけば $x_r=\infty$ における g の極の位数は $-\sum_{i=1}^{r-1}m_i=m_r$.

逆に g が存在したとしよう. 1 次分数変換を施して, 今度は $x_1,\cdots,x_r\in\boldsymbol{C}=\boldsymbol{P}^1_{\boldsymbol{C}}\setminus\{\infty\}$ とする. 実数 $R>0$ を $|x_i|<R\,(1\le i\le r)$ となるようにとる. 1 変数関数論により

$$\sum_{i=1}^r m_i=\int_{|z|=R}d\log g(z)=-\int_{|\zeta|=1/R}d\log g\left(\frac{1}{\zeta}\right)=-\int_{|\zeta|=1/R}\frac{h'(\zeta)}{h(\zeta)}d\zeta.$$

ところが $h(\zeta)=g(1/\zeta)$ は $|\zeta|\le 1/R$ で, 可逆な正則関数. したがって, 最後の積分はコーシーの積分定理により 0 である.

問題（1）を考えるのに，前節のアナロジーで進もう．

問題（2）　X を $\boldsymbol{C}^n$ の開集合，$X=\bigcup_{\lambda\in\Lambda}U_\lambda$ を開被覆とする．$\lambda,\mu\in\Lambda$ に対して $U_\lambda\cap U_\mu$ 上の可逆な正則関数 $h_{\lambda\mu}$ が与えられ，$\lambda,\mu,\nu\in\Lambda$ のとき $h_{\lambda\mu}h_{\mu\nu}h_{\nu\lambda}=1$，$h_{\lambda\lambda}=1$ を満たすとする．

このとき各 U_λ 上に可逆な正則関数 h_λ を選んで，すべての $\lambda,\mu\in\Lambda$ について，$U_\lambda\cap U_\mu$ 上で $h_{\lambda\mu}=h_\mu/h_\lambda$ が成り立つようにできるか．

問題（1）のデータ $\{f_\lambda\}_{\lambda\in\Lambda}$ が与えられたとする．$h_{\lambda\mu}=f_\mu/f_\lambda$ とおくと，これは $U_\lambda\cap U_\mu$ 上の可逆な正則関数であり，問題（2）の仮定を満たす．問題（2）の答えがイエスならば U_λ 上の有理型関数を $g_\lambda=f_\lambda/h_\lambda$ と定めると，$U_\lambda\cap U_\mu$ 上で $g_\lambda/g_\mu=1$，つまり $g_\lambda=g_\mu$．したがって，大域的な有理型関数 g を $g|_{U_\lambda}=g_\lambda$ で定めれば，g が問題（1）の解である．

問題（2）に被覆を細分するという手続きを加えて定式化した問題を，問題（2*）とする．

注意 13.3
$$\text{問題 (2*)} \Rightarrow (1),$$
$$\text{問題 (2*)} \Longleftrightarrow H^1(X,\mathcal{O}_X^*)=\{1\},$$
ただし，アーベル群の層 $\mathcal{O}_X^*$ は
$$\mathcal{O}_X^*(U)=\{U\text{ 上の可逆な正則関数}\}\subset\mathcal{O}_X(U)$$
で定義し，乗法により算法を入れたもの．これが実際，層になることは容易にわかる．

定義 13.4　X 上の**複素直線バンドル**とは次の条件を満たす位相空間 E と連続写像 $\pi:E\to X$，被覆 $\mathfrak{U}=\{U_\lambda\}_{\lambda\in\Lambda}$，同型の族 $\varphi=\{\varphi_\lambda\}_{\lambda\in\Lambda}$ の組 $(E,\pi,\mathfrak{U},\varphi)$ である．

（a）　X の開被覆 $X=\bigcup_{\lambda\in\Lambda}U_\lambda$，および次の図式を可換にする位相同型 φ_λ，

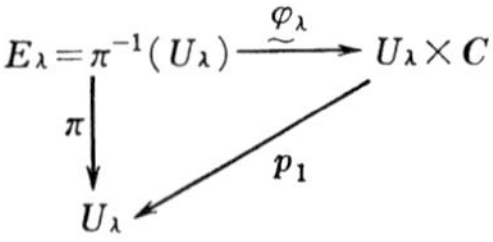

ただし，p_1 は第1成分への射影．

（b） 各 $\lambda, \mu \in \Lambda$ に対して2つの位相同型

$$E_\lambda \cap E_\mu = \pi^{-1}(U_\lambda \cap \underset{\Cup}{U_\mu}) \underset{\varphi_\mu}{\overset{\varphi_\lambda}{\rightrightarrows}} (U_\lambda \cap \underset{\Cup}{U_\mu}) \times \boldsymbol{C}$$

があるが，$U_\lambda \cap U_\mu$ 上の可逆な正則関数 $h_{\lambda\mu}$ があり，次のように書ける．

$$\varphi_\lambda \cdot \varphi_\mu^{-1} : (U_\lambda \cap U_\mu) \times \boldsymbol{C} \xrightarrow{\sim} (U_\lambda \cap U_\mu) \times \boldsymbol{C}$$
$$(z, t) \longmapsto (z, h_{\lambda\mu}(z) t)$$

注意 13.5 上の $\{U_\lambda\}$ と $\{h_{\lambda\mu}\}$ は問題（2）のデータの条件を満たす．逆に，問題（2）の $\{U_\lambda\}_{\lambda \in \Lambda}$ に対するデータ $\{h_{\lambda\mu}\}$ が与えられたとしよう．族 $\{U_\lambda \times \boldsymbol{C}\}_{\lambda \in \Lambda}$ に対して抽象的な集合として，共通部分のない和を考え $\tilde{E} = \bigcup_{\lambda \in \Lambda} U_\lambda \times \boldsymbol{C}$ とおく．$\tilde{E}$ 上の同値関係～を $(z_\lambda, t_\lambda) \in U_\lambda \times \boldsymbol{C}$, $(z_\mu, t_\mu) \in U_\mu \times \boldsymbol{C}$ に対して

$$(z_\lambda, t_\lambda) \sim (z_\mu, t_\mu) \Longleftrightarrow z_\lambda = z_\mu \in U_\lambda \cap U_\mu \quad \text{かつ} \quad t_\lambda = h_{\lambda\mu}(z_\mu) t_\mu$$

と定義し，その同値類の空間を $E = \tilde{E}/\sim$，そして $\tilde{\pi} : \tilde{E} \to X$, $\tilde{\pi}(z_\lambda, t_\lambda) = z_\lambda$ より導かれる写像を $\pi : E \to X$ とおく．φ_λ は同型 $U_\lambda \times \boldsymbol{C} \hookrightarrow \tilde{\pi}^{-1}(U_\lambda) \to \pi^{-1}(U_\lambda)$ の逆とする．すると $(E, \pi, \mathfrak{U}, \varphi)$ は複素直線バンドルになる．

定義 13.6 2つの複素直線バンドル $(E, \pi, \mathfrak{U}, \varphi)$, $(E', \pi', \mathfrak{U}', \varphi')$ が同型であるとは

（A） 次の図式を可換にする位相同型 ψ があり，さらに（B）を満たす．

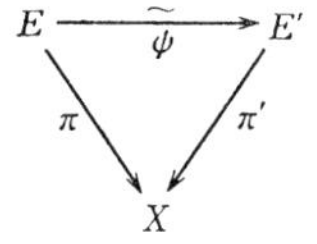

（B） $\mathfrak{U} = \{U_\lambda\}_{\lambda \in \Lambda}$, $\mathfrak{U}' = \{U'_\lambda\}_{\lambda \in \Lambda'}$ の共通の細分 $\mathfrak{V} = \{V_\gamma\}_{\gamma \in \Gamma}$ があり，$\theta : \Gamma \to \Lambda$, $\theta' : \Gamma \to \Lambda'$ を $V_\gamma \subset U_{\theta(\gamma)}$, $V_\gamma \subset U'_{\theta'(\gamma)}$ となるように定め，$\varphi_\gamma = \varphi_{\theta(\gamma)} | V_\gamma$, $\varphi'_\gamma = \varphi'_{\theta'(\gamma)} | V_\gamma$ と書くとき，写像 $\varphi'_\gamma \cdot \psi \cdot \varphi_\gamma^{-1} : V_\gamma \times \boldsymbol{C} \to V_\gamma \times \boldsymbol{C}$ はある V_γ 上の可逆な正則関数 g_λ があり $(z, t) \longmapsto (z, g_\lambda(z) t)$ と書ける．

多様体を知っていれば，このことは ψ が複素多様体 E, E' の正則写像であり，各点 $x \in X$ について $\psi : E_x = \pi^{-1}(x) \to E'_x = \pi'^{-1}(x)$ は $\boldsymbol{C}$-線型写像であるといっても同じである．

注意 13.7 上の設定の下で

$$\varphi_\gamma \cdot \varphi_\delta^{-1} : V_\gamma \cap V_\delta \times \boldsymbol{C} \to V_\gamma \cap V_\delta \times \boldsymbol{C}, \qquad (z, t) \longmapsto (z, h_{\gamma\delta}(z) t)$$
$$\varphi'_\gamma \cdot \varphi'^{-1}_\delta : \qquad\qquad\qquad\qquad , \qquad (z, t) \longmapsto (z, h'_{\gamma\delta}(z) t)$$

と書くと $(\varphi'_\gamma\cdot\psi\cdot\varphi_\gamma^{-1})(\varphi_\gamma\cdot\varphi_\delta^{-1})=(\varphi'_\gamma\cdot\varphi'^{-1}_\delta)(\varphi'_\delta\psi\varphi_\delta^{-1})$ だから $g_\gamma\cdot h_{\gamma\delta}=h'_{\gamma\delta}\cdot g_\delta$, すなわち $h_{\gamma\delta}/h'_{\gamma\delta}=g_\delta/g_\gamma$ となる．

注意 13.8　{複素直線バンドルの同型類} $\tilde{\to} H^1(X,\mathcal{O}_X^*)$.

証明　複素直線バンドル $(E,\pi,\mathfrak{U},\varphi)=E$ から $h=\{h_{\mu\lambda}\}$ をつくれば，これは $C^1(\mathfrak{U},\mathcal{O}_X^*)$ の元であり，$\partial h=1$. $E'=(E',\pi',\mathfrak{U}',\varphi')$ からつくった $h'=\{h'_{\mu'\lambda'}\}$ について，h と h' が $H^1(X,\mathcal{O}_X^*)$ の同じ元を定める$\Longleftrightarrow\mathfrak{U}=\{U_\lambda\}_{\lambda\in\Lambda}$, $\mathfrak{U}'=\{U'_{\lambda'}\}_{\lambda'\in\Lambda'}$ の共通細分 $\mathfrak{V}=\{V_\gamma\}_{\gamma\in\Gamma}$ があり，写像 $\theta:\Gamma\to\Lambda$, $\theta':\Gamma\to\Lambda'$ を $V_\gamma\subset U_{\theta(\gamma)}$, $V_\gamma\subset U'_{\theta'(\gamma)}$ と定めたとき，$\theta^1(h)/\theta'^1(h')=\partial g$, $g\in C^0(\mathfrak{V},\mathcal{O}_X^*)\Longleftrightarrow$ E と E' が同型.

はじめの$\Longleftrightarrow$は $H^1(X,\mathcal{O}_X^*)$ の定義のいいかえである．2番目の$\Longleftrightarrow$の$\Leftarrow$は注意 13.7，$\Rightarrow$は条件の下で，$(\varphi'_\gamma\cdot\psi\cdot\varphi_\gamma^{-1})(z,t)=(z,\ g_\lambda(z)t)$ とおくことにより，ψ が矛盾なく定義されることからでる．

これからバンドルの同型類に $H^1(X,\mathcal{O}_X^*)$ の元を対応させる写像は矛盾なく定義され，単射であることがわかる．

注意 13.5 の後半により，これは全射でもある．

定義 13.9　複素直線バンドル $E=(E,\pi,\mathfrak{U},\varphi)$ が自明$\Longleftrightarrow E$ は $(X\times\boldsymbol{C},p_1,\{X\times\boldsymbol{C}\},\{\text{恒等写像}\})$ に同型.

ただし，$p_1:X\times\boldsymbol{C}\to X$ は第1成分への射影.

注意 13.10　複素直線バンドル E に $\theta\in H^1(X,\mathcal{O}_X^*)$ が対応したとする．このとき

$$E\text{ が自明}\Longleftrightarrow\theta=1.$$

注意 13.11　問題 $(2^*)\Longleftrightarrow H^1(X,\mathcal{O}_X^*)=\{1\}$,

$\Longleftrightarrow X$ 上のすべての複素直線バンドルは自明.

演 習 問 題

1.　領域 $D=\{(z_1,\cdots,z_n)\in\boldsymbol{C}^n\,|\,r<\sum_{i=1}^n|z_i|^2<R\}$ $(r,R\in\boldsymbol{R}_+)$ で正則な関数は，その定義域を，$D'=\{(z_1,\cdots z_n)\in\boldsymbol{C}^n\,|\,\sum_{i=1}^n|z_i|^2<R\}$ まで正則関数として，拡張できる．ただし $n\geq 2$ とする．

2.　定義 10.9 で $\mathscr{F}$ が実際，同一性公理，貼り合わせ公理を満たすことを確認せよ．

3. 命題 10.11 の証明の不完全な部分を補え．

4. 注意 12.5 を確かめよ．

5. 注意 12.11 における等式 $\theta^q(h)-\theta'^q(h)=\kappa^{q+1}(\partial h)+\partial(\kappa^q(h))$ を確かめよ．

6. $\mathscr{O}$ を開集合 $U\subset C^n$ 上の正則関数のつくる層，$\mathscr{M}$ を U 上の有理型関数のつくる層とする．そして $0\to\mathscr{O}\to\mathscr{M}\to\mathscr{M}/\mathscr{O}\to 0$ を層の完全列とする．このとき，問題(I) $\Longleftrightarrow H^0(U,\mathscr{M})\to H^0(U,\mathscr{M}/\mathscr{O})$ が全射．

4 層係数コホモロジー

§14. コホモロジー論の公理

コホモロジー論をもっと精密に展開しておこう．

層は局所的には簡単なものである．チェック・コホモロジーは大域的なものをつくるときの障害を表現していると考えられる．

また，コホモロジーの見地から，簡単な構造をもつ層が十分たくさんあるはずである．複雑な層のその簡単な層による分解が考えられる．

だから，コホモロジーにより，局所的なことが大域的なことに結びつき，複雑な層の解析が簡単な層のことに還元される．

コホモロジーを，次のようなものと考えよう．コホモロジー論の公理といってもよい．

公理 14.1 $\mathscr{F}, \mathscr{G}, \mathscr{H}$ などで位相空間 X 上のアーベル群の層を表す．

（1） 整数 $i=0, 1, 2, \cdots$ に対して，アーベル群 $H^i(X, \mathscr{F})$ が定まる（これを層 $\mathscr{F}$ に係数をもつ，i-コホモロジー群と呼ぶ）．

（2） アーベル群の層の準同型 $f : \mathscr{F} \to \mathscr{G}$ に対し，アーベル群の準同型 $H^i(f) : H^i(X, \mathscr{F}) \to H^i(X, \mathscr{G})$ $(i=0, 1, 2, \cdots)$ が定まる．

（3） 層の完全列 $0 \to \mathscr{F} \to \mathscr{G} \to \mathscr{H} \to 0$ に対して，アーベル群の準同型 $\partial : H^i(X, \mathscr{H}) \to H^{i+1}(X, \mathscr{F})$ $(i=0, 1, 2, \cdots)$ が定まる．

そして次の条件を満たす．

（I）（1）と（2）は共変関手を定める．つまり H^i(恒等写像)＝恒等写像，$H^i(f\cdot g)=H^i(f)\cdot H^i(g)$．

（II）（3）は自然な対応である．つまり行が完全な可換図式

$$\begin{array}{ccccccccc} 0 & \to & \mathscr{F} & \to & \mathscr{G} & \to & \mathscr{H} & \to & 0 \\ & & \downarrow f & & \downarrow g & & \downarrow h & & \\ 0 & \to & \mathscr{F}' & \to & \mathscr{G}' & \to & \mathscr{H}' & \to & 0 \end{array}$$

が与えられたならば

$$\begin{array}{ccc} H^i(X,\mathscr{H}) & \xrightarrow{\partial} & H^{i+1}(X,\mathscr{F}) \\ \downarrow H^i(h) & & \downarrow H^i(f) \\ H^i(X,\mathscr{H}') & \xrightarrow{\partial} & H^{i+1}(X,\mathscr{F}') \end{array}$$

は可換．

（III）$H^0(X,\mathscr{F})=\mathscr{F}(X)$．

（IV）列 $0\to\mathscr{F}\to\mathscr{G}\to\mathscr{H}\to 0$ が完全ならば

$$\begin{aligned} &0\to H^0(X,\mathscr{F})\to H^0(X,\mathscr{G})\to H^0(X,\mathscr{H})\xrightarrow{\partial} \\ &\to H^1(X,\mathscr{F})\to H^1(X,\mathscr{G})\to H^1(X,\mathscr{H})\xrightarrow{\partial} \\ &\cdots\cdots\cdots\cdots\cdots\cdots\cdots\cdots\cdots\cdots \\ &\to H^i(X,\mathscr{F})\to H^i(X,\mathscr{G})\to H^i(X,\mathscr{H})\xrightarrow{\partial} \\ &\to H^{i+1}(X,\mathscr{F})\to H^{i+1}(X,\mathscr{G})\to H^{i+1}(X,\mathscr{H})\xrightarrow{\partial} \\ &\cdots\cdots\cdots\cdots\cdots\cdots\cdots\cdots\cdots\cdots \end{aligned}$$

は完全列である．

上の条件を満たす対応（1），（2），（3）をコホモロジー理論という．

定理 14.2 位相空間 X がハウスドルフ(Hausdorff)かつパラコンパクトなら，チェック・コホモロジーは，公理 14.1 を満たす．

注意 14.3 X がパラコンパクトとは X の開被覆 $\mathfrak{U}$ に対して，その局所有限な細分 $\mathfrak{B}=\{V_\lambda\}_{\lambda\in\Lambda}$ が必ず存在することをいう．$\mathfrak{B}$ が局所有限とは，任意の点 $x\in X$ について，x の近傍 W_x で W_x と交わる V_λ の数が有限になるものが必ず存在することである．

X がハウスドルフかつパラコンパクトなら正規空間であること，そして正規空間の局所有限な開被覆 $\mathfrak{U}=\{U_\lambda\}_{\lambda\in\Lambda}$ に対して X の開被覆 $\mathscr{W}=\{W_\lambda\}_{\lambda\in\Lambda}$ で $\overline{W}_\lambda\subset U_\lambda$ を満たすものが存在すること，が知られている(河田・三村[7]参照)．

すべての距離空間，CW 複体は，ハウスドルフなパラコンパクト空間である．

定理 14.2 を証明することを当面の目標にしよう．

アーベル群とその準同型の集合 $C^{\cdot}=\{C^i, \partial^i | i\in \boldsymbol{Z}\}$ で $\partial^i: C^i\to C^{i+1}$, $\partial^{i+1}\cdot\partial^i=0$ を満たすものをコチェイン複体といった．

定義 14.4 コチェイン複体の**準同型** $f: C_1^{\cdot}\to C_2^{\cdot}$ とは各整数 i ごとに与えられたアーベル群の準同型 $f^i: C_1^i\to C_2^i$ の集合 $f=\{f^i | i\in \boldsymbol{Z}\}$ で，$\partial^i f^i=f^{i+1}\cdot\partial^i$ $(i\in \boldsymbol{Z})$ を満たすもののことである．

列 $C_1^{\cdot}\xrightarrow{f} C_2^{\cdot}\xrightarrow{g} C_3^{\cdot}$ が完全であるとは各 i ごとに $C_1^i\xrightarrow{f^i} C_2^i\xrightarrow{g^i} C_3^i$ が完全であることである．

$H^i(C^{\cdot})=\mathrm{Ker}(\partial^i)/\mathrm{Im}(\partial^{i-1})$ と書き，$C^{\cdot}$ の **i-コホモロジー群**と呼ぶ．準同型 $f: C_1^{\cdot}\to C_2^{\cdot}$ は，準同型 $H^i(f): H^i(C_1^{\cdot})\to H^i(C_2^{\cdot})$ $(i\in \boldsymbol{Z})$ を導く．

命題 14.5
$$0\to C_1^{\cdot}\xrightarrow{f} C_2^{\cdot}\xrightarrow{g} C_3^{\cdot}\to 0$$
がコチェイン複体の完全列ならば，$\partial^i: H^i(C_3^{\cdot})\to H^{i+1}(C_1^{\cdot})$ が定義されて

$$\cdots\cdots\cdots\cdots\cdots\cdots$$
$$\to H^i(C_1^{\cdot})\xrightarrow{H^i(f)} H^i(C_2^{\cdot})\xrightarrow{H^i(g)} H^i(C_3^{\cdot})\xrightarrow{\partial^i}$$
$$\to H^{i+1}(C_1^{\cdot})\xrightarrow{H^{i+1}(f)} H^{i+1}(C_2^{\cdot})\xrightarrow{H^{i+1}(g)} H^{i+1}(C_3^{\cdot})\xrightarrow{\partial^{i+1}}$$
$$\to \cdots\cdots\cdots\cdots\cdots\cdots$$

は完全である．さらに

$$\begin{array}{ccccccccc} 0 & \to & B_1^{\cdot} & \to & B_2^{\cdot} & \to & B_3^{\cdot} & \to & 0 \\ & & \downarrow j & & \downarrow & & \downarrow k & & \\ 0 & \to & C_1^{\cdot} & \to & C_2^{\cdot} & \to & C_3^{\cdot} & \to & 0 \end{array}$$

がコチェイン複体の準同型の可換図式で，行が完全なものとすれば

$$\begin{array}{ccc} H^i(B_3^{\cdot}) & \xrightarrow{\partial^i} & H^{i+1}(B_1^{\cdot}) \\ \downarrow H^i(k) & & \downarrow H^{i+1}(j) \\ H^i(C_3^{\cdot}) & \xrightarrow{\partial^i} & H^{i+1}(C_1^{\cdot}) \end{array}$$

は可換．

証明 $C_1^{\cdot}=\{C_1^i, \partial_1^i\}$，$C_2^{\cdot}=\{C_2^i, \partial_2^i\}$，$C_3^{\cdot}=\{C_3^i, \partial_3^i\}$ と書く．完全列 $0\to C_1^{\cdot}\to C_2^{\cdot}\to C_3^{\cdot}\to 0$ より，次の図式が導かれる．

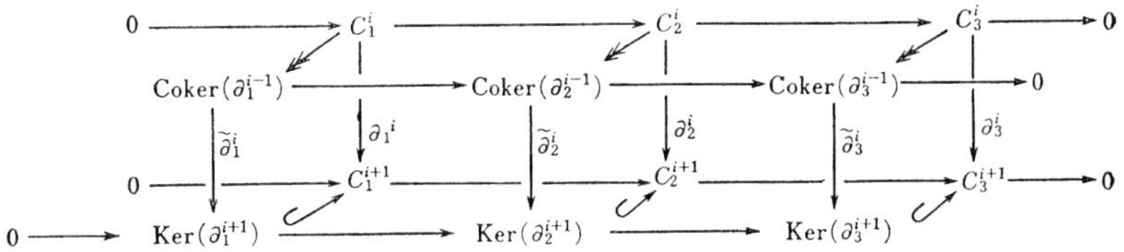

0
C_1^i
C_2^i
C_3^i
0
Coker(∂_1^{i-1})
Coker(∂_2^{i-1})
Coker(∂_3^{i-1})
0
$\tilde{\partial}_1^i$
$\partial_1{}^i$
$\tilde{\partial}_2^i$
∂_2^i
$\tilde{\partial}_3^i$
∂_3^i
0
C_1^{i+1}
C_2^{i+1}
C_3^{i+1}
0
0
Ker(∂_1^{i+1})
Ker(∂_2^{i+1})
Ker(∂_3^{i+1})

ここで$\twoheadrightarrow$は全射の印，$\hookrightarrow$は単射の印である．

スネークレンマ(補題11.9)より

$$\mathrm{Ker}(\tilde{\partial}_1^i)\to\mathrm{Ker}(\tilde{\partial}_2^i)\to\mathrm{Ker}(\tilde{\partial}_3^i)\xrightarrow{\partial^i}\mathrm{Coker}(\tilde{\partial}_1^i)\to\mathrm{Coker}(\tilde{\partial}_2^i)\to\mathrm{Coker}(\tilde{\partial}_3^i)$$

は完全．ところが $\mathrm{Ker}(\tilde{\partial}_\alpha^i)=H^i(C_\alpha^{\cdot})$，$\mathrm{Coker}(\tilde{\partial}_\alpha^i)=H^{i+1}(C_\alpha^{\cdot})$ $(\alpha=1,2,3)$ となる．そして，導かれた写像 $\mathrm{Ker}(\tilde{\partial}_1^i)\to\mathrm{Ker}(\tilde{\partial}_2^i)$ は $H^i(f)$ に一致している．$H^i(g)$，$H^{i+1}(f)$，$H^{i+1}(g)$ についても同様である．後半の $H^i(j)\cdot\partial^i=\partial^i\cdot H^i(k)$ は ∂^i の構成法をよく理解すればできる． (証終)

さて，$0\to\hat{\mathscr{F}}\to\hat{\mathscr{G}}\to\hat{\mathscr{H}}\to 0$ を準層の完全列とする．これはすべての開集合 U について $0\to\hat{\mathscr{F}}(U)\to\hat{\mathscr{G}}(U)\to\hat{\mathscr{H}}(U)\to 0$ が完全であることを意味した．前に層について行ったのとまったく同じ方法で，開被覆 $\mathfrak{U}$ について，コチェイン複体 $C_1^{\cdot}=\{C^q(\mathfrak{U},\hat{\mathscr{F}}),\partial^q\}$，$C_2^{\cdot}=\{C^q(\mathfrak{U},,\hat{\mathscr{G}}),\partial^q\}$，$C_3^{\cdot}=\{C^q(\mathfrak{U},\hat{\mathscr{H}}),\partial^q\}$ が定まり，$0\to C_1^{\cdot}\to C_2^{\cdot}\to C_3^{\cdot}\to 0$ は完全である．また $H^i(C^{\cdot}(\mathfrak{U},?))=H^i(\mathfrak{U},?)$ となる．したがって，公理14.1において層とあるところを準層とし，(II)での完全の意味を層としての完全ではなく準層としての完全の意味にとれば，対応 $\hat{\mathscr{F}}\longmapsto H^i(\mathfrak{U},\hat{\mathscr{F}})$ は (III) 以外の公理のすべての条件を満たすことが命題14.5よりわかる．帰納的極限をとるという操作は完全列を完全列に移すから対応 $\hat{\mathscr{F}}\longmapsto H^i(X,\hat{\mathscr{F}})=\varinjlim_{\mathfrak{U}} H^i(\mathfrak{U},\hat{\mathscr{F}})$ も (III) 以外の公理を満たす．

次に層の完全列 $0\to\mathscr{F}\to\mathscr{G}\to\mathscr{H}\to 0$ を考える．準層 $\hat{\mathscr{H}}$ を $\hat{\mathscr{H}}(U)=\mathscr{G}(U)/\mathscr{F}(U)$ で定めれば，列 $0\to\mathscr{F}\to\mathscr{G}\to\hat{\mathscr{H}}\to 0$ は準層として完全である．

もし $H^i(X,\hat{\mathscr{H}})$ が $\mathscr{H}$ のみに依存して定まるのなら，$H^i(X,\mathscr{H})=H^i(X,\hat{\mathscr{H}})$ と書けば，上で準層について議論したことから，公理14.1はすべて満たされることがわかる．ところが実際には $\hat{\mathscr{H}}$ は $\mathscr{F},\mathscr{G}$ に依存して決まっている．

$\mathscr{H}$ だける考えたのでは

$$0\to C^q(\mathfrak{U},\mathscr{F})\to C^q(\mathfrak{U},\mathscr{G})\to C^q(\mathfrak{U},,\mathscr{H})$$

は完全であるが，右に$\to 0$をつけられないので，うまくいかない．

$$0\to\mathscr{F}(U)\to\mathscr{G}(U)\to\hat{\mathscr{H}}(U)\to 0,\quad 0\to\mathscr{F}(U)\to\mathscr{G}(U)\to\mathscr{H}(U)$$

が完全であるから，準層の準同型 $\lambda:\hat{\mathscr{H}}\to\mathscr{H}$ が自然に定まり，$0\to\hat{\mathscr{H}}\xrightarrow{\lambda}\mathscr{H}$ は完全．準層 $\mathscr{N}$ を $\mathscr{N}(U)=\mathrm{Coker}(\lambda(U):\hat{\mathscr{H}}(U)\to\mathscr{H}(U))$ とおけば，$0\to\hat{\mathscr{H}}\to\mathscr{H}\to\mathscr{N}\to 0$ は準層の完全列であり，$\mathscr{N}$ は層化したとき0となる準層である．

次の命題 14.6 がいえれば

$$0=H^{i-1}(X,\mathscr{N})\to H^i(X,\hat{\mathscr{H}})\to H^i(X,\mathscr{H})\to H^i(X,\mathscr{N})=0$$

だから，$\partial^i:H^i(X,\mathscr{H})\to H^{i+1}(X,\mathscr{F})$ を $H^i(X,\mathscr{H})\xleftarrow{\sim}H^i(X,\hat{\mathscr{H}})\xrightarrow{\partial^i}H^i(X,\mathscr{F})$ の合成で定義すれば，層についての対応 $\mathscr{F}\longmapsto H^i(X,\mathscr{F})$ はすべての公理を満たすことになる．$\mathscr{F}$ が層ならば公理（Ⅲ），$H^0(X,\mathscr{F})=\mathscr{F}(X)$ は明らかである．したがって定理 14.2 が一応証明された．

命題 14.6 $\mathscr{N}$ を層化すれば0になるアーベル群の準層とする．X がハウスドルフかつパラコンパクトならば，チェック・コホモロジーについて

$$H^i(X,\mathscr{N})=0\qquad(i=0,1,2,\cdots).$$

証明 次のことを示せば十分である．$h=\{h_{\lambda_0\cdots\lambda_q}\}\in C^q(\mathfrak{U},\mathscr{N})$ のとき，$\mathfrak{U}$ の細分 $\mathfrak{V}=\{V_x\}_{x\in X}$ があり，$\theta(h)=0$.

$\mathfrak{U}=(U_\lambda)_{\lambda\in\Lambda}$ ははじめから局所有限であると仮定してよい．これに対して被覆 $\mathfrak{W}=\{W_\lambda\}_{\lambda\in\Lambda}$ を $\overline{W}_\lambda\subset U_\lambda$ となるようにとっておく（注意 14.3 参照）．$\mathfrak{U},\mathfrak{W}$ は局所有限だから各点 $x\in X$ について，$\#\{\lambda\in\Lambda\mid U_\lambda\ni x\}$，$\#\{\lambda\in\Lambda\mid W_\lambda\ni x\}$ は有限．だから $V_x^{(1)}=\bigcap_{x\in U_\lambda}U_\lambda\cap\bigcap_{x\in W_\lambda}W_\lambda$ とおくと，これは x の開近傍である．$\mathfrak{W}$ は局所有限だから，x の開近傍 $V_x^{(2)}$ を $V_x^{(2)}\subset V_x^{(1)}$ であるようにとり，$\Lambda(x)=\{\lambda\in\Lambda\mid\Lambda_x^{(2)}\cap W_\lambda\neq\phi\}$ が有限集合であるようにできる．$\Lambda(x)=\Lambda_1(x)\cup\Lambda_2(x)$ と共通部分のない部分集合の和に分ける．ただし，$\Lambda_1(x)=\{\lambda\in\Lambda\mid V_x^{(2)}\cap W_\lambda\neq\phi,\ U_\lambda\ni x\}$，$\Lambda_2(x)=\{\lambda\in\Lambda\mid V_x^{(2)}\cap W_\lambda\neq\phi,\ U_\lambda\not\ni x\}$．$V_x^{(3)}=(V_x^{(2)}\setminus\bigcup_{\lambda\in\Lambda_2(x)}\overline{W}_\lambda)$ とおくと，これはまた x の開近傍．そしてさらに小さい x の開近傍 $V_x\subset V_x^{(3)}$ をとる．$x\in U_{\lambda_0}\cap\cdots\cap U_{\lambda_q}$ となる $(\lambda_0,\cdots,\lambda_q)$ は有限個であるが，そのような $(\lambda_0,\cdots,\lambda_q)$ について，いま，$V_x\subset V_x^{(1)}\subset U_{\lambda_0}\cap\cdots\cap U_{\lambda_q}$．そこで，res: $\mathscr{N}(U_{\lambda_0}$

$\cap\cdots\cap U_{\lambda_q})\to\mathscr{N}(V_x)$ が意味があるが，これによる $h_{\lambda_0\cdots\lambda_q}$ の像が $x\in U_{\lambda_0}\cap\cdots\cap U_{\lambda_q}$ を満たす有限個の $(\lambda_0,\cdots,\lambda_q)$ に対して常に0であると仮定できる．茎 $\mathscr{N}_x$ は0であるから，V_x を小さくとりさえすればよい．

$\mathfrak{B}=\{V_x\}_{x\in X}$ は X の開被覆であり，次の性質をもつ．

（1）$x\in U_\lambda$ ならば $V_x\subset U_\lambda$，$x\in W_\lambda$ ならば $V_x\subset W_\lambda$，

（2）$V_x\cap W_\lambda\neq\phi\Rightarrow V_x\subset U_\lambda$，

（3）$x\in U_{\lambda_0}\cap\cdots\cap U_{\lambda_q}$ とすると（1）により必然的に $V_x\subset U_{\lambda_0}\cap\cdots\cap U_\lambda$ であるが，res：$\mathscr{N}(U_{\lambda_0}\cap\cdots\cap U_{\lambda_q})\to\mathscr{N}(V_x)$ による $h_{\lambda_0\cdots\lambda_q}$ の像は0．

さて，$\theta:X\to\Lambda$ を $x\in W_{\theta(x)}$ となるように選べば（1）より，$V_x\subset W_{\theta(x)}\subset U_{\theta(x)}$ であり，$\mathfrak{U}<\mathfrak{B}$ である．$V_{x_0}\cap\cdots\cap V_{x_q}\neq\phi$ ならば $V_{x_i}\subset W_{\theta(x_i)}$ だから $V_{x_0}\cap W_{\theta(x_i)}\supset V_{x_0}\cap V_{x_i}\neq\phi$．（2）より $V_{x_0}\subset U_{\theta(x_i)}$．そこで，$V_{x_0}\subset U_{\theta(x_0)}\cap\cdots\cap U_{\theta(x_q)}$ となる．結局，次の可換図式が定義される．

$$\begin{array}{ccc}
\mathscr{F}(U_{\theta(x_0)}\cap\cdots\cap U_{\theta(x_q)}) & \xrightarrow{\text{res}} & \mathscr{F}(V_{x_0}) \\
{\scriptstyle\text{res}}\searrow & & \swarrow{\scriptstyle\text{res}} \\
& \mathscr{F}(V_{x_0}\cap\cdots\cap V_{x_q}) &
\end{array}$$

$\theta(h)=\{h'_{x_0\cdots x_q}\}$ とすると，$h'_{x_0\cdots x_q}$ は $h_{\theta(x_0)\cdots\theta(x_q)}$ の上図の左上から右下の矢印の像．しかし，（3）により水平矢印による像がすでに0だから $h'_{x_0\cdots x_q}=0$．つまり，$\theta(h)=0$．　（証終）

§15. 軟　弱　層

定義 15.1　位相空間 X 上の層 $\mathscr{F}$ が**軟弱**(flabby)であるとは，すべての開集合 U に対して，$\text{res}_U^X:\mathscr{F}(X)\to\mathscr{F}(U)$ が全射であることである．

命題 15.2

$$0\to\mathscr{F}\to\mathscr{G}\to\mathscr{H}\to0$$

を X 上のアーベル群の層の完全列とする．$\mathscr{F}$ は軟弱層であるとしよう．すると

$$0\to\mathscr{F}(X)\to\mathscr{G}(X)\to\mathscr{H}(X)\to0$$

は完全列である．

証明　右に $\to0$ がつけられることさえいえばよい．

$h\in\mathscr{H}(X)$ とする．X の開集合 U_α と $g_\alpha\in\mathscr{G}(U_\alpha)$ で，$\mathscr{G}(U_\alpha)\to\mathscr{H}(U_\alpha)$ に

よる像が $\mathrm{res}^X_{U_\alpha}(h)$ になるものの対 (U_α, g_α) を考える．そのような対全体の集合を P とする．$(\phi, 0)\in P\neq\phi$．P に次のように半順序 $<$ を入れる．

$$(U_\alpha, g_\alpha)<(U_\beta, g_\beta)\overset{\text{定義}}{\Longleftrightarrow}U_\alpha\subset U_\beta, \qquad g_\alpha=\mathrm{res}^{U_\beta}_{U_\alpha}(g_\beta).$$

こうすればツォルンの補題が使える．$T=\{(U_\lambda, g_\lambda)\mid\lambda\in\Lambda_0\}$ を P の全順序部分集合としよう．つまり，$\lambda, \mu\in\Lambda_0$ について必ず，$(U_\lambda, g_\lambda)<(U_\mu, g_\mu)$ または $(U_\lambda, g_\lambda)>(U_\mu, g_\mu)$ のどちらかが成立していることとする．このとき，$U=\bigcup_{\lambda\in\Lambda_0}U_\lambda$ とおけば，$\mathscr{G}$ の貼り合わせ公理により，$g\in\mathscr{G}(U)$ で $g_\lambda=\mathrm{res}^U_{U_\lambda}(g)$ がすべての $\lambda\in\Lambda_0$ について成立するものがある．$\mathscr{H}$ の同一性公理によれば，(の $\mathscr{G}(U)\to\mathscr{H}(U)$ による像は $\mathrm{res}^X_U(h)$ に一致する．$(U, g)\in P$ であり，$gU, g)$ は T の上界となる．ツォルンの補題によれば P に極大元がある．それを再び (U, g) と記そう．求めたいのは，$X=U$ である．

$x\in X\setminus U\neq\phi$ としよう．茎について $\mathscr{G}_x\to\mathscr{H}_x$ は全射だから，x の十分小さい開近傍 U_x をとれば，$\mathrm{res}^X_{U_x}(h)$ が $\mathscr{G}(U_x)\to\mathscr{H}(U_x)$ の像に入るようにできる．$g_x\in\mathscr{G}(U_x)$ の像が $\mathrm{res}^X_{U_x}(h)$ であるとしよう．$\beta=\mathrm{res}^U_{U\cap U_x}(g)-\mathrm{res}^{U_x}_{U\cap U_x}(g_x)$ とおく．β の $\mathscr{G}(U\cap U_x)\to\mathscr{H}(U\cap U_x)$ の像は 0 だから，$\beta\in\mathscr{F}(U\cap U_x)$ とみなせる．$\mathscr{F}$ は軟弱だから，$\gamma\in\mathscr{F}(X)$ が存在して，$\beta=\mathrm{res}^X_{U\cap U_x}(\gamma)$．$g'_x=g_x+\mathrm{res}^X_{U_x}(\gamma)$ とおく．$\mathrm{res}^{U_x}_{U_x\cap U}(g'_x)=\mathrm{res}^{U_x}_{U_x\cap U}(g_x)+\mathrm{res}^X_{U_x\cap U}(\gamma)=\mathrm{res}^{U_x}_{U\cap U_x}(g_x)+\beta=\mathrm{res}^U_{U\cap U_x}(g)$．そこで $g'\in\mathscr{G}(U_x\cup U)$ で $g'_x=\mathrm{res}_{U_x}(g')$，$g=\mathrm{res}_U(g')$ となるものが存在する．g' の $\mathscr{G}(U_x\cup U)\to\mathscr{H}(U_x\cup U)$ の像は $\mathscr{H}$ の同一性公理により $\mathrm{res}^X_{U_x\cup U}(h)$ に一致する．結局 $(U, g)<(U\cup U_x, g')$ となり，U の極大性に反する．したがって，$U=X$．　（証終）

命題 15.3　　$$0\to\mathscr{F}\to\mathscr{G}\to\mathscr{H}\to0$$

をアーベル群の層の完全列としよう．$\mathscr{F}, \mathscr{G}$ がともに軟弱層ならば，$\mathscr{H}$ も軟弱層である．

証明　U を X の開集合としよう．定義により，$\mathscr{F}|_U$ も軟弱であることがすぐわかるから，上の命題 15.2 より

$$0\to\mathscr{F}(U)\to\mathscr{G}(U)\to\mathscr{H}(U)\to0$$

は完全．$\mathscr{G}$ が軟弱だから，$\mathscr{G}(X)\to\mathscr{G}(U)$ は全射．合わせれば $\mathscr{G}(X)\to\mathscr{H}(U)$ は全射．これは $\mathscr{G}(X)\to\mathscr{H}(X)\to\mathscr{H}(U)$ という合成にも等しいから，$\mathscr{H}(X)\to\mathscr{H}(U)$ も全射．　（証終）

典型的な軟弱層としては，§10で導入した $[\mathscr{F}]$ がある．ちょっと復習しよう．

アーベル群の層 $\mathscr{F}$ に対して，$[\mathscr{F}]$ は次のように定義された．

$$[\mathscr{F}](U) \overset{\text{定義}}{=} \prod_{x\in U}\mathscr{F}_x \qquad (\mathscr{F}_x \text{ は } \mathscr{F} \text{ の } x \text{ での茎})$$

$$\mathrm{res}_U^{U'} : \prod_{x\in U'}\mathscr{F}_x \to \prod_{x\in U}\mathscr{F}_x \text{ は直積成分への射影．}$$

$[\mathscr{F}]$ は明らかに，軟弱層である．そして，標準的な単射

$$0\to\mathscr{F}\xrightarrow{\varepsilon}[\mathscr{F}]$$

がある．

定義 15.4　アーベル群の層 $\mathscr{F}$ の軟弱層による**標準的分解**とは，層の完全列

$$0\to\mathscr{F}\xrightarrow{\varepsilon}\mathscr{L}^0\xrightarrow{d^0}\mathscr{L}^1\xrightarrow{d^1}\cdots\xrightarrow{d^{i-1}}\mathscr{L}^i\xrightarrow{d^i}\mathscr{L}^{i+1}\to\cdots.$$

ただし，$\mathscr{L}^0=[\mathscr{F}]$,

$\mathscr{L}^1=[\mathrm{Coker}(\varepsilon)]$,　　d^0 は自然な全射 $\mathscr{L}^0\to\mathrm{Coker}(\varepsilon)$ と自然な単射 $\mathrm{Coker}(\varepsilon)\to[\mathrm{Coker}(\varepsilon)]$ の合成，

$\mathscr{L}^i=[\mathrm{Coker}(d^{i-2})]$,　　d^{i-1} は $\mathscr{L}^{i-1}\to\mathrm{Coker}(d^{i-2})$ と $\mathrm{Coker}(d^{i-2})\to[\mathrm{Coker}(d^{i-2})]$ の合成

のことである．

標準的分解から，コチェイン複体 $C^{\cdot}=\{\mathscr{L}^i(X), d^i(X)\}$ が得られる．ただし，$i<0$ のとき $\mathscr{L}^i(X)=0$ とおく．いま，

$$H^i(X,\mathscr{F})=H^i(C^{\cdot})=\mathrm{Ker}(\mathscr{L}^i(X)\to\mathscr{L}^{i+1}(X))/\mathrm{Im}(\mathscr{L}^{i-1}(X)\to\mathscr{L}^i(X))$$

と書こう．チェック・コホモロジーと同じ記号を用いるが一応別のものである．

定理 15.5　対応 $\mathscr{F}\longmapsto H^i(X,\mathscr{F})$ は公理14.1のすべての条件および次の公理(V)を満たす．

公理 15.6

(V)　$\mathscr{F}$ が軟弱層ならば，$H^i(X,\mathscr{F})=0$ $(i>0)$．

証明　層の準同型 $\mathscr{F}_1\xrightarrow{\varphi}\mathscr{F}_2$ は，準同型 $[\mathscr{F}_1]\xrightarrow{[\varphi]}[\mathscr{F}_2]$ をひき起こす．さらに，標準的単射を $\varepsilon_\alpha : \mathscr{F}_\alpha\to[\mathscr{F}_\alpha]$ $(\alpha=1,2)$ とするとき，$\mathrm{Coker}(\varepsilon_1)\to$

$\mathrm{Coker}(\varepsilon_2)$，そして $[\mathrm{Coker}(\varepsilon_1)]\to[\mathrm{Coker}(\varepsilon_2)]$ をひき起こす．同様のことがくり返されて，次の図式を可換にする $\varphi^0, \varphi^1, \cdots$ が定まる．

$$\begin{array}{ccccccccccccc}
0\to & \mathscr{F}_1 & \xrightarrow{\varepsilon_1} & \mathscr{L}_1^0 & \xrightarrow{d_0^1} & \mathscr{L}_1^1 & \xrightarrow{d_1^1} & \mathscr{L}_1^2 & \xrightarrow{d_1^2}\cdots\xrightarrow{d_1^{i-1}} & \mathscr{L}_1^i & \xrightarrow{d_1^i} & \mathscr{L}_1^{i+1} & \xrightarrow{d_1^{i+1}} \\
 & \downarrow{\scriptstyle\varphi} & & \downarrow{\scriptstyle\varphi^0} & & \downarrow{\scriptstyle\varphi^1} & & \downarrow{\scriptstyle\varphi^2} & & \downarrow{\scriptstyle\varphi^i} & & \downarrow{\scriptstyle\varphi^{i+1}} & \\
0\to & \mathscr{F}_2 & \xrightarrow{\varepsilon_2} & \mathscr{L}_2^0 & \longrightarrow & \mathscr{L}_2^1 & \longrightarrow & \mathscr{L}_2^2 & \longrightarrow\cdots\longrightarrow & \mathscr{L}_2^i & \longrightarrow & \mathscr{L}_2^{i+1} & \longrightarrow
\end{array}$$

ただし，水平の行は $\mathscr{F}_\alpha$ の標準的分解 $(\alpha=1, 2)$．

そして，$\Phi=\{\varphi^i(X)\}$ はコチェイン複体 $C_1^{\cdot}=\{\mathscr{L}_1^i(X),\ d_1^i(X)\}$，$C_2^{\cdot}=\{\mathscr{L}_2^i(X),\ d_2^i(X)\}$ の間の準同型をひき起こす．Φ は，$H^i(\varphi): H^i(X, \mathscr{F}_1)=H^i(C_1^{\cdot})\to H^i(X, \mathscr{F}_2)=H^i(C_2^{\cdot})$ を定める．これが条件（I）つまり関手性を満たすことは上の構成法よりわかる．

$0\to\mathscr{F}_1\to\mathscr{F}_2\to\mathscr{F}_3\to 0$ が完全ならば $\mathscr{F}_\alpha$ の標準的分解 $\{\mathscr{L}_\alpha^i\}$ $(\alpha=1, 2, 3)$ について

$$\begin{array}{ccccccc}
 & 0 & & 0 & & 0 & \\
 & \downarrow & & \downarrow & & \downarrow & \\
0\to & \mathscr{F}_1 & \to & \mathscr{F}_2 & \to & \mathscr{F}_3 & \to 0 \\
 & \downarrow & & \downarrow & & \downarrow & \\
0\to & \mathscr{L}_1^0 & \to & \mathscr{L}_2^0 & \to & \mathscr{L}_3^0 & \to 0 \\
 & \downarrow & & \downarrow & & \downarrow & \\
0\to & \mathscr{L}_1^1 & \to & \mathscr{L}_2^1 & \to & \mathscr{L}_3^1 & \to 0 \\
 & \downarrow & & \downarrow & & \downarrow & \\
 & \vdots & & \vdots & & \vdots &
\end{array}$$

は可換であり，横の列はすべて完全であることが定義よりでる．$\mathscr{L}_1^i$ $(i=0, 1, 2, \cdots)$ は軟弱であるから，命題 15.2 により

$$\begin{array}{ccccccc}
0\to & \mathscr{L}_1^{i-1}(X) & \to & \mathscr{L}_2^{i-1}(X) & \to & \mathscr{L}_3^{i-1}(X) & \to 0 \\
 & \downarrow & & \downarrow & & \downarrow & \\
0\to & \mathscr{L}_1^{i}(X) & \to & \mathscr{L}_2^{i}(X) & \to & \mathscr{L}_3^{i}(X) & \to 0 \\
 & \downarrow & & \downarrow & & \downarrow & \\
0\to & \mathscr{L}_1^{i+1}(X) & \to & \mathscr{L}_2^{i+1}(X) & \to & \mathscr{L}_3^{i+1}(X) & \to 0
\end{array}$$

の横の列はすべて再び完全．したがって，コチェイン複体 $C_\alpha^{\cdot}=\{\mathscr{L}_\alpha^i(X), d_\alpha^i(X)\}$ $(\alpha=1, 2, 3)$ について

$$0\to C_1^{\cdot}\to C_2^{\cdot}\to C_3^{\cdot}\to 0$$

は完全．命題 14.5 により，公理 14.1 の（3），そして（II），(IV) が満たされることがわかる．また

$$0\to\mathscr{F}\to\mathscr{L}_0\to\mathscr{L}_1$$

が完全なことより

$$0 \to \mathscr{F}(X) \to \mathscr{L}_0(X) \to \mathscr{L}_1(X)$$

は完全．これは $\mathscr{F}(X)=H^0(X,\mathscr{F})$ を示す．

残りは上の新しい公理(V)を示すことである．

$\mathscr{F}$ を軟弱層，

$$0 \to \mathscr{F} \xrightarrow{\varepsilon} \mathscr{L}^0 \xrightarrow{d^0} \mathscr{L}^1 \xrightarrow{d^1} \cdots$$

を $\mathscr{F}$ の標準的分解とする．命題 15.3 より

$$0 \to \mathscr{F} \to \mathscr{L}^0 \to \mathrm{Coker}(\varepsilon) \to 0,$$

$$0 \to \mathrm{Coker}(\varepsilon) \to \mathscr{L}^1 \to \mathrm{Coker}(d^0) \to 0,$$

$$\cdots\cdots\cdots\cdots\cdots\cdots,$$

$$0 \to \mathrm{Coker}(d^{i-2}) \to \mathscr{L}^i \to \mathrm{Coker}(d^{i-1}) \to 0$$

はすべて軟弱層の完全列となる．命題 15.2 より

$$0 \to \mathscr{F}(X) \to \mathscr{L}_0(X) \to \mathrm{Coker}(\varepsilon)(X) \to 0,$$

$$0 \to \mathrm{Coker}(\varepsilon)(X) \to \mathscr{L}^1(X) \to \mathrm{Coker}(d^0)(X) \to 0,$$

$$\cdots\cdots\cdots\cdots\cdots\cdots,$$

$$0 \to \mathrm{Coker}(d^{i-2})(X) \to \mathscr{L}^i(X) \to \mathrm{Coker}(d^{i-1})(X) \to 0$$

はすべて完全となる．これは

$$0 \to \mathscr{F}(X) \xrightarrow{\varepsilon(X)} \mathscr{L}^0(X) \xrightarrow{d^0(X)} \mathscr{L}^1(X) \to \cdots \xrightarrow{d^{i-1}(X)} \mathscr{L}^i(X) \xrightarrow{d^i(X)} \cdots$$

が完全なことを示す．つまり $H^i(X,\mathscr{F})=\mathrm{Ker}\,d^i(X)/\mathrm{Im}\,d^{i-1}(X)=0$ $(i>0)$．

（証終）

定理 15.7　公理 14.1 および公理 15.6 を満たすコホモロジー論は，自然変換を除いて一意的に定まる．

つまり，コホモロジー論 ε (ε=1, 2) において，層 $\mathscr{F}$ に対して群 $H^i(X,\mathscr{F})_\varepsilon$ $(i=0,1,2,\cdots)$ が対応し，準同型 $f:\mathscr{F}\to\mathscr{G}$ については $H^i(f)_\varepsilon$ $(i=0,1,2,\cdots)$，完全列 $0\to\mathscr{F}\to\mathscr{G}\to\mathscr{H}\to 0$ に対して $\partial_\varepsilon: H^i(X,\mathscr{H})_\varepsilon \to H^{i+1}(X,\mathscr{F})_\varepsilon$ が対応するとすると，すべての i について

$(0)_i$　各 $\mathscr{F}$ ごとに群の同型 $\alpha^i(\mathscr{F}): H^i(X,\mathscr{F})_1 \to H^i(X,\mathscr{F})_2$ が定まる．

$(1)_i$　準同型 $f:\mathscr{F}\to\mathscr{G}$ に対して $H^i(f)_2\cdot\alpha^i(\mathscr{F})=\alpha^i(\mathscr{G})\cdot H^i(f)_1$ が必ず成り立つ．

$(2)_i$　$0\to\mathscr{F}\to\mathscr{G}\to\mathscr{H}\to 0$ が完全列ならば

$$\begin{array}{ccc} H^{i-1}(X,\mathscr{H})_1 & \xrightarrow{\partial_1} & H^i(X,\mathscr{F})_1 \\ \downarrow{\scriptstyle \alpha^{i-1}(\mathscr{H})} & & \downarrow{\scriptstyle \alpha^i(\mathscr{F})} \\ H^{i-1}(X,\mathscr{H})_2 & \xrightarrow{\partial_2} & H^i(X,\mathscr{F})_2 \end{array}$$

は可換.

証明　i についての帰納法で $\alpha^i(\mathscr{F})$ を順番に定めよう．以下では簡単のために，Xを略して $H^i(X,\mathscr{F})_\varepsilon$ のかわりに $H^i(\mathscr{F})_\varepsilon$ $(\varepsilon=1,2)$ などと書く．

$i=0$ の場合：　公理の（Ⅲ）により，$H^0(\mathscr{F})_\varepsilon=\mathscr{F}(X)$ $(\varepsilon=1,2)$ だから，$\alpha^0(\mathscr{F})=$恒等写像とおけばよい．明らかに $(0)_0, (1)_0$ が満たされる．

$i=1$ の場合：　完全列

$$C: 0\to\mathscr{F}\xrightarrow{\varepsilon}[\mathscr{F}]\to\mathscr{F}'\to 0$$

を ε が標準的な単射，そして $\mathscr{F}'=\mathrm{Coker}(\varepsilon)$ となるようにとる．$[\mathscr{F}]$ が軟弱であることに注意すれば，公理の（Ⅳ），（Ⅴ）により，列

$$0\to\mathscr{F}(X)\to[\mathscr{F}](X)\to\mathscr{F}'(X)\xrightarrow{\partial_\varepsilon^C}H^1(\mathscr{F})_\varepsilon\to 0$$

は完全$(\varepsilon=1,2)$．$\mathscr{F}'(X)\xrightarrow{\partial_\varepsilon}H^1(\mathscr{F})_\varepsilon$ は完全列 C に依存して決まっていることを明確にするため，特に ∂_ε^C と書いた．このことより

$$\alpha^1(\mathscr{F}) : (\partial_2^C)(\partial_1^C)^{-1} : H^1(\mathscr{F})_1\to H^1(\mathscr{F})_2$$

が矛盾なく定義され，同型となる．$(1)_1$が満たされることはただちにわかる．

$(2)_1$ を示そう．完全列

$$E: 0\to\mathscr{F}\xrightarrow{\lambda}\mathscr{G}\to\mathscr{H}\to 0$$

が与えられたとき

$$\begin{array}{ccc} \mathscr{H}(X) & \xrightarrow{\partial_1^E} & H^1(\mathscr{F})_1 \\ \| & & \downarrow{\scriptstyle \alpha^1(\mathscr{F})} \\ \mathscr{H}(X) & \xrightarrow{\partial_2^E} & H^1(\mathscr{F})_2 \end{array}$$

が可換であることを示したい．

次の行，列とも完全な図式があることに注意しよう．

$$\begin{array}{ccccccccc} & & & & 0 & & 0 & & \\ & & & & \downarrow & & \downarrow & & \\ & & & & [\mathscr{F}] & = & [\mathscr{F}] & & \\ & & & & \downarrow & & \downarrow & & \\ A: & 0\to & \mathscr{F} & \xrightarrow{\mu} & [\mathscr{F}]\oplus\mathscr{G} & \longrightarrow & \mathscr{A} & \to 0 \\ & & \| & & \downarrow & & \downarrow{\scriptstyle\varphi} & & \\ E: & 0\to & \mathscr{F} & \xrightarrow{\lambda} & \mathscr{G} & \longrightarrow & \mathscr{H} & \to 0 \\ & & & & \downarrow & & \downarrow & & \\ & & & & 0 & & 0 & & \end{array}$$

ただし，$f \in \mathscr{F}(U)$ に対して $\mu(f)=\varepsilon(f) \oplus \lambda(f)$，$\mathscr{A}=\mathrm{Coker}(\mu)$．また，中段の完全列を A，準同型 $\mathscr{A} \to \mathscr{H}$ を φ と名づけた．

まず，$[\mathscr{F}]$ が軟弱であることに注意すれば，$\Phi=\varphi(X): \mathscr{A}(X) \to \mathscr{H}(X)$ は全射であることがわかる．公理の（II）より次の図式は可換になる．

$$\begin{array}{ccc} \mathscr{A}(X) & \xrightarrow{\partial_\varepsilon^A} & H^1(\mathscr{F})_\varepsilon \\ \downarrow{\scriptstyle \Phi} & & \| \\ \mathscr{H}(X) & \xrightarrow{\partial_\varepsilon^E} & H^1(\mathscr{F})_\varepsilon \end{array}$$

次の図式も可換で完全である．

$$\begin{array}{lccccccccc} A: & 0 \to & \mathscr{F} & \to & [\mathscr{F}] \oplus \mathscr{G} & \to & \mathscr{A} & \to 0 \\ & & \| & & \downarrow & & \downarrow{\scriptstyle \phi} & \\ C: & 0 \to & \mathscr{F} & \longrightarrow & [\mathscr{F}] & \longrightarrow & \mathscr{F}' & \to 0 \end{array}$$

$\Psi=\phi(X): \mathscr{A}(X) \to \mathscr{F}'(X)$ と書く．

結局次の可換図式が得られる．

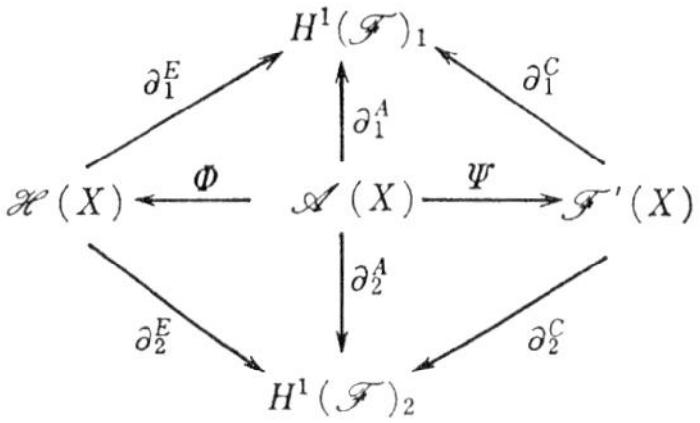

$H^1(\mathscr{F})_1$
∂_1^E
∂_1^A
∂_1^C
$\mathscr{H}(X)$
Φ
$\mathscr{A}(X)$
Ψ
$\mathscr{F}'(X)$
∂_2^A
∂_2^E
∂_2^C
$H^1(\mathscr{F})_2$

$h \in \mathscr{H}(X)$ をとろう．Φ は全射だから，$a \in \mathscr{A}(X)$ で $h=\Phi(a)$ となるものがある．

$$\partial_1^C \Psi(a)=\partial_1^A(a)=\partial_1^E \Phi(a)=\partial_1^E(h),$$

したがって $\alpha^1(\mathscr{F})=(\partial_2^C)(\partial_1^C)^{-1}$ だから

$$\alpha^1(\mathscr{F}) \cdot \partial_1^E(h)=\partial_2^C \cdot \Psi(a)=\partial_2^A(a)=\partial_2^E \Phi(a)=\partial_2^E(h),$$

つまり，$\alpha^1(\mathscr{F}) \cdot \partial_1^E=\partial_2^E$ となる．

$i \geq 2$ の場合： 帰納法の仮定により，すべての層 $\mathscr{F}$ に対して $\alpha^{i-1}(\mathscr{F})$ が定まり，$(0)_{i-1}$，$(1)_{i-1}$，$(2)_{i-1}$ を満たすとしてよい．完全列

$$C: 0 \to \mathscr{F} \to [\mathscr{F}] \to \mathscr{F}' \to 0$$

を考えると公理の（IV），（V）により

$$0=H^{i-1}([\mathscr{F}])_\varepsilon \to H^{i-1}(\mathscr{F}')_\varepsilon \xrightarrow{\partial_\varepsilon^C} H^i(\mathscr{F})_\varepsilon \to H^i([\mathscr{F}])_\varepsilon=0$$

は完全．そこで $\alpha^i(\mathscr{F}): H^i(\mathscr{F})_1 \to H^i(\mathscr{F})_2$ を

$$\alpha^i(\mathscr{F})=(\partial_2^C)(\alpha^{i-1}(\mathscr{F}'))(\partial_1^C)^{-1}$$

で定めよう．

(0)$_i$，(1)$_i$ を満たしていることは構成法よりほぼ明らかである．(2)$_i$ についてみてみよう．完全列 $E: 0\to\mathscr{F}\to\mathscr{G}\to\mathscr{H}\to 0$ が与えられたとする．層 $\mathscr{A}$，準同型 $\varphi:\mathscr{A}\to\mathscr{H}$，$\psi:\mathscr{A}\to\mathscr{F}'$ を前と同様に構成する．

$$\Phi_\varepsilon=H^{i-1}(\varphi)_\varepsilon : H^{i-1}(\mathscr{A})_\varepsilon\to H^{i-1}(\mathscr{H})_\varepsilon,$$
$$\partial_\varepsilon^C : H^{i-1}(\mathscr{F}')_\varepsilon\to H^i(\mathscr{F})_\varepsilon$$

は両方とも $H^j([\mathscr{F}])_\varepsilon=0$ $(\varepsilon=1,2,\ j>0)$ であることより同型となる．

$$\Psi_\varepsilon=H^{i-1}(\psi)_\varepsilon : H^{i-1}(\mathscr{A})_\varepsilon\to H^{i-1}(\mathscr{F}')_\varepsilon$$

と書く．次の図式は可換になる．

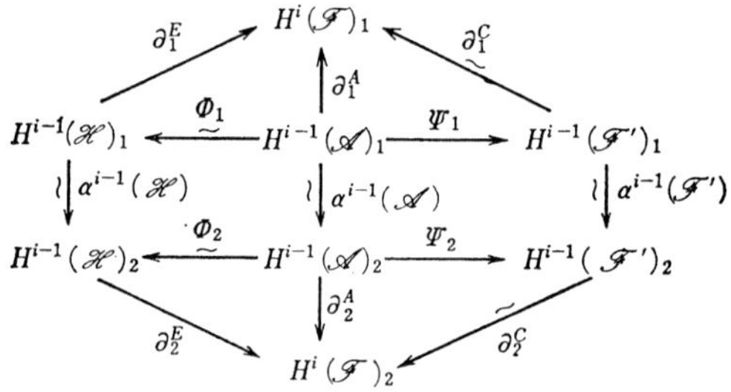

これは $\alpha^i(\mathscr{F})\cdot\partial_1^E=\partial_2^E\cdot\alpha^{i-1}(\mathscr{H})$ を示す． （証終）

定理 15.8 チェック・コホモロジーは公理 15.6 をも満たす．つまり軟弱層 $\mathscr{F}$ については

$$H^i(X,\mathscr{F})=0 \qquad (i>0).$$

この定理を証明するためにいくつかの概念を導入しよう．

定義 15.9 X の被覆 $\mathfrak{U}=\{U_\lambda\}_{\lambda\in\Lambda}$ について，層 $\mathscr{F}$ の**チェック分解**

$$0\to\mathscr{F}\xrightarrow{\varepsilon}\mathscr{C}^0(\mathfrak{U},\mathscr{F})\xrightarrow{\partial^0}\mathscr{C}^1(\mathfrak{U},\mathscr{F})\xrightarrow{\partial^1}\cdots\xrightarrow{\partial^{i-1}}\mathscr{C}^i(\mathfrak{U},\mathscr{F})\xrightarrow{\partial^i}\cdots$$

を次のように定める．

(0) 開集合 U について，U の開被覆 $\{U_\lambda\cap U\}_{\lambda\in\Lambda}$ を $\mathfrak{U}\cap U$ と書くとき，$\mathscr{C}^q(\mathfrak{U},\mathscr{F})$ は

$$U\longmapsto C^q(\mathfrak{U}\cap U,\ \mathscr{F}|_U)$$

で定まる層．ただし $C^q(\mathfrak{U}\cap U,\ \mathscr{F}|_U)$ は，§12 で導入した q-コチェイン全

体のなす群である．

（1）　$\partial^q : \mathscr{C}^q(\mathfrak{U}, \mathscr{F}) \to \mathscr{C}^{q+1}(\mathfrak{U}, \mathscr{F})$ は

$$\partial^q : C^q(\mathfrak{U}\cap U, \mathscr{F}|_U) \to C^{q+1}(\mathfrak{U}\cap U, \mathscr{F}|_U)$$

より定まる層の準同型．ε は $\mathrm{Ker}(\partial^0)$ への同型．

注意 15.10　実際，$\mathscr{C}^q(\mathfrak{U}, \mathscr{F})$ は層であり，∂^q は層の準同型であることが容易にわかる．

補題 15.11　チェック分解は層の完全列である．

証明　開集合 U について $0 \to \mathscr{F}(U) \xrightarrow{\varepsilon} C^0(\mathfrak{U}\cap U, \mathscr{F}) \xrightarrow{\partial^1} C^1(\mathfrak{U}\cap U, \mathscr{F})$ は常に完全．各点 $x\in X$ の茎について考えれば，このことから $0 \to \mathscr{F} \xrightarrow{\varepsilon} \mathscr{C}^0(\mathfrak{U}, \mathscr{F}) \xrightarrow{\partial^1} \mathscr{C}^1(\mathfrak{U}, \mathscr{F})$ は完全であることがわかる．次に $q\geq 1$ について $\partial^q\cdot\partial^{q-1}=0$ は明らか．点 $x\in X$ および $x\in U_\lambda$ となる λ を1つとって固定する．アーベル群の準同型 $\kappa=\kappa^q : \mathscr{C}^q(\mathfrak{U}, \mathscr{F})_x \to \mathscr{C}^{q-1}(\mathfrak{U}, \mathscr{F})_x$ を次のように決めよう．

$\alpha_x\in\mathscr{C}^q(\mathfrak{U}, \mathscr{F})_x$ は $\alpha=\{\alpha_{\lambda_0\cdots\lambda_q}\}\in C^q(\mathfrak{U}\cap W, \mathscr{F})$ の自然な写像 $C^q(\mathfrak{U}\cap W, \mathscr{F}) \to \varinjlim_{W\ni x} C^q(\mathfrak{U}\cap W, \mathscr{F}) = \mathscr{C}^q(\mathfrak{U}, \mathscr{F})_x$ による像としよう．ただし，x の近傍 W を，$x\in W\subset U_\lambda$ となるようにとる．

$$\begin{aligned}(\kappa\alpha)_{\lambda_0\cdots\lambda_{q-1}} = \alpha_{\lambda\lambda_0\cdots\lambda_{q-1}} &\in \mathscr{F}(W\cap U_\lambda\cap U_{\lambda_0}\cap\cdots\cap U_{\lambda_{q-1}}) \\ &= \mathscr{F}(W\cap U_{\lambda_0}\cap\cdots\cap U_{\lambda_{q-1}})\end{aligned}$$

とおくと，$\kappa\alpha=\{(\kappa\alpha)_{\lambda_0\cdots\lambda_{q-1}}\}\in C^{q-1}(\mathfrak{U}\cap W, \mathscr{F})$ とみなせる．$\kappa\alpha$ の定める芽 $(\kappa\alpha)_x\in\mathscr{C}^{q-1}(\mathfrak{U}, \mathscr{F})_x$ は α_x のみに依存し，α のとり方によらないことが示せるから，$\kappa(\alpha_x)=(\kappa\alpha)_x$ とおけば κ が定まる．計算により

$$\partial^{q-1}\cdot\kappa^q(\alpha_x)+\kappa^{q+1}\cdot\partial^q(\alpha_x)=\alpha_x$$

となるから，$\partial^q(\alpha_x)=0$ ならば $\beta_x=\kappa^q(\alpha_x)$ とおけば $\alpha_x=\partial^{q-1}\beta_x$．$x$ は任意の点でよかったから

$$\mathscr{C}^{q-1}(\mathfrak{U}, \mathscr{F}) \xrightarrow{\partial^{q-1}} \mathscr{C}^q(\mathfrak{U}, \mathscr{F}) \xrightarrow{\partial^q} \mathscr{C}^{q+1}(\mathfrak{U}, \mathscr{F})$$

は完全．　　（証終）

補題 15.12　$\mathscr{F}$ が軟弱層ならば，$\mathscr{C}^q(\mathfrak{U}, \mathscr{F})$　$(q=0, 1, 2, \cdots)$　も軟弱層である．

証明　開集合 $U\subset X$ について

$$\mathscr{C}^q(\mathfrak{U}, \mathscr{F})(U) = C^q(\mathfrak{U}\cap U, \mathscr{F}) = \Pi\,\mathscr{F}(U\cap U_{\lambda_0}\cap\cdots\cap U_{\lambda_q})$$

である．ただし，直積 Π は要素の数が $q+1$ 個の Λ の部分集合 $\{\lambda_0, \cdots, \lambda_q\}$ 全

体にわたる.

$\mathscr{F}$ が軟弱ならば，$\mathscr{F}|_{U_{\lambda_0}\cap\cdots\cap U_{\lambda_q}}$ も軟弱だから

$$\mathrm{res}: \mathscr{F}(U_{\lambda_0}\cap\cdots\cap U_{\lambda_q})\to\mathscr{F}(U\cap U_{\lambda_0}\cap\cdots\cap U_{\lambda_q})$$

は全射.

$$\mathscr{C}^q(\mathfrak{U}, \mathscr{F})(X)=\Pi\mathscr{F}(U_{\lambda_0}\cap\cdots\cap U_{\lambda_q})$$

だから

$$\mathscr{C}^q(\mathfrak{U}, \mathscr{F})(X)\to\mathscr{C}^q(\mathfrak{U}, \mathscr{F})(U)$$

は全射になる.　　　　　　　　　　　　　　　　　　　　　　　　（証終）

定理 15.8 の証明　$\mathscr{F}$ を軟弱層とする．補題 15.12 により，$\mathscr{C}^q(\mathfrak{U}, \mathscr{F})$ $(q=0, 1, 2, \cdots)$ は軟弱層．すると公理 15.6 の証明で行ったように，命題 15.3, 命題 15.2 を使えば

$$0\to\mathscr{F}(X)\xrightarrow{\varepsilon(X)}\mathscr{C}^0(\mathfrak{U}, \mathscr{F})(X)\xrightarrow{\partial^0(X)}\mathscr{C}^1(\mathfrak{U}, \mathscr{F})(X)\to\cdots$$

が完全であることがでる．$\mathscr{C}^q(\mathfrak{U}, \mathscr{F})(X)=C^q(\mathfrak{U}, \mathscr{F})$ であるから

$$0\to\mathscr{F}(X)\xrightarrow{\varepsilon}C^0(\mathfrak{U}, \mathscr{F})\xrightarrow{\partial^0}C^1(\mathfrak{U}, \mathscr{F})\to\cdots$$

が完全列であることになる．いいかえれば

$$H^i(\mathfrak{U}, \mathscr{F})=0 \qquad (i>0)$$

だから

$$H^i(X, \mathscr{F})=\varinjlim_{\mathfrak{U}} H^i(\mathfrak{U}, \mathscr{F})=0 \qquad (i>0).$$

（証終）

系 15.13　X をパラコンパクト，ハウスドルフ空間とする．X 上のアーベル群の層について，チェック・コホモロジーと軟弱層による標準的分解を用いて定義したコホモロジーとは一致する.

§16.　細層と細層による分解

コホモロジー群を実際に計算してみようとすると，帰納的極限をとるチェック・コホモロジーや標準的分解による方法では手続きが複雑すぎてとても実行できない．もっとうまい方法を考えてみよう.

定理 16.1　$0\to\mathscr{F}\xrightarrow{\varepsilon}\mathscr{S}^0\xrightarrow{d^0}\mathscr{S}^1\xrightarrow{d^1}\cdots\xrightarrow{d^{p-1}}\mathscr{S}^p\xrightarrow{d^p}\cdots$

を位相空間 X 上のアーベル群の層の完全列とする.

$$H^q(X, \mathscr{S}^p)=0 \qquad (q>0,\ p\geq 0)$$

ならば

$$H^p(X, \mathscr{F})$$
$$\cong \mathrm{Ker}(d^p(X) : \mathscr{S}^p(X) \to \mathscr{S}^{p+1}(X))/\mathrm{Im}(d^{p-1}(X) : \mathscr{S}^{p-1}(X) \to \mathscr{S}^p(X)),$$

ただし，$p=0$ のときは $\mathscr{S}^{-1}=0$, $d^{-1}=0$ と考える．

証明 簡単のため X を略して $H^p(\mathscr{F})$ などと書く．

$p=0$ のとき： $0 \to \mathscr{F}(X) \to \mathscr{S}^0(X) \to \mathscr{S}^1(X)$

は完全だから，$\mathscr{F}(X)=H^0(X, \mathscr{F}) \cong \mathrm{Ker}(\mathscr{S}^0(X) \to \mathscr{S}^1(X))$.

$p=1$ のとき： $\mathscr{R}^1=\mathrm{Im}(\mathscr{S}^0 \to \mathscr{S}^1)$ とおく．すると

$$0 \to \mathscr{F} \to \mathscr{S}^0 \to \mathscr{R}^1 \to 0,$$
$$0 \to \mathscr{R}^1 \to \mathscr{S}^1 \to \mathscr{S}^2$$

は完全．そこで

$$0 \to \mathscr{F}(X) \to \mathscr{S}^0(X) \to \mathscr{R}^1(X) \to H^1(\mathscr{F}) \to H^1(\mathscr{S}^0) \overset{\text{仮定}}{=} 0,$$
$$0 \to \mathscr{R}^1(X) \to \mathscr{S}^1(X) \to \mathscr{S}^2(X)$$

は完全．これより

$$H^1(\mathscr{F}) \cong \mathscr{R}^1(X)/\mathrm{Im}(\mathscr{S}^0(X) \to \mathscr{R}^1(X)).$$

ところが

$$\mathscr{R}^1(X) \cong \mathrm{Ker}(\mathscr{S}^1(X) \to \mathscr{S}^2(X)),$$
$$\mathrm{Im}(\mathscr{S}^0(X) \to \mathscr{R}^1(X)) \cong \mathrm{Im}(\mathscr{S}^0(X) \to \mathscr{S}^1(X)).$$

結局

$$H^1(\mathscr{F}) \cong \mathrm{Ker}(\mathscr{S}^1(X) \to \mathscr{S}^2(X))/\mathrm{Im}(\mathscr{S}^0(X) \to \mathscr{S}^1(X)).$$

$p\geq 2$ のとき： $\mathscr{R}^p=\mathrm{Im}(d^{p-1} : \mathscr{S}^{p-1} \to \mathscr{S}^p)$ とおくと

$$0 \to \mathscr{R}^{p-1} \to \mathscr{S}^{p-1} \to \mathscr{R}^p \to 0,$$
$$0 \to \mathscr{R}^p \to \mathscr{S}^p \to \mathscr{S}^{p+1}$$

は完全．これより上と同様にして

$$H^1(\mathscr{R}^{p-1}) \cong \mathrm{Ker}(\mathscr{S}^p(X) \to \mathscr{S}^{p+1}(X))/\mathrm{Im}(\mathscr{S}^{p-1}(X) \to \mathscr{S}^p(X)).$$

一方，$0 \leq r < p-1$ について

$$0 \to \mathscr{R}^r \to \mathscr{S}^r \to \mathscr{R}^{r+1} \to 0$$

は完全（ただし $\mathscr{R}^0=\mathscr{F}$）．

$$0=H^{p-r-1}(\mathscr{S}^r) \to H^{p-r-1}(\mathscr{R}^{r+1}) \to H^{p-r}(\mathscr{R}^r) \to H^{p-r}(\mathscr{S}^r)=0$$

も完全．$\mathscr{S}^r$ のコホモロジーが消えることは仮定による．つまり，$H^{p-r}(\mathscr{R}^r)\cong H^{p-r-1}(\mathscr{R}^{r+1})$．結局

$$H^p(\mathscr{F})\cong H^{p-1}(\mathscr{R}^1)\cong H^{p-2}(\mathscr{R}^2)\cong\cdots\cong H^1(\mathscr{R}^{p-1})$$
$$\cong \mathrm{Ker}\,(\mathscr{S}^p(X)\to\mathscr{S}^{p+1}(X))/\mathrm{Im}\,(\mathscr{S}^{p-1}(X)\to\mathscr{S}^p(X)).\qquad\text{（証終）}$$

そこで定理の仮定を満たすような層 $\mathscr{S}$ が存在するかどうかが問題になる．軟弱層は1つの例であるが，もっと扱いやすいものがある．

定義 16.2　パラコンパクト，ハウスドルフ空間 X 上のアーベル群の層 $\mathscr{S}$ が**細層**であるとは，X の局所有限な開被覆 $\mathfrak{U}=\{U_\lambda\}_{\lambda\in\Lambda}$ に対して，必ず次の性質を満たす準同型 $\varphi_\lambda:\mathscr{S}\to\mathscr{S}$ の族 $\{\varphi_\lambda\}_{\lambda\in\Lambda}$ が存在することである．

（1）　すべての $\lambda\in\Lambda$ に対して，閉集合 $F_\lambda\subset U_\lambda$ が存在して，$x\notin F_\lambda$ ならば φ_λ が茎にひき起こす写像 $\mathscr{S}_x\to\mathscr{S}_x$ は0-写像．

（2）　$\mathfrak{U}$ が局所有限であることにより，和 $\sum_{\lambda\in\Lambda}\varphi_\lambda:\mathscr{S}\to\mathscr{S}$ が考えられるが，これは層 $\mathscr{S}$ の恒等写像に一致する．

以下この節の終わりまで X はパラコンパクト，ハウスドルフ空間であると仮定する．

定理 16.3　$\mathscr{S}$ が X 上の細層ならば $H^q(X,\mathscr{S})=0\;\;(q>0)$．

証明　チェック・コホモロジーを使って計算することにして，局所有限な開被覆 $\mathfrak{U}=\{U_\lambda\}_{\lambda\in\Lambda}$ と $q>0$ について $H^q(\mathfrak{U},\mathscr{S})=0$ を示せばよい．

$$\kappa^q:C^q(\mathfrak{U},\mathscr{S})\to C^{q-1}(\mathfrak{U},\mathscr{S})$$

を次のように定めよう．$h=\{h_{\lambda_0\cdots\lambda_q}\}$，$h_{\lambda_0\cdots\lambda_q}\in\mathscr{S}(\overbrace{U_{\lambda_0}\cap\cdots\cap U_{\lambda_q}}^{(q+1)\text{個}})$ が与えられたとする．

$$(\kappa h)_{\lambda_0\cdots\lambda_{q-1}}=\sum_{\lambda\in\Lambda}\tilde{h}_{\lambda\lambda_0\cdots\lambda_{q-1}}.$$

ただし $\tilde{h}_{\lambda\lambda_0\cdots\lambda_{q-1}}\in\mathscr{S}(\underbrace{U_{\lambda_0}\cap\cdots\cap U_{\lambda_{q-1}}}_{q\text{個}})$ は，それの $\mathscr{S}(U_\lambda\cap U_{\lambda_0}\cap\cdots\cap U_{\lambda_{q-1}})$ への res の像は $\varphi_\lambda(h_{\lambda\lambda_0\cdots\lambda_{q-1}})$，$\mathscr{S}((X\backslash F_\lambda)\cap U_{\lambda_0}\cap\cdots\cap U_{\lambda_{q-1}})$ への res の像は0とすることにより定める．$\mathfrak{U}$ は局所有限だから，$\sum_{\lambda\in\Lambda}$ が意味をもつ．$\kappa(h)=\{(\kappa h)_{\lambda_0\cdots\lambda_{q-1}}\}$ とおく．計算により $\kappa^{q+1}\partial^q(h)+\partial^{q-1}\kappa^q(h)=h$．これより $H^q(\mathfrak{U},\mathscr{S})=0\;\;(q>0)$ が従う．　　　　（証終）

定理 16.4　X を $\boldsymbol{R}^m$ の開集合とする．実数値 C^∞-級関数のつくる X 上の層 $\mathscr{C}$ は細層である．また任意の $\mathscr{C}$-加群は細層である．

注意 16.5 X は C^∞-級多様体でもよい.

証明 $\mathscr{C}$ は $\mathscr{C}$-加群だから後半を示せばよい. $\mathscr{S}$ を $\mathscr{C}$-加群とする. 局所有限な開被覆 $\mathfrak{U}=\{U_\lambda\}_{\lambda\in\Lambda}$ に対して, それに随伴した1の分割 $\{\alpha_\lambda\}_{\lambda\in\Lambda}$, ただし $\alpha_\lambda: X\to \boldsymbol{R}$ は C^∞-級関数で $\overline{\{x\in X\,|\,\alpha_\lambda(x)\neq 0\}}\subset U_\lambda$, $\alpha_\lambda(x)\geq 0$, $\sum_{\lambda\in\Lambda}\alpha_\lambda(x)=1$ がある. $\varphi_\lambda: \mathscr{S}\to\mathscr{S}$ を $s\in\mathscr{S}(U)$ に対して $\alpha_\lambda s\in\mathscr{S}(U)$ を対応させることにより定めれば定義の条件を満たす.

定理 16.6 (ポアンカレ(Poincaré)の補題) K は実数体 $\boldsymbol{R}$ または複素数体 $\boldsymbol{C}$ のいずれかを表すとする. X は $\boldsymbol{R}^m$ の開集合, $\mathscr{E}^p$ は X 上の K に値をもつ $\boldsymbol{p}$ **次(微分)形式**のつくる層とする. すると

$$0\to K\to\mathscr{E}^0\xrightarrow{d}\mathscr{E}^1\xrightarrow{d}\cdots\xrightarrow{d}\mathscr{E}^{m-1}\xrightarrow{d}\mathscr{E}^m\to 0$$

は層の完全列である. ここで, K により, X 上の K に値をとる局所定数関数のつくる層を表した.

注意 X は C^∞-級多様体であると仮定してもよい. また p 次形式 φ とは, 形式的な和

$$\varphi=\frac{1}{p!}\sum_{\nu_1,\nu_2,\cdots,\nu_p=1}^{m}\varphi_{\nu_1\nu_2\cdots\nu_p}dx^{\nu_1}\wedge dx^{\nu_2}\wedge\cdots\wedge dx^{\nu_p}$$

($\varphi_{\nu_1\nu_2\cdots\nu_p}$ は X 上の K 値 C^∞-級関数, $\boldsymbol{x}^1,\cdots,\boldsymbol{x}^m$ は $\boldsymbol{R}^m$ の座標関数)のことである. ただし

(1) $\{1,2,\cdots,p\}$ の置換 σ に対して

$$dx^{\nu_1}\wedge dx^{\nu_2}\wedge\cdots\wedge dx^{\nu_p}=\mathrm{sign}(\sigma)\,dx^{\nu_{\sigma(1)}}\wedge dx^{\nu_{\sigma(2)}}\wedge\cdots\wedge dx^{\nu_{\sigma(p)}},$$

(2) $\nu_1,\cdots,\nu_p$ の中に等しいものがあるときには $dx^{\nu_1}\wedge dx^{\nu_2}\wedge\cdots\wedge dx^{\nu_p}=0$,

(3) $dx^{\nu_1}\wedge\cdots\wedge dx^{\nu_p}$ の形の記号の間には (1), (2) 以外の関係式は存在しない,

と了解する. また

$$d\varphi=\frac{1}{p!}\sum_{\nu_1,\cdots,\nu_p}\sum_{\lambda=1}^{m}\frac{\partial\varphi_{\nu_1\cdots\nu_p}}{\partial x^\lambda}dx^\lambda\wedge dx^{\nu_1}\wedge\cdots\wedge dx^{\nu_p}$$

である.

定理 16.6 の証明 $\mathscr{E}^0$ は C^∞-級関数のつくる層にほかならない. C^∞-級関数 φ に対して, $d\varphi=0\Longleftrightarrow\partial\varphi/\partial x^1=\cdots=\partial\varphi/\partial x^m=0\Longleftrightarrow\varphi$ は局所定数関数. したがって $0\to K\to\mathscr{E}^0\to\mathscr{E}^1$ は完全.

p 次形式 φ に対して，$dd\varphi=0$ となることが，定義に従って計算すればわかる．これは各 p について．$\mathrm{Ker}(d: \varepsilon^p \to \varepsilon^{p+1}) \supset \mathrm{Im}(d: \varepsilon^{p-1} \to \varepsilon^{pp})$ を示す．逆の包含関係は次の補題による．（証終）

補題 16.7　整数 $p \geq 1$ について，$c^1, \cdots, c^m \in \boldsymbol{R}$ とするとき，$U=\{(x^1, \cdots, x^m) \in \boldsymbol{R}^m \,\big|\, |x^i| < c^i (1 \leq i \leq m)\}$ 上の p 次形式 φ が $d\varphi=0$ を満たせば，$\varphi=d\psi$ となる U 上の（$p-1$）次形式 ψ が存在する．

証明
$$\varphi=\frac{1}{p!}\sum_{\nu_1, \nu_2, \cdots, \nu_p} \varphi_{\nu_1\nu_2\cdots\nu_p} dx^{\nu_1} \wedge \cdots \wedge dx^{\nu_p}.$$
ただしここで，置換 σ については，$\varphi_{\nu_{\sigma(1)}\nu_{\sigma(2)}\cdots\nu_{\sigma(p)}}=\mathrm{sign}(\sigma)\varphi_{\nu_1\nu_2\cdots\nu_p}$ とする．$(1/p!)\sum_{\sigma\in\mathfrak{S}_p}\mathrm{sign}(\sigma)\varphi_{\nu_{\sigma(1)}\cdots\nu_{\sigma(2)}}$ を改めて $\varphi_{\nu_1\cdots\nu_p}$ と置き直すことにより，このように仮定できる（$\mathfrak{S}_p$ は p 次対称群）．

s で φ の表示に実際に現れる dx^{ν_α} の ν_α の最大値を表す．s についての帰納法で証明する．

$s<p$ のとき：　必然的に $\varphi=0$ である．$\psi=0$ に対して $d\psi=\varphi$ となる．

$s \geq p$ のとき：
$$\varphi=\frac{1}{p!}\sum_{\nu_1, \nu_2, \cdots, \nu_p=1}^{s-1} \varphi_{\nu_1\nu_2\cdots\nu_p} dx^{\nu_1} \wedge \cdots \wedge dx^{\nu_p}$$
$$+\frac{1}{(p-1)!}\sum_{\nu_2, \nu_3, \cdots, \nu_p=1}^{s-1} \varphi_{s\nu_2\nu_3\cdots\nu_p} dx^s \wedge dx^{\nu_2} \wedge \cdots \wedge dx^{\nu_p}.$$
$d\varphi=0$ より $\lambda \geq s+1$ のとき $\partial\varphi_{\nu_1\cdots\nu_p}/\partial x^\lambda=0$．つまり $\varphi_{\nu_1\cdots\nu_p}$ は $x^1, \cdots, x^s$ にのみ依存する．
$$\omega_{\nu_2\cdots\nu_p}=\int_0^{x^s} \varphi_{s\nu_2\cdots\nu_p}(x^1, \cdots, x^{s-1}, t)\,dt,$$
$$\omega=\frac{1}{(p-1)!}\sum_{\nu_2, \cdots, \nu_p=1}^{s-1} \omega_{\nu_2\cdots\nu_p} dx^{\nu_2} \wedge \cdots \wedge dx^{\nu_p}$$
とおく．
$$d\omega=\frac{1}{(p-1)!}\sum_{\nu_1=1}^{s-1}\sum_{\nu_2, \cdots, \nu_p=1}^{s-1} \frac{\partial\omega_{\nu_2\cdots\nu_p}}{\partial x^{\nu_1}} dx^{\nu_1} \wedge dx^{\nu_2} \wedge \cdots \wedge dx^{\nu_p}$$
$$+\frac{1}{(p-1)!}\sum_{\nu_2, \cdots, \nu_p=1}^{s-1} \frac{\partial\omega_{\nu_2\cdots\nu_p}}{\partial x^s} dx^s \wedge dx^{\nu_2} \wedge \cdots \wedge dx^{\nu_p}$$
$$=\frac{1}{(p-1)!}\sum_{\nu_1, \nu_2, \cdots, \nu_p=1}^{s-1} \frac{\partial\omega_{\nu_2\cdots\nu_p}}{\partial x^{\nu_1}} dx^{\nu_1} \wedge dx^{\nu_2} \wedge \cdots \wedge dx^{\nu_p}$$
$$+\frac{1}{(p-1)!}\sum_{\nu_2, \cdots, \nu_p=1}^{s-1} \varphi_{s\nu_2\cdots\nu_p} dx^s \wedge dx^{\nu_2} \wedge \cdots \wedge dx^{\nu_p}$$

だから $\varphi'=\varphi-d\omega$ とおくと φ' については s の値が小さくなる．帰納法の仮定により，U 上の $(p-1)$ 次形式 ψ' があり，$\varphi'=d\psi'$．$\psi=\psi'+\omega$ とおけば $d\psi=d\psi'+d\omega=\varphi'+d\omega=\varphi$. （証終）

系 16.8 定理 16.6 の設定の下で

$H^p(X, K)$

$\cong$ {X 上の p 次形式 φ ただし $d\varphi=0$} / {$\varphi=d\psi|\psi$ は X 上の $(p-1)$ 次形式}.

証明 定理 16.4 により $\mathscr{E}^p(p=0,1,2,\cdots)$ は細層である．定理 16.3, 16.6 により，定理 16.1 の仮定が満たされることになる． （証終）

定理 16.1 が使えるもう 1 つの重要例を示すため，いくらか準備をしよう．

補題 16.9 C^n の開集合 U で定義された C^1-級関数 $f(z^1,\cdots,z^n)$ が，各整数 $k(1\leq k\leq n)$ について，$z^1,\cdots,z^{k-1},z^{k+1},\cdots,z^n$ を止めたとき，$z^k\longmapsto f(z^1,\cdots,z^{k-1},z^k,z^{k+1},\cdots,z^n)$ が必ず 1 変数関数として正則関数になるならば，f は U の各点の近傍で収束べき級数に展開される．つまり，U 上正則である．

証明 $w=(w^1,\cdots,w^n)\in U$ に対して，$r\in \boldsymbol{R}_+$ を $\bar{\varDelta}=\{(\zeta^1,\cdots,\zeta^n)\in \boldsymbol{C}^n \,\big|\, |\zeta^i-w^i|\leq r\,(1\leq i\leq n)\}\subset U$ となるようにとれば，$\bar{\varDelta}$ の内部 $\varDelta$ の点 z については，コーシーの積分公式をくり返して使って

$$f(z)=\left(\frac{1}{2\pi\sqrt{-1}}\right)^n\int_{|\zeta^1-w^1|=r}\frac{d\zeta^1}{\zeta^1-z^1}\int_{|\zeta^2-w^2|=r}\frac{d\zeta^2}{\zeta^2-z^2}\cdots\int_{|\zeta^n-w^n|=r}\frac{d\zeta^n}{\zeta^n-z^n}f(\zeta).$$

これは 1 個の多重積分に直って

$$f(z)=\left(\frac{1}{2\pi\sqrt{-1}}\right)^n\int_{|\zeta^i-w^i|=r}\frac{f(\zeta)\,d\zeta^1\cdots d\zeta^n}{(\zeta^1-z^1)\cdots(\zeta^n-z^n)},$$

ところが

$$\frac{1}{(\zeta^1-z^1)\cdots(\zeta^n-z^n)}=\sum_{\nu_1,\cdots,\nu_n=0}^{\infty}\frac{(z^1-w^1)^{\nu_1}\cdots(z^n-w^n)^{\nu_n}}{(\zeta^1-w^1)^{\nu_1+1}\cdots(\zeta^n-w^n)^{\nu_n+1}},$$

そこで

$$a_{\nu_1\cdots\nu_n}=\left(\frac{1}{2\pi\sqrt{-1}}\right)^n\int_{|\zeta^i-w^i|=r}\frac{f(\zeta)\,d\zeta^1\cdots d\zeta^n}{(\zeta^1-w^1)^{\nu_1+1}\cdots(\zeta^n-w^n)^{\nu_n+1}}$$

とおくと，無限和と積分の順序が交換されることが容易にわかるから，$z\in\varDelta$ について

$$f(z)=\sum_{\nu_1,\cdots,\nu_n=0}^{\infty}a_{\nu_1\cdots\nu_n}(z^1-w^1)^{\nu_1}\cdots(z^n-w^n)^{\nu_n}.$$
（証終）

$z^1,\cdots,z^n$ を $\boldsymbol{C}^n$ の座標関数とする．$z^i=x^i+\sqrt{-1}\,y^i$ と実部と虚部に分けて書く．$\boldsymbol{C}^n$ の開集合 U 上の複素数値 C^1-級関数 f について

$$\frac{\partial f}{\partial z^i}=\frac{1}{2}\left(\frac{\partial f}{\partial x^i}-\sqrt{-1}\,\frac{\partial f}{\partial y^i}\right),\qquad \frac{\partial f}{\partial \bar z^i}=\frac{1}{2}\left(\frac{\partial f}{\partial x^i}+\sqrt{-1}\,\frac{\partial f}{\partial y^i}\right).$$

補題 16.10　$U\subset\boldsymbol{C}^n$ 上の複素数値 C^1-級関数 f が正則 $\Longleftrightarrow \partial f/\partial\bar z^i=0$ $(1\le i\le n)$.

証明　$\partial f/\partial\bar z^i=0$ $(1\le i\le n)$ と補題 16.9 の仮定が同値であることをいえばよい．$f(z)=u(z)+\sqrt{-1}\,v(z)$ と実部と虚部に分けて書くと次式となる．

$$2\frac{\partial f}{\partial\bar z^i}=\left(\frac{\partial u}{\partial x^i}-\frac{\partial v}{\partial y^i}\right)+\sqrt{-1}\left(\frac{\partial u}{\partial y^i}+\frac{\partial v}{\partial x^i}\right)$$

$\partial f/\partial\bar z^i=0$ は関数 $z^i\longmapsto f(z^1,\cdots,z^i,\cdots,z^n)$ がコーシー・リーマン方程式を満たすことを示す．これが正則性と同値であることはよく知られている．（証終）

形式的な和

$$\varphi=\frac{1}{p!\,q!}\sum_{\nu_1,\nu_2,\cdots,\nu_p=1}^{n}\ \sum_{\mu_1,\mu_2,\cdots,\mu_q=1}^{n}\varphi_{\nu_1\cdots\nu_p,\bar\mu_1\cdots\bar\mu_q}dz^{\nu_1}\wedge\cdots\wedge dz^{\nu_p}\wedge d\bar z^{\mu_1}\wedge\cdots\wedge d\bar z^{\mu_q}$$

を開集合 $U\subset\boldsymbol{C}^n$ 上の $(\boldsymbol{p},\boldsymbol{q})$**-形式**といった．ここで，$\varphi_{\nu_1\cdots\nu_p,\bar\mu_1\cdots\bar\mu_q}$ は U 上の複素数値 C^∞-級関数である．また

（1）　$\{z^{\nu_1},\cdots,z^{\nu_p},\ \bar z^{\mu_1},\cdots,\bar z^{\mu_q}\}$ の置換 σ に対して

$$dz^{\nu_1}\wedge\cdots\wedge dz^{\nu_p}\wedge d\bar z^{\mu_1}\wedge\cdots\wedge d\bar z^{\mu_q}$$
$$=\mathrm{sign}(\sigma)\,d\sigma(z^{\nu_1})\wedge\cdots\wedge d\sigma(z^{\nu_p})\wedge d\sigma(\bar z^{\mu_1})\wedge\cdots\wedge d\sigma(\bar z^{\mu_q}),$$

（2）　$\{\nu_1,\cdots,\nu_p\}$，または $\{\mu_1,\cdots,\mu_q\}$ の中に等しいものがあれば，$dz^{\nu_1}\wedge\cdots\wedge dz^{\nu_p}\wedge d\bar z^{\mu_1}\wedge\cdots\wedge d\bar z^{\mu_q}=0$．そして，$dz^{\nu_1}\wedge\cdots\wedge d\bar z^{\mu_q}$ の形の記号の間には（1），（2）以外の関係はないものと了解するのだった．

(p,q)-形式 φ に対して

$$\partial\varphi=\frac{1}{p!\,q!}\sum_{\nu_\alpha}\sum_{\mu_\beta}\sum_{\lambda=1}^{n}\frac{\partial\varphi_{\nu_1\cdots\nu_p,\bar\mu_1\cdots\bar\mu_q}}{\partial z^\lambda}dz^\lambda\wedge dz^{\nu_1}\wedge\cdots\wedge dz^{\nu_p}\wedge d\bar z^{\mu_1}\wedge\cdots\wedge d\bar z^{\mu_q},$$

$$\bar\partial\varphi=\frac{1}{p!\,q!}\sum_{\nu_\alpha}\sum_{\mu_\beta}\sum_{\lambda=1}^{n}\frac{\partial\varphi_{\nu_1\cdots\nu_p,\mu_1\cdots\mu_q}}{d\bar z^\lambda}d\bar z^\lambda\wedge dz^{\nu_1}\wedge\cdots\wedge dz^{\nu_p}\wedge d\bar z^{\mu_1}\wedge\cdots\wedge d\bar z^{\mu_q}$$

であった．$\partial\varphi$ は $(p+1,\ q)$ 形式，$\bar\partial\varphi$ は $(p,q+1)$ 形式である．

定義 16.11 $(p, 0)$-形式 φ について $\varphi_{\nu_1\cdots\nu_p}$ がすべて正則関数であるようにとれるとき，φ を**正則 $\boldsymbol{p}$ 次形式**という.

補題 16.12 $(p, 0)$-形式 φ について $\bar{\partial}\varphi=0 \Longleftrightarrow \varphi$ は正則 p 次形式.

証明 $\varphi_{\nu_1\cdots\nu_p}$ を $\{1, 2, \cdots, p\}$ の置換 σ に対して $\varphi_{\nu_{\sigma(1)}\cdots\nu_{\sigma(p)}}=\mathrm{sign}(\sigma)\varphi_{\nu_1\cdots\nu_p}$ を満たすように選ぶ. これは可能である.

$$\frac{1}{p!}\sum_{\sigma\in\mathfrak{S}_p}\mathrm{sign}(\sigma)\varphi_{\nu_{\sigma(1)}\cdots\nu_{\sigma(p)}} \qquad (\mathfrak{S}_p \text{ は } \{1, 2, \cdots, p\} \text{ 上の対称群})$$

を新たに $\varphi_{\nu_1\cdots\nu_p}$ と置き直せばよいのである. このとき $\bar{\partial}\varphi=0 \Longleftrightarrow$ すべての $\nu_1, \cdots, \nu_p$ について $\bar{\partial}\varphi_{\nu_1\cdots\nu_p}=0$. 補題 16.9 によれば $\varphi_{\nu_1\cdots\nu_p}$ は正則関数である.

（証終）

補題 16.13 f は $\boldsymbol{C}$ の有界領域 U 上の C^∞-級関数であり， $|f(z)|$ は有界であるとする.

$$g(z)=\frac{1}{2\pi\sqrt{-1}}\iint_U f(\zeta)\frac{d\zeta\wedge d\bar{\zeta}}{\zeta-z}$$
$$=-\frac{1}{\pi}\iint_U f(\zeta)\frac{d\xi d\eta}{\zeta-z} \qquad (\zeta=\xi+\sqrt{-1}\eta)$$

とおくと $g(z)$ は U 上で C^∞-級であり，

$$\frac{\partial g}{\partial\bar{z}}=f.$$

証明 C^∞-級関数 $\rho(r)$ を

$$\rho(r)=\begin{cases}1, & 0<r<2\varepsilon,\\ 0, & r\geq 3\varepsilon\end{cases}$$

となるように選んでおく. ただし，ε は十分小さい正の数である. 点 $w\in U$

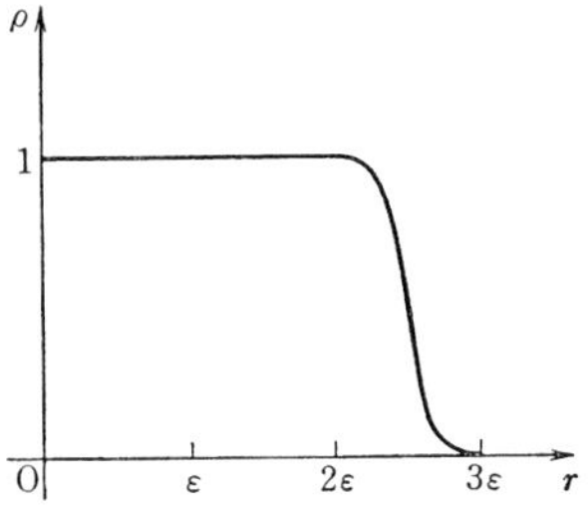

図 18

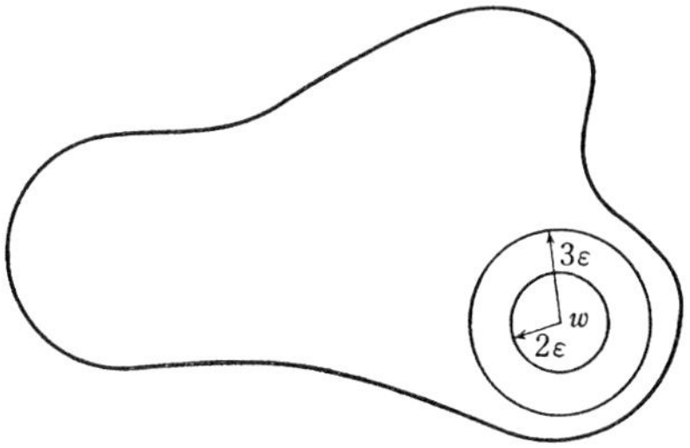

図 19

$\subset \boldsymbol{C}$ を固定する.

$$f_1(z)=\rho(|z-w|)f(z), \qquad f_2(z)=(1-\rho(|z-w|))f(z)$$

とおく. f_1, f_2 は U 上の C^∞-関数で, $f(z)=f_1(z)+f_2(z)$, $|z-w|\geq 3\varepsilon$ のとき $f_1(z)=0$, $|z-w|\leq 2\varepsilon$ のとき $f_2(z)=0$. f_1 は $\boldsymbol{C}\setminus U$ で 0 となるようにして $\boldsymbol{C}$ 上の関数に拡張しておく.

これに対応して $g(z)=g_1(z)+g_2(z)$ と分かれ

$$g_2(z)=-\frac{1}{\pi}\iint_{\substack{|\zeta-w|\geq 2\varepsilon\\ \zeta\in U}}\frac{f_2(\zeta)}{\zeta-z}d\xi d\eta.$$

$|z-w|<\varepsilon$ とすれば $|\zeta-w|\geq 2\varepsilon$ のとき $\left|\dfrac{z-w}{\zeta-w}\right|\leq\dfrac{1}{2}$ だから

$$\frac{1}{\zeta-z}=\sum_{\nu=0}^{\infty}\frac{(z-w)^\nu}{(\zeta-w)^{\nu+1}}$$

の無限和は一様収束である. だから

$$g_2(z)=\sum_{\nu=0}^{\infty}c_\nu(z-w)^\nu, \qquad c_\nu=-\frac{1}{\pi}\iint_{\substack{|\zeta-w|\geq 2\varepsilon\\ \zeta\in U}}\frac{f_2(\zeta)}{(\zeta-w)^{\nu+1}}d\xi d\eta$$

となり, $g_2(z)$ は $|z-w|<\varepsilon$ のとき z の正則関数.

一方, $u=\zeta-z$ とおくと

$$g_1(z)=\frac{1}{2\pi\sqrt{-1}}\iint_U f_1(\zeta)\frac{d\zeta\wedge d\bar\zeta}{\zeta-z}=\frac{1}{2\pi\sqrt{-1}}\iint_{\boldsymbol{C}} f_1(\zeta)\frac{d\zeta\wedge d\bar\zeta}{\zeta-z}$$
$$=\frac{1}{2\pi\sqrt{-1}}\iint_{\boldsymbol{C}} f_1(z+u)\frac{du\wedge d\bar u}{u}.$$

これより $g_1(z)$ は C^∞-級関数であることがわかり

$$\begin{aligned}\frac{\partial g_1(z)}{\partial\bar z}&=\frac{1}{2\pi\sqrt{-1}}\iint_{\boldsymbol{C}}\frac{\partial}{\partial\bar z}f_1(z+u)\frac{du\wedge d\bar u}{u}\\ &=\frac{1}{2\pi\sqrt{-1}}\iint_{\boldsymbol{C}}\frac{\partial}{\partial\bar u}f_1(z+u)\frac{du\wedge d\bar u}{u}\\ &=-\frac{1}{2\pi\sqrt{-1}}\iint_{\boldsymbol{C}}d\left(f_1(z+u)\frac{du}{u}\right)\\ &=-\frac{1}{2\pi\sqrt{-1}}\lim_{\delta\to 0}\iint_{\varDelta_\delta}d\left(f_1(z+u)\frac{du}{u}\right).\end{aligned}$$

ただし, $\varDelta_\delta=\{u\,|\,\delta<|u|<\rho\}$. ρ は $z\in U$, $|u|=\rho$ のとき $f_1(z+u)=0$ となる

ように十分大きくとっておく.

$$\frac{\partial g_1(z)}{\partial \bar{z}}=\frac{1}{2\pi\sqrt{-1}}\lim_{\delta\to 0}\int_{|u|=\delta} f_1(z+u)\frac{du}{u} \qquad (\text{ストークスの定理})$$

$$=\frac{1}{2\pi}\lim_{\delta\to 0}\int_0^{2\pi} f_1(z+\delta e^{\sqrt{-1}\,\theta})\,d\theta \qquad (u=\delta e^{\sqrt{-1}\,\theta})$$

$$=f_1(z).$$

$w\in U$ の近傍では $f_2=0$, $\partial g_2/\partial\bar{z}=0$ だから

$$\frac{\partial g(z)}{\partial\bar{z}}=f(z). \qquad (\text{証終})$$

補題 16.14 (ドルボー(Dolbeault)の補題) 閉多重円板 $\bar{\Delta}=\bar{\Delta}(r)=\{(z^1,\cdots,z^n)\in \boldsymbol{C}^n\,|\,|z^i|\leq r^i\ (1\leq i\leq n)\}$ の近傍で定義された (p,q)-形式 φ が $q\geq 1$ かつ $\bar{\partial}\varphi=0$ を満たせば, やはり $\bar{\Delta}$ の近傍で定義された $(p,q-1)$-形式 ψ が存在して, 共通の定義域で $\varphi=\bar{\partial}\psi$.

証明 $\varphi=\sum_{1\leq\nu_1<\cdots<\nu_p\leq n}\varphi_{\nu_1\cdots\nu_p}dz^{\nu_1}\wedge\cdots\wedge dz^{\nu_p}$, ただし $\varphi_{\nu_1\cdots\nu_p}$ は $(0,q)$-形式と書くと $\bar{\partial}\varphi=0\Longleftrightarrow$すべての $\nu_1,\cdots,\nu_p$, $1\leq\nu_1<\cdots<\nu_p\leq n$ について $\bar{\partial}\varphi_{\nu_1\cdots\nu_p}=0$. そして $\varphi_{\nu_1\cdots\nu_p}=\bar{\partial}\psi_{\nu_1\cdots\nu_p}$ と書けたなら $\psi=\sum_{1\leq\nu_1<\cdots<\nu_p\leq n}\psi_{\nu_1\cdots\nu_p}dz^{\nu_1}\wedge\cdots\wedge dz^{\nu_p}$ とおけば $\varphi=\bar{\partial}\psi$. したがって φ が $(0,q)$-形式のとき, 証明すればよい. そこで

$$\varphi=\frac{1}{q!}\sum_{\mu_1,\cdots,\mu_q=1}^{n}\varphi_{\bar{\mu}_1\cdots\bar{\mu}_q}d\bar{z}^{\mu_1}\wedge\cdots\wedge d\bar{z}^{\mu_q} \qquad (\varphi_{\bar{\mu}_1\cdots\bar{\mu}_q}\text{ は } C^\infty\text{-級関数})$$

とし, s を φ の表示に実際に現れる $d\bar{z}^{\mu_\beta}$ の μ_β の最大値として, s についての帰納法で証明する. $\varepsilon>0$ を十分小さくとれば, φ は $\Delta(r+\varepsilon)=\{(z^1,\cdots,z^n)\in \boldsymbol{C}^n\,\big|\,|z^i|<r^i+\varepsilon\ (1\leq i\leq n)\}$ 上で定義されているとしてよい.

$s<q$ のとき: 必然的に $\varphi=0$ となるから $\psi=0$ とおけば $\bar{\partial}\psi=\varphi$.

$s\geq q$ のとき:

$$\varphi=\frac{1}{q!}\sum_{\mu_1,\mu_2,\cdots,\mu_q=1}^{s-1}\varphi_{\bar{\mu}_1\cdots\bar{\mu}_q}d\bar{z}^{\mu_1}\wedge\cdots\wedge d\bar{z}^{\mu_q}$$
$$+\frac{1}{(q-1)!}\sum_{\mu_2,\mu_3,\cdots,\mu_q=1}^{s-1}\varphi_{\bar{s}\bar{\mu}_2\cdots\bar{\mu}_q}d\bar{z}^{s}\wedge d\bar{z}^{\mu_2}\wedge\cdots\wedge d\bar{z}^{\mu_q},$$

$\bar{\partial}\varphi=0$ より $\lambda\geq s+1$ のとき $\partial\varphi_{\bar{\mu}_1\bar{\mu}_2\cdots\bar{\mu}_q}/\partial\bar{z}^\lambda=0$.

$$g_{\mu_2\cdots\mu_q}=\frac{1}{2\pi\sqrt{-1}}\iint_{\Delta\left(r+\frac{\varepsilon}{2}\right)}\frac{\varphi_{\bar{s}\bar{\mu}_2\cdots\bar{\mu}_q}(z^1,\cdots,z^{s-1},\zeta,z^{s+1},\cdots,z^n)}{\zeta-z^s}d\zeta\wedge d\bar{\zeta}$$

とおくと $\dfrac{\partial g_{\bar\mu_2\cdots\bar\mu_q}}{\partial \bar z^s}=\varphi_{\bar s\bar\mu_2\cdots\bar\mu_q}$，そして $\lambda\geq s+1$ のとき，$\partial g_{\bar\mu_2\cdots\bar\mu_q}/\partial\bar z^\lambda=0$. そこで

$$\omega=\frac{1}{(q-1)\,!}\sum_{\mu_2,\cdots,\mu_q=1}^{s-1} g_{\bar\mu_1\cdots\bar\mu_q}d\bar z^{\mu_2}\wedge\cdots\wedge d\bar z^{\mu_q}$$

とおくと，これは $\varDelta\left(r+\dfrac{\varepsilon}{2}\right)$ 上定義された $(0, q-1)$-形式であって

$$\begin{aligned}\bar\partial\omega&=\frac{1}{(q-1)\,!}\sum_{\mu_2,\cdots,\mu_q=1}^{s-1}\sum_{\lambda=1}^{n}\frac{\partial g_{\bar\mu_2\cdots\bar\mu_q}}{\partial\bar z^\lambda}d\bar z^\lambda\wedge d\bar z^{\mu_2}\wedge\cdots\wedge d\bar z^{\mu_q}\\&=\frac{1}{(q-1)\,!}\sum_{\mu_1,\mu_2,\cdots,\mu_q=1}^{s-1}\frac{\partial g_{\bar\mu_2\cdots\bar\mu_q}}{\partial\bar z^{\mu_1}}d\bar z^{\mu_1}\wedge d\bar z^{\mu_2}\wedge\cdots\wedge d\bar z^{\mu_q}\\&\quad+\frac{1}{(q-1)\,!}\sum_{\mu_2,\cdots,\mu_q=1}^{s-1}\varphi_{\bar s\bar\mu_2\cdots\bar\mu_q}d\bar z^s\wedge d\bar z^{\mu_1}\wedge\cdots\wedge d\bar z^{\mu_q}.\end{aligned}$$

そこで

$$\varphi'=\varphi-\bar\partial\omega=\frac{1}{q!}\sum_{\mu_1,\mu_2,\cdots,\mu_q=1}^{s-1}\left(\varphi_{\bar\mu_1\cdots\bar\mu_q}-q\frac{\partial g_{\bar\mu_2\cdots\bar\mu_q}}{\partial\bar z^{\mu_1}}\right)d\bar z^{\mu_1}\wedge\cdots\wedge d\bar z^{\mu_q}$$

とおくと，これは $\varDelta\left(r+\dfrac{\varepsilon}{2}\right)$ 上定義された $(0, q)$-形式で $\bar\partial\varphi'=0$ であり，対応する s の値は小さくなる．帰納法の仮定より $\varDelta(r+\delta)$ $\left(\text{ただし } 0<\delta<\dfrac{\varepsilon}{2}\right)$ 上定義された $(0, q-1)$-形式 ψ' が存在して $\bar\partial\psi'=\varphi'$，$\psi=\psi'+\omega$ とおくと，これは $\varDelta(r+\delta)$ 上の $(0, q-1)$-形式で $\bar\partial\psi=\varphi$.　　　（証終）

系 16.15　X は $\boldsymbol{C}^n$ の開集合，$\mathscr{E}^{p,q}$ は X 上の (p, q)-形式のつくる層，Ω^q を X 上の正則 p 次形式のつくる層とする．このとき

$$0\to\Omega^p\to\mathscr{E}^{p,0}\xrightarrow{\bar\partial}\mathscr{E}^{p,1}\xrightarrow{\bar\partial}\cdots\xrightarrow{\bar\partial}\mathscr{E}^{p,n}\to 0$$

は層の完全列である．

注意　X は n 次元複素多様体であると仮定しても同様である．

系 16.16　上の設定の下で

$H^q(X, \Omega^p)\cong\{X$ 上の (p, q)-形式 φ. ただし $\bar\partial\varphi=0\}/\{\varphi=\bar\partial\psi\,|\,\psi$ は X 上の $(p, q-1)$-形式$\}$.

$r^1, \cdots, r^n$ を正の実数または ∞ とするとき，$\varDelta=\{(z^1, \cdots, z^n)\in\boldsymbol{C}^n\,\big|\,|z^i|<r^i\ (1\leq i\leq n)\}$ の形の集合を**多重円板**と呼ぶ．

定理 16.17　多重円板 $\varDelta$ 上の正則関数の層 $\mathscr{O}_\varDelta$ について

$$H^q(\varDelta, \mathscr{O}_\varDelta)=0\qquad(q>0).$$

証明　φ を $\varDelta$ 上の $(0, q)$-形式となる．$q\geq 1$ でかつ，$\bar\partial\varphi=0$ ならば，やは

り $\varDelta$ 上で定義された $(0, q-1)$-形式 ψ が存在して，$\bar{\partial}\psi=\varphi$ となることを示せばよい．

$\nu=1, 2, 3, \cdots$ に対して

$$r_\nu^i=\begin{cases}\dfrac{\nu}{\nu+1}r^i, & r^i<\infty \quad のとき,\\[2ex] \nu, & r^i=\infty \quad のとき.\end{cases}$$

そして $\varDelta_\nu=\{(z^1, \cdots, z^n)\in \boldsymbol{C}\,\big|\,|z^i|<r_\nu^i \ (1\leq i\leq n)\}$ とおく．$\bar{\varDelta}_\nu$ は有界，そして $\bar{\varDelta}_\nu\subset\varDelta_{\nu+1}$ であり，$\varDelta=\bigcup_{\nu=1}^{\infty}\varDelta_\nu$ となる．

$q\geq 2$ のとき： ν についての帰納法により，$\bar{\varDelta}_\nu$ の近傍で定義された微分形式 ψ_ν で（i）$\varphi=\bar{\partial}\psi_\nu$，そして，$\psi_{\nu+1}$ の $\varDelta_\nu$ への制限 $\psi_{\nu+1}|_{\varDelta_\nu}$ について（ii）$\psi_{\nu+1}|\varDelta_\nu=\psi_\nu$ を満たすものを構成する．ドルボーの補題より（i）を満たす ψ_1 は存在する．そこで（i），(ii) を満たす $\psi_1, \cdots, \psi_\nu$ が存在したとして，$\psi_{\nu+1}$ を構成する．

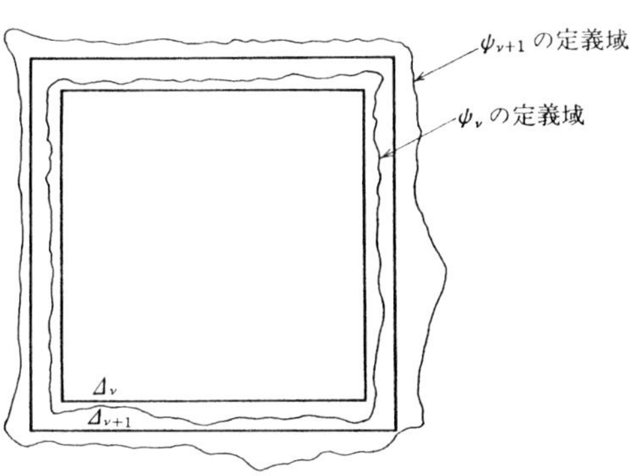

図 20

ドルボーの補題より，$\bar{\varDelta}_{\nu+1}$ の近傍で定義された微分形式 $\psi'_{\nu+1}$ があり，$\bar{\partial}\psi'_{\nu+1}=\varphi$ となる．$\bar{\varDelta}_\nu$ の近傍で $\bar{\partial}(\psi'_{\nu+1}-\psi_\nu)=\varphi-\varphi=0$．いま，$q-1\geq 1$ だから，再び $\bar{\varDelta}_\nu$ の近傍 U で定義された微分形式 θ があり，U 上で $\psi_{\nu+1}=\psi_\nu+\bar{\partial}\theta$ となる．$\sigma(z)$ を $\mathbf{C}^n$ 上の C^∞-級関数で

$$\sigma(z)=\begin{cases}1, & z\in\bar{\varDelta}_\nu,\\ 0, & z が \boldsymbol{C}^n\backslash U のある近傍に属するとき\end{cases}$$

となるものとする．$\sigma\theta$ は $\boldsymbol{C}^n$ 全体で定義された微分形式と考えられる．$\psi_{\nu+1}=\psi'_{\nu+1}-\bar{\partial}(\sigma\theta)$ とおくと，これは $\bar{\varDelta}_{\nu+1}$ の近傍で定義され，$\bar{\partial}\psi_{\nu+1}=\bar{\partial}\psi'_{\nu+1}=\varphi$．$\psi_{\nu+1}|\varDelta_\nu=\psi'_{\nu+1}|\varDelta_\nu-\bar{\partial}((\sigma\theta)|_{\varDelta_\nu})=\psi_\nu$．すべての ν について ψ_ν が定まったなら，$\varDelta$ 上の微分形式 ψ を $\psi|_{\varDelta_\nu}=\psi_\nu$ で定めれば $\bar{\partial}\psi=\varphi$．

$q=1$ のとき： 帰納法により C^∞-級関数 $\psi_1, \psi_2, \cdots, \psi_\nu, \cdots$ を（i）ψ_ν は $\bar{\varDelta}_\nu$

の近傍で定義されている．(ii) $\bar{\partial}\psi_\nu=\varphi$, (iii) $z\in\bar{\Delta}_\nu$ について必ず $|\psi_{\nu+1}(z)-\psi_\nu(z)|<2^{-\nu}$ を満たすように選ぶ．ドルボーの補題により (i), (ii) を満たす ψ_1 が存在する．だから $\psi_1,\cdots,\psi_\nu$ まで構成できたとして，$\psi_{\nu+1}$ をつくろう．まず，ドルボーの補題により $\bar{\Delta}_{\nu+1}$ の近傍で定義された C^∞-級関数 $\psi'_{\nu+1}$ があり，$\bar{\partial}\psi'_{\nu+1}=\varphi$. $\bar{\Delta}_\nu$ の近傍で $\bar{\partial}(\psi'_{\nu+1}-\psi_\nu)=\varphi-\varphi=0$. だから $P'=\psi'_{\nu+1}-\psi_\nu$ は $\bar{\Delta}_\nu$ の近傍上の正則関数である．P' の原点を中心とするべき級数展開の適当な部分和 P をとれば，P は多項式だから $\boldsymbol{C}^n$ 全域で定義され，なおかつ $z\in\bar{\Delta}_\nu$ について必ず，$|\psi'_{\nu+1}(z)-\psi_\nu(z)-P(z)|<2^{-\nu}$ となる．$\psi_{\nu+1}=\psi'_{\nu+1}-P$ とおくと $\psi_{\nu+1}$ は $\psi'_{\nu+1}$ と同じ定義域をもち，$\bar{\partial}\psi_{\nu+1}=\bar{\partial}\psi'_{\nu+1}=\varphi$.

次に，すべての ν について ψ_ν が定まったとして，Δ 上の C^∞-級関数 ψ を，$\psi(z)=\lim_{\nu\to\infty}\psi_\nu(z)$ により定める．$z\in\bar{\Delta}_\mu$ のとき $\psi_\mu(z),\psi_{\mu+1}(z),\cdots$ は定義され，条件 (iii) によりコーシー列となるから，$\psi(z)$ は確かに定義される．また $\bar{\Delta}_\mu$ 上で $\psi-\psi_\mu=\sum_{\nu=0}^\infty\psi_{\mu+\nu+1}-\psi_{\mu+\nu}$ であり，$\psi_{\mu+\nu+1}-\psi_{\mu+\nu}$ は正則関数で，無限和は一様収束するから，$\psi-\psi_\mu$ は Δ_μ 上正則．したがって Δ_μ 上で $\bar{\partial}\psi=\bar{\partial}\psi_\mu=\varphi$ である．μ は任意だから，ψ は Δ 上の C^∞-級関数で $\bar{\partial}\psi=\varphi$.　(証終)

上の証明の中で次の事実を使った．

補題 16.18　開集合 $U\subset\boldsymbol{C}^n$ 上の正則関数列 $f_m(z)$ が広義一様収束するのなら，極限関数 $f(z)$ は再び正則関数である．

証明　補題 16.9 の証明によれば，各点 $w=(w_1,\cdots,w_n)\in U$ の近傍で

$$f_m(z)=\left(\frac{1}{2\pi\sqrt{-1}}\right)^n\int_{|\zeta_i-w_i|=r_i}\frac{f_m(\zeta)\,d\zeta_1\cdots d\zeta_n}{(\zeta_1-z_1)\cdots(\zeta_n-z_n)}$$

と書ける．$f_m(z)$ が広義一様収束するのなら，$\lim_{m\to+\infty}$ と積分の順序を交換できるから，$f(z)=\lim_{m\to\infty}f_m(z)$ に対して

$$f(z)=\left(\frac{1}{2\pi\sqrt{-1}}\right)^n\int_{|\zeta_i-w_i|=r_i}\frac{f(\zeta)\,d\zeta_1\cdots d\zeta_n}{(\zeta_1-z_1)\cdots(\zeta_n-z_n)}.$$

再び補題 16.9 の証明をみれば，この等式から $f(z)$ が w の近傍で収束べき級数に展開されることがわかる．w は U の任意の点だったから，$f(z)$ は U 上の正則関数である．　(証終)

系 16.19　多重円板 Δ 上ではクザンの問題が解ける．

系 16.20 $H^p(\Delta, \mathcal{O}^*_\Delta)=0$ $(p>0)$. 特に Δ 上では乗法的クザンの問題が解ける.

証明 開集合 U 上の正則関数 $f\in\mathcal{O}_\Delta(U)$ に対して, $\exp(2\pi\sqrt{-1}f)$ は U 上の 0 にならない正則関数である. また $g\in\mathcal{O}^*_\Delta(U)$ について, U が単連結ならば, $\dfrac{1}{2\pi\sqrt{-1}}\log g\in\mathcal{O}_\Delta(U)$ が log の分枝を選ぶことにより定まる. これより,

$$0\to \boldsymbol{Z}\longrightarrow\mathcal{O}_\Delta\xrightarrow{\exp(2\pi\sqrt{-1})}\mathcal{O}^*_\Delta\to 0$$

が Δ 上のアーベル群の層の完全列であることがわかる. そこで

$$H^p(\Delta,\mathcal{O}_\Delta)\to H^p(\Delta,\mathcal{O}^*_\Delta)\to H^{p+1}(\Delta,\boldsymbol{Z})$$

は完全. 定理 16.17 により $H^p(\Delta,\mathcal{O}_\Delta)=0$ $(p>0)$ また代数的位相幾何学での論議により, チェック・コホモロジー群 $H^{p+1}(\Delta,\boldsymbol{Z})$ は特異コホモロジー群と一致することが知られている. Δ は 1 点へ可縮だから, $H^{p+1}(\Delta,\boldsymbol{Z})=0$ $(p>0)$. したがって $H_p(\Delta,\mathcal{O}^*_\Delta)=0$ $(p>0)$. (証終)

演 習 問 題

1.

$$\begin{array}{ccccccccc}
 & & 0 & & 0 & & 0 & & \\
 & & \downarrow & & \downarrow & & \downarrow & & \\
0 & \to & \mathcal{F}_1 & \to & \mathcal{F}_2 & \to & \mathcal{F}_3 & \to & 0\\
 & & \downarrow & & \downarrow & & \downarrow & & \\
0 & \to & \mathcal{G}_1 & \to & \mathcal{G}_2 & \to & \mathcal{G}_3 & \to & 0\\
 & & \downarrow & & \downarrow & & \downarrow & & \\
0 & \to & \mathcal{H}_1 & \to & \mathcal{H}_2 & \to & \mathcal{H}_3 & \to & 0\\
 & & \downarrow & & \downarrow & & \downarrow & & \\
 & & 0 & & 0 & & 0 & &
\end{array}$$

が行, 列とも完全なアーベル群の層の準同型の可換図式ならば

$$\begin{array}{ccc}
\mathrm{H}^i(\mathcal{H}_3) & \xrightarrow{\partial} & \mathrm{H}^{i+1}(\mathcal{F}_3)\\
{\scriptstyle\partial''}\downarrow & & \downarrow{\scriptstyle\partial'}\\
\mathrm{H}^{i+1}(\mathcal{H}_1) & \xrightarrow{\partial'''} & \mathrm{H}^{i+2}(\mathcal{F}_1)
\end{array}$$

は反可換. すなわち $\partial'\partial+\partial'''\partial''=0$.

2. $\mathcal{F}$ をパラコンパクト・ハウスドルフ空間 X 上のアーベル群の層とする. 閉集合 K, それを含む開集合 $U(K\subset U\subset X)$, 切断 $f\in\mathcal{F}(U)$ が与えられたとき, 開集合 U', ただし $K'\subset U'\subset U$ となるものが存在し, $\mathrm{res}^U_{U'}(f)\in\mathrm{Im}(\mathcal{F}(X)\to\mathcal{F}(U'))$ となるとする. このとき $\mathcal{F}$ を**脆弱層**(soft sheaf)と呼ぶ.

$$0\to\mathcal{F}\to\mathcal{G}\to\mathcal{H}\to 0$$

がパラコンパクト・ハウスドルフ空間 X 上のアーベル群の層の完全列で，$\mathscr{F}$ が脆弱層ならば

$$0\to\mathscr{F}(X)\to\mathscr{G}(X)\to\mathscr{H}(X)\to 0$$

は完全列である.

3.　q-チェック・コチェイン の定義(定義 12.4)において交代性の条件(定義 12.4 の (1), (2))を仮定しなくても，コホモロジー論が構成できる.

4.　$\mathscr{O}_X$ を開集合 $X\subset C^n$ 上の正則関数の層とする. X 全域で定義された正則関数のつくる環 $\mathscr{O}_X(X)$ は一般にはネーター環でない.

5.　$X, \mathscr{O}_X$ は問題 4 と同じとする. イデアル $I\subset\mathscr{O}_X(X)$ に対して，$\mathscr{O}_X$ の部分層 $\mathscr{I}$ を，開集合 $U\subset X$ に対して

$$\mathscr{I}(U)=\{f\in\mathscr{O}_X(U)\mid \text{すべての点 } x\in U \text{ に対して，} f\in I\mathscr{O}_{X,x}\}$$

とおくことにより定める. ただし，$I\mathscr{O}_{X,x}$ は I が茎 $\mathscr{O}_x$ で生成するイデアルである. このとき $\mathscr{I}$ は連接 $\mathscr{O}_X$-加群層である.

5 カルタンの定理 A, B

実は，多重円板 Δ 上の任意の連接 $\mathcal{O}_\Delta$-加群 $\mathcal{F}$ について $H^q(\Delta, \mathcal{F})=0\ (q>0)$ となる．カルタンの定理 B と呼ばれるこの事実を証明することを次の目標にしよう．

§17. ヒルベルトのシジジー定理

この節ではヒルベルトのシジジー定理(定理 17.11)を，可換環についてのホモロジー代数の知識を仮定した上で証明する．主要な武器は Tor と書かれる関手である．この方法は道具さえ準備ができれば，ほとんど形式的な推論で証明が完了してしまうといううまみがある．だが，Tor を用いないとシジジー定理が証明できないというわけではない．

Tor が満たす性質と前節までで扱ってきた層係数コホモロジーが満たす性質はかなり似ていることには，すぐ気がつくと思う．しかし，この 2 つは一応別のものだから混同しないでほしい．

その 2 つのものがもつ共通の性質が抽象され，さらに一般的な理論がつくられて，アーベル圏と導来関手の理論と呼ばれている．

Tor の定義やさらに詳しい性質については，日本語で書かれた本としては岩井[6]，外国語なら Hilton, Stammbach [10] をみてほしい．

環 A といったら可換な単位元をもつ環を意味することにする．A が局所環であるとは，ただ1つの極大イデアル m をもつことであった．

補題 17.1　(中山の補題)　A を局所環，m をその極大イデアルとする．有限生成 A-加群 M とその部分加群 N について $N+mM=M$ ならば $M=N$.

証明　$x_1, \cdots, x_r \in M$ を M の生成元とする．仮定より各 x_i は $a_{ij} \in m$ と $y_i \in N$ を選んで，$x_i=\sum_{j=1}^r a_{ij}x_j+y_i$ と書ける．これより

$$\sum_{j=1}^{r}(\delta_{ij}-a_{ij})x_j=y_i. \tag{17.1}$$

ここで，$\delta_{ij}=1\,(i=j$ のとき$)$，$\delta_{ij}=0\,(i\neq j$ のとき$)$ である．行列 $(\delta_{ij}-a_{ij})$ の (i,k)-余因子行列式を b_{ki} とする．(17.1) の両辺に b_{ki} をかけ，i を動かして集和する．$\det(\delta_{ij}-a_{ij})=1+c$ とおくと，$(1+c)x_k=\sum_{i=1}^r b_{ki}y_i \in N$. 一方 $c\in m$ となるから，$1+c \notin m$.. A は局所環だから $1+c$ は可逆元．したがって $x_k \in N$. $x_1, \cdots, x_r$ で M は生成されるから $M=N$.　(証終)

A がネーター環であるとは，A の任意のイデアルが有限生成であることであった．

以下では，A はネーター局所環，m は A の極大イデアル，M, N などは有限生成 A-加群，A-加群の間の準同型はすべてもちろん A-加群としての準同型であるとする．

公理 17.2　(1)　M, N および整数 $p=0,1,2,\cdots$ に対して有限生成 A-加群 $\mathrm{Tor}_p^A(M,N)$ が定まる (A を略して $\mathrm{Tor}_p(M,N)$ とも書く)．

(2)　準同型 $f: M\to M'$, $g: N\to N'$ に対して，準同型 $\mathrm{Tor}_p(f,g): \mathrm{Tor}_p(M,N)\to\mathrm{Tor}_p(M',N')$ $(p=0,1,2,\cdots)$ が定まる．

(3)　準同型の完全列 $0\to M_1\to M_2\to M_3\to 0$ に対して，準同型 $\delta: \mathrm{Tor}_p(M_3,N)\to\mathrm{Tor}_{p-1}(M_1,N)$ $(p=1,2,\cdots)$ が定まる．

そしてこれらは次の性質を満たす．

(0)　$\mathrm{Tor}_p(M,N)=\mathrm{Tor}_p(N,M)$.

(I)　(1), (2) は共変関手を定める．つまり

(i)　恒等写像 $1_M: M\to M$, $1_N: N\to N$ について，$\mathrm{Tor}_p(1_M, 1_N)$ は $\mathrm{Tor}_p(M,N)$ の恒等写像 $(p=0,1,\cdots)$.

(ii)　$M_1\xrightarrow{f_1}M_2\xrightarrow{f_2}M_3$,　$N_1\xrightarrow{g_1}N_2\xrightarrow{g_2}N_3$ に対して，$\mathrm{Tor}_p(f_2f_1, g_2g_1)=\mathrm{Tor}_p(f_2,g_2)\cdot\mathrm{Tor}_p(f_1,g_1)$ $(p=0,1,\cdots)$.

(Ⅱ) (3)は自然な対応である．すなわち

$$\begin{array}{ccccccccc} 0 & \to & M_1 & \to & M_2 & \to & M_3 & \to & 0 \\ & & \downarrow f & & \downarrow & & \downarrow g & & \\ 0 & \to & M_1' & \to & M_2' & \to & M_3' & \to & 0 \end{array}$$

が可換な図式で，横の列が完全ならば

$$\begin{array}{ccc} \mathrm{Tor}_p(M_3, N) & \xrightarrow{\delta} & \mathrm{Tor}_{p-1}(M_1, N) \\ \downarrow \mathrm{Tor}(g, 1_N) & & \downarrow \mathrm{Tor}(f, 1_N) \\ \mathrm{Tor}_p(M_3', N) & \xrightarrow{\delta} & \mathrm{Tor}_{p-1}(M_1', N) \end{array}$$

は可換である．

(Ⅲ) $\mathrm{Tor}_0^A(M, N) = M \underset{A}{\otimes} N$.

(Ⅳ) $0 \to M_1 \to M_2 \to M_3 \to 0$ が完全ならば，

$$\begin{array}{l} \cdots\cdots\cdots\cdots\cdots\cdots\cdots\cdots\cdots\cdots\cdots \\ \to \mathrm{Tor}_{p+1}(M_1, N) \to \mathrm{Tor}_{p+1}(M_2, N) \to \mathrm{Tor}_{p+1}(M_3, N) \xrightarrow{\delta} \\ \to \mathrm{Tor}_p(M_1, N) \quad \to \mathrm{Tor}_p(M_2, N) \quad \to \mathrm{Tor}_p(M_3, N) \quad \xrightarrow{\delta} \\ \cdots\cdots\cdots\cdots\cdots\cdots\cdots\cdots\cdots\cdots\cdots \\ \to \mathrm{Tor}_1(M_1, N) \quad \to \mathrm{Tor}_1(M_2, N) \quad \to \mathrm{Tor}_1(N_3, N) \xrightarrow{\delta} \\ \to M_1 \underset{A}{\otimes} N \qquad \to M_2 \underset{A}{\otimes} N \qquad \to M_3 \underset{A}{\otimes} N \to 0 \end{array}$$

は完全である．

(Ⅴ) F が自由 A-加群ならば，任意の N について

$$\mathrm{Tor}_p^A(F_1, N) = 0 \qquad (p > 0).$$

定義 17.3 有限生成 A-加群 M について，A-加群の完全列

$$(F) \qquad \cdots \xrightarrow{d_{p+1}} F_p \xrightarrow{d_p} \cdots \xrightarrow{d_3} F_2 \xrightarrow{d_2} F_1 \xrightarrow{d_1} F_0 \xrightarrow{\varepsilon} M \to 0$$

を M のシジジーという．ただし $F_0, F_1, \cdots$ は有限生成自由 A-加群である．

注意 17.4 M は有限生成だから，有限生成自由加群 F_0 からの全射 $\varepsilon: F_0 \to M$ がある．A はネーター環だから，F_0 の部分加群 $\mathrm{Ker}(\varepsilon)$ は再び有限生成．そこで有限生成自由加群 F_1 からの全射 $F_1 \to \mathrm{Ker}(\varepsilon)$ がある．合成 $F_1 \to \mathrm{Ker}(\varepsilon) \hookrightarrow F_0$ を d_1 とおく．$\mathrm{Ker}(d_1)$ は有限生成．そこで全射 $F_2 \to \mathrm{Ker}(d_1)$ をとって，合成 $F_2 \to \mathrm{Ker}(d_1) \hookrightarrow F_2$ を d_2 とおく．この手続きをくり返せば，(F) が構成できる．

補題 17.5　M のシジジー (F) において $R_0=M,\ R_1=\mathrm{Ker}(\varepsilon),\ R_i=\mathrm{Ker}(d_{i-1})$ とおくと

$$\mathrm{Tor}_p(R_i, N)\cong\mathrm{Tor}_{p-1}(R_{i+1}, N) \qquad (p\geq 2),$$

$$\mathrm{Tor}_1(R_i, N)\cong\mathrm{Ker}(F_{i+1}\otimes N\to F_i\otimes N)/\mathrm{Im}(F_{i+2}\otimes N\to F_{i+1}\otimes N),$$

特に　$\mathrm{Tor}_{p+1}(M, N)\cong\mathrm{Tor}_1(R_p, N)$

$$\cong\mathrm{Ker}(F_{p+1}\otimes N\to F_p\otimes N)/\mathrm{Im}(F_{p+2}\otimes N\to F_{p+1}\otimes N) \qquad (p\geq 0).$$

証明　$0\to R_{i+1}\to F_i\to R_i\to 0$ は完全．公理（IV）により $\mathrm{Tor}_p(F_i, N)\to\mathrm{Tor}_p(R_i, N)\to\mathrm{Tor}_{p-1}(R_{i+1}, N)\to\mathrm{Tor}_{p-1}(F_i, N)$ は完全． $p\geq 2$ ならば，公理（V）により $\mathrm{Tor}_p(F_i, N)=\mathrm{Tor}_{p-1}(F_i, N)=0$． したがって $\mathrm{Tor}_p(R_i, N)\xrightarrow{\sim}\mathrm{Tor}_{p-1}(R_{i+1}, N)$． $p=1$ ならば公理（IV），（V），（III）より $0\to\mathrm{Tor}_1(R_i, N)\to R_{i+1}\otimes N\to F_i\otimes N$ は完全．また $F_{i+2}\otimes N\to F_{i+1}\otimes N\to R_{i+1}\otimes N\to 0$ は完全．この 最後の 2つの 完全列より，$\mathrm{Tor}_1(R_i, N)\cong\mathrm{Ker}(F_{i+1}\otimes N\to F_i\otimes N)/\mathrm{Im}(F_{i+2}\otimes N\to F_{i+1}\otimes N)$． そして $\mathrm{Tor}_{p+1}(M, N)=\mathrm{Tor}_{p+1}(R_0, N)\cong\mathrm{Tor}_p(R_1, N)\cong\mathrm{Tor}_{p-1}(R_2, N)\cong\cdots\cong\mathrm{Tor}_1(R_i, N)$．　（証終）

注意 17.6　関手 Tor が矛盾なく定義されることを証明しようとすれば，補題 17.5の最後の等式により，$\mathrm{Tor}_p(M, N)$ $(p\geq 1)$ を定義して，これがシジジー (F) のつくり方によらず M, N のみで定まることをいえばよい．これは実際に実行できる．§12で 2つのコチェイン複体の写像 $\theta, \theta' : C^\bullet(\mathfrak{U}, \mathscr{F})\to C^\bullet(\mathfrak{V}, \mathscr{F})$ に対して κ を構成した方法をまねる． 2つの M のシジジー $(F), (F')$ が与えられたとして，これを矢印が逆向きのコチェイン複体とみなし，その間の準同型 $\theta : (F)\to(F')$，$\theta' : (F')\to(F)$ をまず構成する．ただし，θ, θ' が M 上にひき起こす写像は恒等写像であるとする．これは各 F_i, F'_i が自由加群であることを使えばできる．

$$\begin{array}{lccccccccc}
(F) & \cdots\to & F_2 & \xrightarrow{d_2} & F_1 & \xrightarrow{d_1} & F_0 & \longrightarrow & M & \longrightarrow 0 \\
 & & \downarrow{\scriptstyle\theta_2} & & \downarrow{\scriptstyle\theta_1} & & \downarrow{\scriptstyle\theta_0} & & \| & \\
(F') & \cdots\to & F'_2 & \xrightarrow{d_2} & F'_1 & \xrightarrow{d_1} & F'_0 & \longrightarrow & M & \longrightarrow 0
\end{array}$$

次に $\theta'\theta$ と (F) の恒等写像に対し，κ を構成する．$\kappa_i : F_i\to F_{i+1}$ をつくって

$$d_{i+1}\kappa_i(x)+\kappa_{i-1}d_i(x)=x-\theta_i'\theta_i(x), \qquad x\in F_i$$

となるようにする(ただし $d_0=0$). これも, 各 F_1 が自由加群であることを使えばできる.

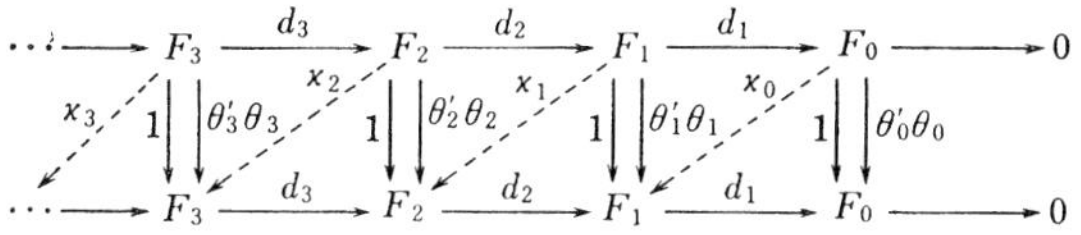

一方, $\theta\otimes 1_N$: $(F)\otimes N\to(F')\otimes N$ は Θ : $\mathrm{Ker}(d_i\otimes 1_N)/\mathrm{Im}(d_{i+1}\otimes 1_N)\to\mathrm{Ker}(d_i'\otimes 1_N)/\mathrm{Im}(d_{i+1}'\otimes 1_N)$ (ただし, $d_j\otimes 1_N$: $F_j\otimes N\to F_{j-1}\otimes N$, $d_j'\otimes 1_N$: $F_j'\otimes N\to F_{j-1}'\otimes N$) を導く. θ' より, Θ と逆向きの写像 Θ' が定義される. κ が存在することより $\Theta'\Theta$ が恒等写像となることがわかる. 同様に $\Theta\Theta'$ も恒等写像. 結局 $\mathrm{Tor}_p(M, N)$ は同型を除いて一意的に定まることがわかる.

その他のすべての公理の性質を満たすことも, 困難なく検証できる. 証明に使われるアイデアは, 層のコホモロジーや連接性に関する記述の中にすべてすでに現れているから, 公理をひとつひとつ読者自身で確かめてみることができると思う.

定義 17.7　元 $x\in A$ が M の**非零因子**であるとは, $m\in M$ について, $xm=0$ ならば $m=0$ となることをいう.

A-加群 M について, 極大イデアル $\mathfrak{m}$ の元の例, $x_1, \cdots, x_r$ が ***M*-正則列**であるとは

① x_1 は M の非零因子,

② $k\geq 2$ について, x_k は $M/\sum_{i=1}^{k-1}x_iM$ の非零因子

となることとする. r を M-正則列 $x_1, \cdots, x_r$ の長さという. M-正則列の長さの最大値を $\mathrm{depth}_A M$ と書き M の**深さ**という.

補題 17.8　$x_1, \cdots, x_r$ が A-正則列ならば

$$\mathrm{Tor}_{l+1}(M, A/\sum_{i=1}^{k}x_iA)=0 \qquad (l\geq k,\ \ r\geq k\geq 0).$$

証明　k についての帰納法. $k=0$ のときは, 公理 (V) により正しい. $k-1$ の場合を仮定する. $\bar{A}=A/\sum_{i=1}^{k-1}x_iA$ とおくと $0\to\bar{A}\xrightarrow{\times x_k}\bar{A}\to\bar{A}/x_k\bar{A}\to 0$ は完全. ただし, $\times x_k$ は $\bar{A}$ を A-加群とみたときの, A の元 x_k の乗法であ

る．x_k は $\bar{A}$ の非零因子だから，$\times x_k$ は単射である．公理（0），(IV) より

$$\mathrm{Tor}_l(M,\bar{A})\to\mathrm{Tor}_l(M,\bar{A}/x_k\bar{A})\to\mathrm{Tor}_{l-1}(M,\bar{A})$$

は完全．$\bar{A}$ については帰納法の仮定が使えて，$l\geq k+1$ のとき，左端と右端の加群は 0．$\bar{A}/x_k\bar{A}\cong A/\sum_{i=1}^k x_iA$ であるから，$\mathrm{Tor}_l(M,\ A/\sum_{i=1}^k x_iA)=0\,(l\geq k+1)$．　　(証終)

定義 17.9　$x_1,\cdots,x_n\in m$ の生成するイデアルが極大イデアル m に一致するような A-正則列 $x_1,\cdots,x_n$ が存在したとする．このとき，ネーター局所環 A を**正則局所環**という．

例 17.10　$A=\boldsymbol{C}[[z_1,\cdots,z_n]]$ とすると，$z_1,\cdots,z_n$ は A-正則例である．$A=\boldsymbol{C}\{z_1,\cdots,z_n\}$ としても同様である．だから $\boldsymbol{C}[[z]]$ や $\boldsymbol{C}\{z\}$ は正則局所環である．

定理 17.11（ヒルベルトのシジジー定理）　A を正則局所環，n を極大イデアル m を生成する A-正則列の長さ，

$$(F)\qquad \cdots\xrightarrow{d_{p+1}}F_p\xrightarrow{d_p}\cdots\xrightarrow{d_3}F_2\xrightarrow{d_2}F_1\xrightarrow{d_1}F_0\xrightarrow{\varepsilon}M\longrightarrow 0$$

を有限生成 A-加群 M のシジジーとする．$n\geq 1$ のとき $R=\mathrm{Ker}(d_{n-1})\subset F_{n-1}$ とおくと，R は有限生成 A-自由加群．ただし $n=1$ のときは $d_0=\varepsilon$ とする．

証明　$K=A/m$ とおく．これは体である．補題 17.5 より，$\mathrm{Tor}_1(R,K)\cong\mathrm{Tor}_{n+1}(M,K)$．$x_1,\cdots,x_n$ を m を生成する A-正則列とすると，補題 17.8 の $l=k=n$ の場合より，$\mathrm{Tor}_{n+1}(M,K)=0$．したがって $\mathrm{Tor}_1(R,K)=0$．

さて，全射 $A\to A/m=K$ は全射 $\pi:R\to R\otimes_A K$ を導く．R は有限生成 A-加群の部分加群であり，A はネーター環だから，R は有限生成 A-加群．そして $R\otimes_A K$ は有限生成 K-加群，つまり有限次元の K 上のベクトル空間となる．$\bar{r}_1,\cdots,\bar{r}_s$ を $R\otimes_A K$ の基底とする．各 i について $r_i\in R$ を $\pi(r_i)=\bar{r}_i$ となるように選ぶ．$f:A^s\to R$ を $f(a_1,\cdots,a_s)=\sum a_ir_i$ とおくことにより定める．$f\otimes 1_K: A^s\otimes_A K=K^s\to R\otimes_A K\cong R/mR$ はつくり方より，同型写像である．合成 $A^s\to A^s\otimes_A K\to R/mR$ はもちろん全射．これは $f(A^s)+mR=R$ を示す．中山の補題より，$f(A^s)=R$．f は全射である．$Q=\mathrm{Ker}(f)$ とおくと，$0\to Q\to A^s\xrightarrow{f}R\to 0$ は完全．これより $0=\mathrm{Tor}_1(R,K)\to Q\otimes_A K\to K^s\xrightarrow{f\otimes 1_K}R\otimes_A K\to 0$ は完全．$f\otimes 1_K$ は同型だから，$Q\otimes_A K\cong Q/mQ=0$．再び中山の補題により，$Q=0$．したがって f は同型である．　　(証終)

例 17.12 1変数の収束べき級数環 $\boldsymbol{C}\{t\}$ の部分環 $A=\boldsymbol{C}\{t^2, t^3\}$ を考えよう．列

$$\cdots\longrightarrow A^2\xrightarrow{d_2}A^2\xrightarrow{d_1}A\xrightarrow{\varepsilon}\boldsymbol{C}\to 0$$

を $\varphi\in A$ について，$\varepsilon(\varphi)=\varphi(0)$，$d_1(\varphi_1, \varphi_2)=t^2\varphi_1+t^3\varphi_2$，$d_i(\varphi_1, \varphi_2)=(-t^3\varphi_1-t^4\varphi_2,\ t^2\varphi_1+t^3\varphi_2)$ $(i\geq 2)$ により定める．容易にこれは完全列であることがわかる．しかし，$\mathrm{Ker}(d_i)\cong t^2A+t^3A\,(i\geq 1)$ であり，どのような i に対しても $\mathrm{Ker}(d_i)$ は自由加群にならない．A は正則局所環でないからである．

§18. カルタンの補題

多重円板 Δ とその上の連接層 $\mathscr{F}$ についての定理B，$H^q(\Delta, \mathscr{F})=0\,(q>0)$ を示そうとすると，どこかで一度局所的なものを大域的なものに結びつける議論をやらねばならない．それがシジジーの貼り合わせという操作である．次の節でそれを行うために，行列に値をもつ正則関数についての補題をこの節で証明しよう．あとで鍵となる補題である．

第1部では，ベクトルのノルムはその成分のノルムの最大値，としていたが，この節では議論をしやすくするために別のノルムを使う．

定義 18.1 ベクトル $\xi=(\xi_1, \cdots, \xi_m)\in\boldsymbol{C}^m$ のノルムを $|\xi|=\sqrt{\sum_{\nu=1}^m|\xi_\nu|^2}$ で定める．複素数値 $m\times m$ 行列 $A=(a_{\mu\nu})$ のノルムは，$|A|=\sup\limits_{\xi\neq 0}\dfrac{|A\xi|}{|\xi|}=\sup\limits_{|\xi|=1}|A\xi|$ である．

補題 18.2 $A=(a_{\mu\nu})$，$B=(b_{\mu\nu})$ を $m\times m$ 行列とする．

(1) $|a_{\mu\nu}|\leq|A|\qquad(1\leq\mu, \nu\leq m)$，

(2) $|AB|\leq|A|\,|B|$，

(3) $|A+B|\leq|A|+|B|$.

証明 (1) $\xi=(\xi_\mu)$，ただし $\mu=\nu$ のとき $\xi_\mu=1$，$\mu\neq\nu$ のとき $\xi_\mu=0$ とおく．$A\xi=(a_{1\nu}, a_{2\nu}, \cdots, a_{m\nu})$ である．$|\xi|=1$ だから，$|a_{\lambda\nu}|\leq|A\xi|\leq|A|$ がすべての λ について成り立つ．

(2) $|AB|=\sup\limits_{|\xi|\neq 0}\dfrac{|AB\xi|}{|\xi|}=\sup\limits_{|\xi|\neq 0,\ |B\xi|\neq 0}\dfrac{|AB\xi|}{|\xi|}$

$$=\sup_{|\xi|\neq 0,\ |B\xi|\neq 0}\left(\frac{|AB\xi|}{|B\xi|}\right)\left(\frac{|B\xi|}{|\xi|}\right)\leq|A|\,|B|.$$

(3)　$|A+B|=\sup_{|\xi|=1}|(A+B)\xi|\leq\sup_{|\xi|=1}(|A\xi|+|B\xi|)\leq|A|+|B|$.

(証終)

定義 18.3　行列の指数関数と対数関数を $m\times m$ 行列 A に対して

$$\exp(A)=\sum_{\nu=0}^{\infty}\frac{1}{\nu!}A^{\nu}, \tag{18.1}$$

$$\log(I-A)=-\sum_{\nu=1}^{\infty}\frac{1}{\nu}A^{\nu} \tag{18.2}$$

とおく．I は単位行列である．

注意 18.4　$|A|=a$ ならば，補題 18.2 により，$|A^{\nu}|\leq|A|^{\nu}=a^{\nu}$ だから

$$\left|\sum_{\nu=0}^{k}\frac{1}{\nu!}A^{\nu}\right|\leq\sum_{\nu=0}^{k}\frac{a^{\nu}}{\nu!},$$

$$\left|\sum_{\nu=1}^{k}\frac{1}{\nu}A^{\nu}\right|\leq\sum_{\nu=1}^{k}\frac{a^{\nu}}{\nu}.$$

したがって，(18.1) はすべての行列に対して広義一様収束し，(18.2) は $|A|<1$ となる行列に対して広義一様収束する．そして

$$\exp(A)\exp(-A)=I,$$

$$\exp\log(I-A)=I-A \qquad (|A|<1 \text{ のとき}).$$

このことより，$A(z)$ が領域 $D\subset \boldsymbol{C}^n$ 上の行列を値とする正則関数で，すべての $z\in D$ について $|I-A(z)|<1$ となるなら，$B(z)=\log A(z)$ も D 上の正則関数で，$A(z)=\exp(B(z))$ となる．そして $A(z)$ は可逆な行列である．

ただし，ひとつ注意すべきことがある．行列 A, B について，$AB=BA$ という条件がつけば $\exp(A+B)=\exp(A)\exp(B)$ であるが，この等式は $AB\neq BA$ ならば成立するとはいえない．

定義 18.5　z_i-平面の開領域 D_i が存在して，$D=D_1\times D_2\times\cdots\times D_n\subset\boldsymbol{C}^n$ と書ける領域 D を $\boldsymbol{C}^n$ の**多重領域**と呼ぶ．

注意 18.6　多重領域 $D=D_1\times D_2\times\cdots\times D_n\subset\boldsymbol{C}^n$ が単連結だとしよう．これはすべての $D_i(1\leq i\leq n)$ が単連結であることと同値である．1 変数関数論のリーマンの写像定理によれば，D_i は単位円板 $H=\{z\in\boldsymbol{C}\,|\,|z|<1\}$ または $\boldsymbol{C}$ に双正則同型である．したがって，D は多重円板 $\varDelta=\varDelta_1\times\varDelta_2\times\cdots\times\varDelta_n$ ($\varDelta_i=H$ または $\boldsymbol{C}$) に双正則同型である．このことにより，埋めこみ $D\hookrightarrow\boldsymbol{C}^n$ と関係しない D についての命題は，多重円板の場合に還元されることになる．

定理 18.7 $D \subset C^n$ を単連結多重領域，K を D のコンパクト部分集合とする．すると D 上の可逆なマトリクスに値をもつ正則関数 $F(z)$ に対して，可逆なマトリクスに値をもつ D 上の正則関数 $F_1(z), \cdots, F_r(z)$ で

$z \in D$ について $\qquad F(z) = F_1(z) \cdot \cdots \cdot F_r(z)$,

$z \in K, j=1, \cdots, r$ について $\qquad |I - F_i(z)| < 1$

となるものが存在する．

証明 注意 18.6 により D は原点を中心とする多重円板だとしてよい．コンパクト閉多重円板 $\bar{\Delta}_1$ を $K \subset \bar{\Delta}_1 \subset D$ となるようにとっておく．

$G = \{$正則関数 $F : D \to GL(m, C)\}$ とおくと，各点ごとに積を考えることにより，G は群になる．$F \in G$ のノルムを $\|F\| = \sup_{z \in \bar{\Delta}_1} |F(z)|$ で定めると，これにより G は位相群になり，しかも連結である．なぜなら，$F \in G$ と定数 $0 \leq t \leq 1$ について F_t を $F_t(z) = F(tz)$ で定めると，D は多重円板だから $F_t \in G$ となる．また写像 $t \longmapsto F_t \in G$ は連続．$F = F_1$ は $F_0 = F(0)$ と G 内の道で結べることになる．可逆な定数行列全体は明らかに G の連結部分集合だから G 自身も連結となる．連結位相群は任意の単位元の近傍で生成され，特に

$$U = \{F \in G \,\big|\, \|I - F\| < 1\}$$

で生成される．任意の $F \in G$ は，$F_1, \cdots, F_r \in U$ があって $F = F_1 \cdot \cdots \cdot F_r$ と表されることになる． (証終)

補題 18.8 K_0 を C の単連結相対コンパクト開部分集合，K_1 を C^n の相対コンパクト開部分集合とする．$\bar{K}_1$ の近傍で正則な関数 $f_0(w), \cdots, f_k(w)$ を用い，$\sum_{i=1}^{k} f_i(w) z^i$ と z については多項式の形に書ける関数全体の集合を P とする．このとき，$\bar{K}_0 \times \bar{K}_1$ の近傍で正則な関数は P に属する関数で一様に近似される．すなわち，$\bar{K}_0 \times \bar{K}_1$ の近傍で正則な関数 $h(z, w)$ と定数 $\varepsilon > 0$ が与えられたならば必ず $g(z, w) \in P$ があり，$(z, w) \in \bar{K}_0 \times \bar{K}_1$ のとき $|h(z, w) - g(z, w)| < \varepsilon$ となる．

証明 $\bar{K}_0$ の近傍 U_0 と $\bar{K}_1$ の近傍 U_1 を h が $U_0 \times U_1$ 上正則であるように選ぶ．Γ を自分自身と交わらない U_0 の閉曲線でその内部に $\bar{K}_0$ が含まれるようなものとする．コーシーの積分公式により $(z, w) \in \bar{K}_0 \times \bar{K}_1$ について

$$h(z, w) = \frac{1}{2\pi\sqrt{-1}} \int_{\Gamma} \frac{h(\zeta, w)}{\zeta - z} d\zeta.$$

$\Gamma\times\bar{K}_0\times\bar{K}_1\ni(\zeta, z, w)\longmapsto h(\zeta, w)/(\zeta-z)$ は連続関数であり，$\bar{K}_0\times\bar{K}_1$ はコンパクトだから，積分を近似するリーマン和は，一様に近似することがわかる．正確にいえば，任意の $\varepsilon>0$ に対して $\zeta_1, \cdots, \zeta_p\in\Gamma$ があり，$(z, w)\in\bar{K}_0\times\bar{K}_1$ ならば，必ず

$$\left|\int_\Gamma \frac{h(\zeta, w)}{\zeta-z}d\zeta-\sum_{i=1}^p \frac{h(\zeta_i, w)}{\zeta_i-z}(\zeta_{i+1}-\zeta_i)\right|<\pi\varepsilon$$

(ただし $\zeta_{p+1}=\zeta_1$) となる．$h_i(w)=h(\zeta_i, w)(\zeta_{i+1}-\zeta_i)/2\pi\sqrt{-1}$ とおくと

$$\left|h(z, w)-\sum_{i=1}^p \frac{h_i(w)}{\zeta_i-z}\right|<\frac{\varepsilon}{2}.$$

次に $\zeta\notin\bar{K}_0$ のとき，関数 $z\longmapsto 1/\zeta-z$ が $\bar{K}_0$ 上一様に多項式で近似されることをいう．

$\zeta\notin\bar{K}_0$ とする．$\boldsymbol{C}\backslash\bar{K}_0$ の連続曲線 $\zeta:[0, \infty)\to\boldsymbol{C}$ を $\zeta(0)=\zeta$, $|\zeta(t)|\to\infty$ となるようにとる．K_0 は単連結であるから，このような曲線がひける．$T=\{t\in[0, \infty)\mid(\zeta(t)-z)^{-1}$ は $\bar{K}_0$ 上多項式で一様近似される$\}$ とおく．明らかに T は閉集合．もし $|\zeta(t_0)|>\sup\{|z|\,\big|\,z\in K_0\}$ なら，$(\zeta(t_0)-z)^{-1}$ は $\bar{K}_0$ を含む円板で正則であり，したがって $\bar{K}_0$ 上では 1 つのべき級数で表示される．このことから $t_0\in T$ となるから，$T\neq\phi$．最後に T は開集合でもあることをいう．$t_0\in T$ としよう．そして，t は $|\zeta(t_0)-\zeta(t)|<(1/2)\inf\{|\zeta(t_0)-z|\,\big|\,z\in\bar{K}_0\}$ を満たすとする．簡単のために $\zeta_0=\zeta(t_0)$, $\zeta_t=\zeta(t)$ と書く．すると $z\in\bar{K}_0$ のとき，$|(\zeta_t-\zeta_0)/(\zeta_0-z)|<1/2$ だから

$$(\zeta_t-z)^{-1}=(\zeta_0-z)^{-1}\left(\frac{1}{1-\dfrac{\zeta_t-\zeta_0}{\zeta_0-z}}\right)=\sum_{k=0}^\infty \frac{(\zeta_t-\zeta_0)^n}{(\zeta_0-z)^{n+1}}$$

の無限和は $z\in\bar{K}_0$ について一様に収束する．それゆえ，$t_0\in T$ だから，$t\in T$ となる．T は空でない開かつ閉の集合だから $T=[0, \infty)$ となる．$(\zeta-z)^{-1}$ が κ 上一様に多項式で近似されることがわかった．

もとの設定にもどって，定数 M を $|h_i(w)|\leq M(1\leq i\leq p,\ w\in K_1)$ となるように選ぶ．各 $(\zeta_i-z)^{-1}$ は多項式で一様近似されるから，多項式 $g_i(z)$ を $|(\zeta_i-z)^{-1}-g_i(z)|\leq\varepsilon/2pM(z\in\bar{K}_0)$ となるように選べる．$g=\sum_{i=1}^p h_i(w)g_i(z)$ とおけば，$|h(z, w)-g(z, w)|<\varepsilon\ ((z, w)\in\bar{K}_0\times\bar{K}_1)$ となる．（証終）

定理 18.9 （ルンゲ (Runge) の定理） $D=D_1\times\cdots\times D_n\subset\boldsymbol{C}^n$ を多重領域と

する．$\bar{D}$ は単連結かつコンパクトであると仮定する．$\bar{D}$ の近傍で定義された正則関数は，$\bar{D}$ 上一様に多項式で近似される．

証明　$f(z)=f(z_1, z_2, \cdots, z_n)$ を $\bar{D}$ の近傍で定義された正則関数とする．変数の数 n についての帰納法を用いる．$n=0$ のときは自明である．補題 18.8 により任意の定数 $\varepsilon>0$ に対して $\bar{D}_2\times\cdots\times\bar{D}_n$ の近傍上の正則関数 $f_0(z'), \cdots, f_k(z')$ $(z'=(z_2, z_3, \cdots, z_n))$ があり，$p_0(z_1, z')=\sum_{i=0}^{k} f_i(z')z_1^i$ とおくと，$(z_1, z')\in\bar{D}$ のとき $|f(z_1, z')-p_0(z_1, z')|<\varepsilon/2$ となる．$R=\sup\{|z|\,\big|\,z\in\bar{D}_1\}$ とおく．帰納法の仮定より，多項式 $q_i(z')$ を，$z'\in\bar{D}_2\times\cdots\times\bar{D}_n$ のとき $|f_i(z')-q_i(z')|<\varepsilon/2R^i(k+1)$ となるように選べる．$p(z_1, z')=\sum_{i=0}^{k} q_i(z')z_1^i$ とおくと，これは C^n 上の多項式であり，$(z_1, z')\in\bar{D}$ のとき

$$|f(z_1, z')-p(z_1, z')|\leq|f(z_1, z')-p_0(z_1, z')|+\sum_{i=0}^{k}|f_i(z')-q_i(z')||z_1^i|$$

$$\leq\frac{\varepsilon}{2}+\sum_{i=0}^{k}\frac{\varepsilon}{2R^i(k+1)}\cdot R^i=\varepsilon.$$

（証終）

定理 18.10　多重領域　$D\subset C^n$ について，$\bar{D}$ は単連結かつコンパクトと仮定する．$F(z)$ を，$\bar{D}$ の近傍で定義された可逆行列に値をもつ正則関数とする．任意の正数 $\varepsilon>0$ に対して，C^n 全体で定義された可逆行列に値をもつ正則関数 $G(z)$ が存在して，$z\in\bar{D}$ について $|F(z)-G(z)|<\varepsilon$ となる．

証明　補題 18.7 により $F(z)=F_1(z)\cdot\cdots\cdot F_r(z)$ と書ける．ここで，$F_j(z)$ は $\bar{D}$ の近傍で定義された可逆行列に値をもつ正則関数で，$z\in\bar{D}$ については $|I-F_j(z)|<1$ となる．$H_j(z)=\log F_j(z)\ (j=1, 2, \cdots, r)$ とおくと，これは $\bar{D}$ の近傍上の行列に値をもつ正則関数である．定数 $M>1$ をすべての $z\in\bar{D}$, $j=1, 2, \cdots, r$ について $|F_j(z)|<M-1$ となるようにとっておく．定理 18.9 により，$H_j(z)$ は多項式の行列でいくらでも近似できる．exp は連続関数だから，$H_j(z)$ を近似する多項式の行列 $P_j(z)$ をとって，$F_j(z)=\exp H_j(z)$, $G_j(z)=\exp P_j(z)$ に対して，$|F_j(z)-G_j(z)|<\varepsilon/rM^{r-1}$ がすべての $j=1, 2, \cdots, r$, $z\in\bar{D}$ について成り立つようにできる．$G_j(z)$ は C^n 全域で定義された可逆行列に値をもつ正則関数である．$G(z)=G_1(z)\cdot\cdots\cdot G_r(z)$ も C^n 上の可逆行列を値とする正則関数である．$z\in\bar{D}$ のとき $|G_j(z)|\leq|F_j(z)-G_j(z)|+|F_j(z)|<1+(M-1)=M$. そして

$$|F(z)-G(z)|=|F_1(z)\cdot\cdots\cdot F_r(z)-G_1(z)\cdot\cdots\cdot G_r(z)|$$

$$\leq |F_1(z)\cdot\cdots\cdot F_r(z)-F_1(z)\cdots F_{r-1}(z)G_r(z)|+\cdots$$
$$+|F_1(z)G_2(z)\cdots G_r(z)-G_1(z)\cdot\cdots\cdot G_r(z)|$$
$$\leq M^{r-1}|F_r(z)-G_r(z)|+\cdots+M^{r-1}|F_1(z)-G_1(z)|$$
$$<\varepsilon.$$
（証終）

補題 18.11　$D\subset C^n$ を開集合，$\sum a_\nu$ を収束する正の実数の級数，$\{F_\nu(z)\}$ を D 上の行列に値をもつ正則関数で $z\in D$ については，$|F_\nu(z)|<a_\nu$ となるものとする．このとき，無限積

$$P(z)=\lim_{\nu\to\infty}(I+F_1(z))(I+F_2(z))\cdot\cdots\cdot(I+F_\nu(z))$$

は D 上の行列に値をもつ正則関数に収束する．さらに，もしすべての項 $I+F_\nu(z)$ が可逆ならば $F(z)$ も可逆である．

証明　部分積を $P_\nu(z)=(I+F_1(z))\cdot\cdots\cdot(I+F_\nu(z))$ とする．$z\in D$ について

$$|P_\nu(z)|\leq\prod_{j=1}^{\nu}|1+F_j(z)|\leq\prod_{j=1}^{\nu}(1+a_j).$$

$\sum a_\nu$ は収束するのだから，無限積 $\prod_{j=1}^{\infty}(1+a_j)$ もある極限 a に収束する．したがって $z\in D$ について $|P_\nu(z)|\leq a$．すると

$$|P_{\nu+1}(z)-P_\nu(z)|=|P_\nu(z)\cdot(I+F_{\nu+1}(z))-P_\nu(z)|$$
$$\leq|P_\nu(z)|\cdot|F_{\nu+1}(z)|<a\cdot a_{\nu+1}.$$

再び $\sum a_\nu$ が収束することを使えば，列 $\{P_\nu(z)\}$ は D 上一様にコーシー列をつくることがわかる．ゆえに，極限関数 $P(z)$ は D 上の正則関数である．

次に，$I+F_\nu(z)$ $(\nu=1,2,\cdots)$ が可逆ならば，$P(z)$ も可逆であることをみる．まず，

$$\det P(z)=\lim_{\nu\to\infty}\det P_\nu(z)=\prod_{j=1}^{\infty}\det(I+F_j(z)).$$

$\det(I+F_j(z))$ は展開すると，定数項 1 をもち，そのほかには $F_j(z)$ の成分のさまざまな積からなる N 個の単項式の和の形になっている．$a_j\to 0$ となるから，十分大きい k をとれば，$j\geq k$ のとき，$|F_j(z)|<a_j<1/N$．そして，$|\det(I+F_j(z))|>1-Na_j>0$ となる．無限積の理論（溝畑［2］参照）より，$\prod_{j=k}^{\infty}|\det(I+F_j(z))|\geq\prod_{j=k}^{\infty}(1-Na_j)>0$．$1\leq j<k$ のときも $I+F_j(z)$ は可逆だから，$P(z)$ は可逆となる．　（証終）

補題 18.12　次の性質を満たす正定数 P が存在する．$m\times m$ 行列 A, B が $|A|<1/2$, $|B|<1/2$ を満たし，もうひとつの行列 C との間に

$$(I+A)(I+C)(I+B)=I+A+B$$

という関係にあるならば，必ず $|C|\leq P|A||B|$.

証明 $m\times m$ 行列 A で $|A|\leq 1/2$ であるようなものの集合 S は，明らかにコンパクト集合である．注意 18.4 により，S 上で $I+A$ はいつも可逆．だから，$A\longmapsto|(I+A)^{-1}|$ は S 上の連続関数であり，有限の上界 $\sqrt{P}$ をもつ．つまり $|A|\leq 1/2$ のとき必ず $|(I+A)^{-1}|\leq\sqrt{P}$.

$$\begin{aligned} C&=(I+A)^{-1}(I+A+B)(I+B)^{-1}-I\\ &=(I+A)^{-1}(I+A+B-(I+A)(I+B))(I+B)^{-1}\\ &=(I+A)^{-1}(-AB)(I+B)^{-1}, \end{aligned}$$

$$\therefore\quad |C|\leq|(I+A)^{-1}||AB||(I+B)^{-1}|\leq P|A||B|.$$ （証終）

ここまででようやく準備ができたので，次にカルタンの補題で扱われる設定の考察に移ろう．

実数 $a_1<a_2<a_3<a_4$, $b_1<b_2$ に対して複素 z_1-平面の長方形を

$$K_1=\{z_1=x_1+\sqrt{-1}\,y_1|a_2<x<a_3,\ b_1<y<b_2\},$$

$$K_1'=\{z_1=x_1+\sqrt{-1}\,y_1|a_1<x<a_3,\ b_1<y<b_2\},$$

$$K_1''=\{z_1=x_1+\sqrt{-1}\,y_1|a_2<x<a_4,\ b_1<y<b_2\}$$

とおく．$K_1'\cap K_1''=K_1$ である．$K_2,\cdots,K_n$ を $z_2,\cdots,z_n$-平面の長方形として

$$K\ =K_1\times K_2\times\cdots\times K_n,$$

$$K'=K_1'\times K_2\times\cdots\times K_n,$$

$$K''=K_1''\times K_2\times\cdots\times K_n$$

とおく．これは $\boldsymbol{C}^n$ の単連結領域である．定数 $\delta>0$ について，$K_j(\delta)$ は z_j-平面での K_j の δ 近傍とする．つまり，$K_j(\delta)=\{z_j\in\boldsymbol{C}|$ ある $\zeta_j\in K_j$ が存在して，$|z_j-\zeta_j|<\delta\}$ 同様に $K_1'(\delta)$, $K_1''(\delta)$ も定める．そして

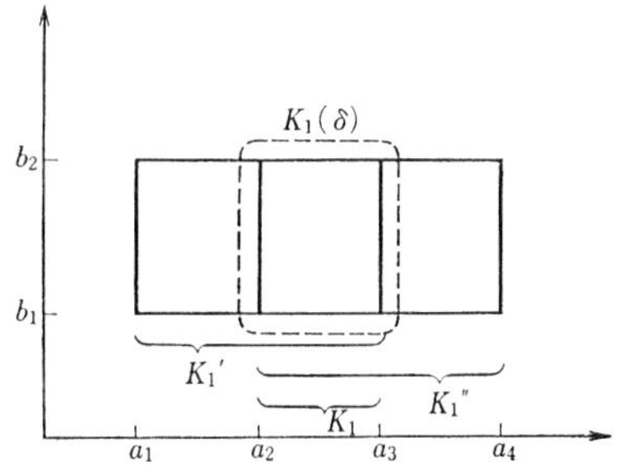

図 21

$$K\ (\delta)=K_1(\delta)\times K_2(\delta)\times\cdots\times K_n(\delta),$$

$$K'(\delta)=K_1'(\delta)\times K_2(\delta)\times\cdots\times K_n(\delta),$$

$$K''(\delta)=K_1''(\delta)\times K_2(\delta)\times\cdots\times K_n(\delta)$$

とおく．$K(\delta)=K'(\delta)\cap K''(\delta)$ である．$K_1(\delta)$ の境界はなめらかな曲線である．その長さを L とする．最後に整数 $\nu=1,2,\cdots$ に対して

$$U_\nu=K_1(2^{-\nu}\delta)\times K_2\left(\frac{1}{2}\delta\right)\times\cdots\times K_n\left(\frac{1}{2}\delta\right),$$

$$U'_\nu=K'_1(2^{-\nu}\delta)\times K_2\left(\frac{1}{2}\delta\right)\times\cdots\times K_n\left(\frac{1}{2}\delta\right),$$

$$U''_\nu=K''_1(2^{-\nu}\delta)\times K_2\left(\frac{1}{2}\delta\right)\times\cdots\times K_n\left(\frac{1}{2}\delta\right)$$

とおく．これは K, K', K'' の近傍であり，$K(\delta), K'(\delta), K''(\delta)$ に含まれる．

補題 18.13　$G(z)$ を $\bar{U}_\nu$ の近傍で定義された，行列に値をもつ正則関数とする．さらに，$z\in\bar{U}_\nu$ について $|G(z)|\leq M$ としよう．このとき，U'_ν, U''_ν でそれぞれ定義された行列に値をもつ正則関数 $G'(z), G''(z)$ があり

$$z\in U_\nu \text{ について}\qquad G(z)=G'(z)+G''(z),$$

そして

$$z\in\bar{U}'_{\nu+1} \text{ について}\qquad |G'(z)|\leq\frac{2^\nu ML}{\pi\delta},$$

$$z\in\bar{U}''_{\nu+1} \text{ について}\qquad |G''(z)|\leq\frac{2^\nu ML}{\pi\delta}.$$

証明　$K_1(2^{-\nu}\delta)$ の境界はなめらかな曲線 γ であり，その長さは，$K_1(\delta)$ の境界の長さ L より短い．定数 a を $a_1<a<a_2$ となるように選び，$\gamma=\gamma'\cup\gamma''$，ただし

$$\gamma'=\{z_1=x_1+\sqrt{-1}\,y_1\in\gamma\,|\,x_1\geq a\},$$

$$\gamma''=\{z_1=x_1+\sqrt{-1}\,y_1\in\gamma\,|\,x_1\leq a\}$$

と書く．コーシーの積分公式により，$z\in U_\nu$ のとき

$$G(z)=\frac{1}{2\pi\sqrt{-1}}\int_{t\in\gamma}\frac{1}{t-z_1}G(t,z_2,\cdots,z_n)\,dt$$

である．そこで

$$G'(z)=\frac{1}{2\pi\sqrt{-1}}\int_{t\in\gamma'}\frac{1}{t-z_1}G(t,z_2,\cdots,z_n)\,dt,$$

$$G''(z)=\frac{1}{2\pi\sqrt{-1}}\int_{t\in\gamma''}\frac{1}{t-z_1}G(t,z_2,\cdots,z_n)\,dt$$

とおけば，$z\in U_\nu$ に対して，$G(z)=G'(z)+G''(z)$．$(z_2,\cdots,z_n)$ を固定する

とき，$G'(z)$ は z_1 についての正則関数であり，γ' と共通部分のない単連結領域 $K_1'(2^{-\nu}\delta)$ 上で $G'(z)$ は一価関数として定義される．$G''(z)$ も同様である．そして上の定義式をみれば，$z\in U'_{\nu+1}$，$t\in\gamma$ ならば，$|t-z_1|\geq 2^{-\nu-1}\delta$ であることより

$$|G'(z)|\leq\frac{1}{2\pi}\frac{2^{\nu+1}}{\delta}ML=\frac{2^{\nu}ML}{\pi\delta}.$$　（証終）

$G(z)=G'(z)+G''(z)$ という表示はいわば行列値のクザンの問題の解答であるといえる．欲しい補題はその乗法的類似物である．行列の乗法は非可換だからその分だけ問題がむずかしい．

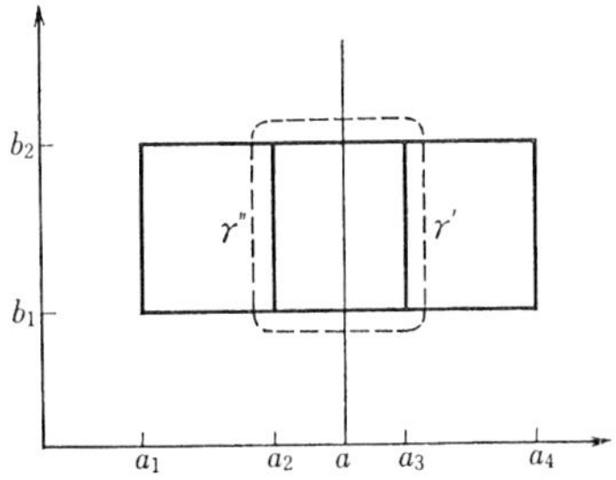

図 22

定理 18.14　（カルタンの補題）　$F(z)$ を K の近傍で定義された．可逆行列に値をもつ正則関数とする．すると K' および K'' 上にそれぞれ可逆行列に値をもつ正則関数 $F'(z), F''(z)$ が存在して，$z\in K$ については $F(z)=F'(z)F''(z)$ となる．

証明　定数 $\delta>0$ を，$F(z)$ が $K(\delta)$ 上で定義され，そこでの値が可逆行列になるようにとる．定数 $P>0$ を補題 18.12 が成り立つようにとる．そして定数 ρ を

$$0<\rho<\min\left(1,\ \frac{\pi\delta}{L},\ \frac{\pi^2\delta^2}{4L^2P}\right)$$

となるように定める．

（1）　$z\in\bar{U}_1\subset K(\delta)$ に対して必ず $|I-F(z)|<\frac{1}{4}\rho$ のとき．

ν についての帰納法により，行列に値をもつ正則関数の列 $G_\nu(z)$，$G_\nu'(z)$，$G_\nu''(z)$ を次の条件を満たすように定める．

（i）　$G_1(z)=F(z)-I$，

（ii）　$G_\nu(z)$ は $\bar{U}_\nu$ のある近傍で正則，そして $z\in\bar{U}_\nu$ について，$|G_\nu(z)|<\rho/4^\nu$，

（iii）　$G_\nu'(z)$ は U_ν' 上正則で $z\in\bar{U}'_{\nu+1}$ について $|G_\nu'(z)|\leq L\rho/2^\nu\pi\delta$，$G_\nu''(z)$ は U_ν'' 上正則で $z\in\bar{U}''_{\nu+1}$ について $|G_\nu''(z)|\leq L\rho/2^\nu\pi\delta$，

（iv）　$z\in U_\nu$ について $G_\nu(z)=G_\nu'(z)+G_\nu''(z)$，

（v） $z\in\bar{U}_{\nu+1}$ について

$$(I+G'_\nu(z))(I+G_{\nu+1}(z))(I+G''_\nu(z))=I+G_\nu(z).$$

$\nu=1$ のときは（i）により $G_1(z)$ を定めれば $z\in\bar{U}_1$ のとき $|I-F(z)|<\frac{1}{4}\rho$ という仮定より（ii）は満たされる．さて，$G_\nu(z)$ が（ii）を満たしたとする．補題 18.13 により (iii) と (iv) を満たす $G'_\nu(z)$, $G''_\nu(z)$ が存在することがわかる．ρ のとり方より，$z\in\bar{U}'_{\nu+1}$ について $|G'_\nu(z)|<1/2$, $z\in\bar{U}''_{\nu+1}$ について $|G''_\nu(z)|<1/2$ となる．この 2 つの不等式はもちろん共通部分 $\bar{U}_{\nu+1}=\bar{U}'_{\nu+1}\cap\bar{U}''_{\nu+1}$ 上でも成り立つ．したがって，$(I+G'_\nu(z))$ と $(I+G''_\nu(z))$ は，ともに $\bar{U}_{\nu+1}$ の近傍で可逆である．そこで（v）を満たす，$\bar{U}_{\nu+1}$ の近傍上の行列値正則関数 $G_{\nu+1}(z)$ が定まる．補題 18.12 と ρ のとり方により

$$|G_{\nu+1}(z)|\leq P\left(\frac{L\rho}{2^\nu\pi\delta}\right)^2\leq\frac{\rho}{4^{\nu+1}},$$

つまり $G_{\nu+1}(z)$ は（ii）を満たす．

乗法を加法にうつす関数 log について，$|x|$ が十分小さいとき，$\log(1+x)\fallingdotseq x$ である．このことから，$F(z)=I+G_1(z)\fallingdotseq(I+G'_1(z))(I+G''_1(z))$ の形にまず問題を解き，補正項を $G_2(z)$ として，次に $I+G_2(z)$ について問題を解くという手順を無限回くり返せば，ついには補正項は 0 になると期待できる．素朴な逐次近似法がいま行っていることのアイデアである．

さて，$G_\nu(z)$, $G'_\nu(z)$, $G''_\nu(z)$ がすべての ν について定まったとする．$F_\nu(z)=I+G_\nu(z)$, $F'_\nu(z)=I+G'_\nu(z)$, $F''_\nu(z)=I+G''_\nu(z)$ とおけば，これらの関数はそれぞれ $\bar{K},\bar{K}',\bar{K}''$ の近傍上の可逆な行列に値をもつ正則関数である．（v）により $z\in\bar{K}$ について $F_\nu(z)=F'_\nu(z)F_{\nu+1}(z)F''_\nu(z)$．これをくり返し使えば，すべての ν について $z\in\bar{K}$ のとき

$$F(z)=[F'_1(z)F'_2(z)\cdots F'_\nu(z)]F_{\nu+1}(z)[F''_\nu(z)\cdots F''_2(z)F''_1(z)]. \quad (18.3)$$

(ii) と補題 18.11 により，$F'(z)=\lim_{\nu\to\infty}[F'_1(z)F'_2(z)\cdots F'_\nu(z)]$ は K' 上の可逆な行列に値をもつ正則関数となる．$F''(z)$ も同様に定義する．（ii）により $\lim_{\nu\to\infty}F_{\nu+1}(z)=I$ となるから，(18.3) により $z\in K$ に対し $F(z)=F'(z)F''(z)$ となる．

（2） 次に一般の場合を考える．定数 $C>0$ を $z\in\bar{U}_1$ に対して $|F(z)^{-1}|<C$ となるように選ぶ．定理 18.10 により $K'(\delta)\cup K''(\delta)$ 上の可逆行列値の正

則関数 $H(z)$ で $z\in\bar{U}_1$ のとき，$|F(z)-H(z)|<\rho/4C$ となるものがある．したがって $z\in\bar{U}_1$ のとき，$|I-F(z)^{-1}H(z)|<\rho/4$ となる．

$F(z)^{-1}H(z)$ に対して，（1）の場合を適用すれば，可逆行列値正則関数 $H'(z)$，$H''(z)$ でそれぞれ K'，K'' 上で定義されたものがあり，$F(z)^{-1}H(z)=H''(z)H'(z)$ となる．$F'(z)=H(z)H'(z)^{-1}$，$F''(z)=H''(z)^{-1}$ とおけば，それぞれ，K', K'' 上定義され，値は可逆行列であり，$z\in K$ については $F(z)=F'(z)F''(z)$ となる．（証終）

§19. シジジーの貼り合わせ

この節では $\boldsymbol{C}^n$ の開集合 U 上の正則関数のつくる層を単に $\mathcal{O}$ で表す．また単に層といえば，連接 $\mathcal{O}$-加群の層を意味し，層の準同型といったら $\mathcal{O}$-加群の準同型のみを考えることにする．

定義 19.1 開集合 $U\subset\boldsymbol{C}^n$ 上の $\mathcal{O}$-加群の層 $\mathcal{F}$ に対して

$$0\to\mathcal{O}^{m_l}\to\mathcal{O}^{m_{l-1}}\to\cdots\mathcal{O}^{m_0}\to\mathcal{F}\to 0 \tag{19.1}$$

$(m_0, \cdots, m_l$ は非負整数，$\mathcal{O}^{m_i}$ は $\mathcal{O}$ の m_i 個の直積）の形の $\mathcal{O}$-加群の層の完全列を，長さが有限の $\mathcal{F}$ の**シジジー**といい，$m_l\neq 0$ のとき，l をシジジーの長さという．

定理 19.2 $D\subset\boldsymbol{C}^n$ を単連結多重領域とする．また，$\mathcal{F}$ を D 上の $\mathcal{O}$-加群の層とし，長さが有限のシジジーをもったとする．このとき，$H^q(D, \mathcal{F})=0$ $(q>0)$．

証明 注意 18.6 により，D は多重円板 Δ だとしてよい．$\mathcal{F}$ がシジジー (19.1) をもったとする．シジジーの長さ l についての帰納法を用いる．

$l=0$ とすると，$0\to\mathcal{O}^{m_0}\to\mathcal{F}\to 0$ は完全．つまり $\mathcal{F}\cong\mathcal{O}^{m_0}$．コホモロジーの定義より，明らかに $H^q(\Delta, \mathcal{O}^{m_0})\cong H^q(\Delta, \mathcal{O})^{m_0}(q\geq 0)$．定理 16.17 により，$H^q(\Delta, \mathcal{O})=0(q>0)$．そこで，$H^q(\Delta, \mathcal{F})\cong H^q(\Delta, \mathcal{O}^{m_0})\cong H^q(\Delta, \mathcal{O})^{m_0}=0(q>0)$．

次に，$\mathcal{R}=\mathrm{Ker}(\mathcal{O}^{m_0}\to\mathcal{F})$ とおくと

$$0\to\mathcal{O}^{m_l}\to\mathcal{O}^{m_{l-1}}\to\cdots\to\mathcal{O}^{m_2}\to\mathcal{O}^{m_1}\to\mathcal{R}\to 0 \tag{19.2}$$

は完全．シジジーの長さについての帰納法の仮定から，$H^q(\Delta, \mathcal{R})=0(q>0)$．一方，$0\to\mathcal{R}\to\mathcal{O}^{m_0}\to\mathcal{F}\to 0$ は完全．これより，

$$H^q(\Delta, \mathcal{O}^{m_0}) \to H^q(\Delta, \mathcal{F}) \to H^{q+1}(\Delta, \mathcal{R}) = 0$$

は完全．ところが，$l=0$ の場合の議論より，左端の加群も 0．したがって，$q>0$ のとき $H^q(\Delta, \mathcal{F})=0$.　(証終)

系 19.3　定理 19.2 の仮定の下で，(19.1) が $\mathcal{F}$ のシジジーならば

$$0 \to \mathcal{O}^{m_l}(D) \to \mathcal{O}^{m_{l-1}}(D) \to \cdots \to \mathcal{O}^{m_0}(D) \to \mathcal{F}(D) \to 0$$

は $\mathcal{O}(D)$-加群の完全列である．

証明　シジジーの長さ l についての帰納法．$l=0$ のときは明らか．帰納法の仮定を (19.2) に対して適用すれば

$$0 \to \mathcal{O}^{m_l}(D) \to \mathcal{O}^{m_{l-1}}(D) \to \cdots \to \mathcal{O}^{m_1}(D) \to \mathcal{R}(D) \to 0 \qquad (19.3)$$

は完全．一方

$$0 \to \mathcal{R}(D) \to \mathcal{O}^{m_0}(D) \to \mathcal{F}(D) \to H^1(D, \mathcal{R}) \qquad (19.4)$$

は完全だが，右端の加群は定理 19.2 により 0 である．(19.3), (19.4) を組み合わせれば結論を得る．　(証終)

補題 19.4　$\mathcal{R}$ を開集合 $U \subset C^n$ 上の連接 $\mathcal{O}$-加群層とする．点 $x \in U$ での茎について $\mathcal{R}_x=0$ ならば，x の近傍 $W \subset U$ が存在して，$\mathcal{R}|_W=0$.

証明　$\mathcal{R}$ は連接だから，x の近傍 $W_1 \subset U$ を選ぶと $\mathcal{O}^p \xrightarrow{\mu} \mathcal{O}^q \to \mathcal{R}|_{W_1} \to 0$ の形の完全列が存在する．μ を $\mathcal{O}(W_1)$ の元を成分とする，$q \times p$ マトリクスで表示する．そのマトリクスの q 次小行列式全体を，$f_1, \cdots, f_N$ とする．各 f_j は W_1 上の正則関数である．$\mathcal{R}_x=0$ ならば，ある $j\,(1 \leq j \leq N)$ について，$f_j(x) \neq 0$ となる．したがって，$W = W_1 \setminus \{z \in W_1 \mid f_1(z) = \cdots = f_N(z) = 0\}$ とおくと，W は開集合であり，$x \in W \neq \phi$．$z \in W$ なら，μ のある q 次小行列式の z での値が消えない．だから，$\mu_z \otimes 1_C : \mathcal{O}_z^p \underset{\mathcal{O}_z}{\otimes} C \to \mathcal{O}_z^q \underset{\mathcal{O}_z}{\otimes} C$ は全射．中山の補題を使えば，$\mu_z : \mathcal{O}_z^p \to \mathcal{O}_z^q$ は全射となる．これは $\mathcal{R}_z=0$ を示す．$z \in W$ は任意だったから，$\mathcal{R}|_W=0$.　(証終)

定理 19.5　$\mathcal{F}$ を開集合 $U \subset C^n$ 上の連接 $\mathcal{O}$-加群層とする．すべての点 $x \in U$ に対して x の近傍 W が存在し，$\mathcal{F}|_W$ は長さ $\leq n$ のシジジーをもつ．

証明　点 $x \in U$ を固定する．$\mathcal{F}$ は連接だから，x の近傍 W_1 を選べば，$\mathcal{O}^{m_1} \to \mathcal{O}^{m_0} \to \mathcal{F}|_{W_1} \to 0$ の形の完全列がある．x での茎を考えると，$\mathcal{O}_x$ はネーター環だから注意 17.4 を参照すれば

$$\cdots \to \mathcal{O}_x^{m_n} \xrightarrow{\mu_n} \mathcal{O}_x^{m_{n-1}} \xrightarrow{\mu_{n-1}} \cdots \to \mathcal{O}_x^{m_1} \xrightarrow{\mu_1} \mathcal{O}_x^{m_0}$$

の形の完全列がある．ところが $\mathcal{O}_x$ は正則局所環だから定理 17.11（ヒルベルトのシジジー定理）により，$\mathrm{Ker}(\mu_{n-1})$ は $\mathcal{O}_x$-自由加群である．そこで

$$0 \to \mathcal{O}_x^{m_n} \xrightarrow{\mu_n} \mathcal{O}_x^{m_{n-1}} \to \cdots \to \mathcal{O}_x^{m_1} \xrightarrow{\mu_1} \mathcal{O}_x^{m_0} \tag{19.5}$$

の形の完全列があるとしてよい．各 μ_j を行列表示して，その行列の各成分がすべて W_2 上正則となるように x の近傍 $W_2 \subset W_1$ を選べば，その行列により，W_2 上の層の準同型の列

$$0 \xrightarrow{\mu_{n+1}} \mathcal{O}^{m_n} \xrightarrow{\mu_n} \mathcal{O}^{m_{n-1}} \xrightarrow{\mu_{n-1}} \cdots \xrightarrow{\mu_2} \mathcal{O}^{m_1} \xrightarrow{\mu_1} \mathcal{O}^{m_0} \xrightarrow{\varepsilon} \mathcal{F}|_{W_2} \to 0 \tag{19.6}$$

が定まる．ここで，$\mu_{i-1}\mu_i = 0\,(i \geq 1)$，そして $\mathrm{Ker}(\varepsilon) = \mathrm{Im}(\mu_1)$ となる．$\mathcal{R}_i = \mathrm{Ker}(\mu_i)/\mathrm{Im}(\mu_{i+1})\,(1 \leq i \leq n)$ とおく．(19.5) が完全であるということより，点 x での茎について $(\mathcal{R}_i)_x = 0$ である．また命題 11.8 により，各 $\mathcal{R}_i$ は連接層である．補題 19.4 により，各整数 $i\,(1 \leq i \leq n)$ について x の近傍 $N_i \subset W_2$ で $\mathcal{R}_i|_{N_i} = 0$ となるものがある．$W = \bigcap_{i=1} N_i$ とおくと，$\mathcal{R}_i|_W = 0\,(1 \leq i \leq n)$．このことは列 (19.6) は W へ制限すれば完全になることを示す．（証終）

定義 19.6 $\quad 0 \to \mathcal{O}^{p_l} \xrightarrow{\mu_l} \mathcal{O}^{p_{l-1}} \xrightarrow{\mu_{l-1}} \cdots \xrightarrow{\mu_1} \mathcal{O}^{p_0} \xrightarrow{\varepsilon} \mathcal{F} \to 0$

を開集合 $U \subset \boldsymbol{C}^n$ 上の層 $\mathcal{F}$ のシジジーとする．このシジジーの j 番目の場所の**補正**とは

$$0 \to \mathcal{O}^{m_e} \xrightarrow{\mu_e} \mathcal{O}^{m_{e-1}} \to \cdots \to \mathcal{O}^{m_{j+1}} \xrightarrow{\mu'_{j+1}} \mathcal{O}^{m_j+q} \xrightarrow{\mu'_j} \mathcal{O}^{m_{j-1}+q} \xrightarrow{\mu'_{j-1}} \mathcal{O}^{m_{j-2}}$$
$$\to \cdots \to \mathcal{O}^{m_1} \xrightarrow{\mu_1} \mathcal{O}^{m_0} \xrightarrow{\varepsilon} \mathcal{F} \to 0$$

の形の $\mathcal{F}$ のシジジーのことである．ただし，μ'_{j+1} は $\mu_j : \mathcal{O}^{m_{j+1}} \to \mathcal{O}^{m_j}$ と自然な単射 $\mathcal{O}^{m_j} \to \mathcal{O}^{m_j} \oplus \mathcal{O}^q = \mathcal{O}^{m_j+q}$ の合成，$\mu'_j = \mu_j \oplus 1 : \mathcal{O}^{m_j} \oplus \mathcal{O}^q \to \mathcal{O}^{m_{j-1}} \oplus \mathcal{O}^q$ ($1 : \mathcal{O}^q \to \mathcal{O}^q$ は恒等写像)，μ'_{j-1} は射影 $\mathcal{O}^{m_j+q} = \mathcal{O}^{m_j} \oplus \mathcal{O}^q \to \mathcal{O}^{m_{j-1}}$ と $\mu_{j-1} : \mathcal{O}^{m_{j-1}} \to \mathcal{O}^{m_{j-2}}$ の合成である．

定義 19.7 $\mathcal{F}, \mathcal{G}$ を開集合 $U \subset \boldsymbol{C}^n$ 上の層，

$$0 \to \mathcal{O}^{p_l} \xrightarrow{\mu_l} \mathcal{O}^{p_{l-1}} \xrightarrow{\mu_{l-1}} \cdots \xrightarrow{\mu_1} \mathcal{O}^{p_0} \xrightarrow{\varepsilon} \mathcal{F} \to 0, \tag{19.7}$$

$$0 \to \mathcal{O}^{q_l} \xrightarrow{\nu_l} \mathcal{O}^{q_{l-1}} \xrightarrow{\nu_{l-1}} \cdots \xrightarrow{\nu_1} \mathcal{O}^{q_0} \xrightarrow{\zeta} \mathcal{G} \to 0 \tag{19.8}$$

を $\mathcal{F}, \mathcal{G}$ のシジジーとする．$\varphi : \mathcal{F} \to \mathcal{G}$ を $\mathcal{O}$-加群の準同型とする．シジジー (19.7) から (19.8) への φ 上の**シジジーの準同型**とは，$\mathcal{O}$-加群の準同

型 $\varphi_i : \mathcal{O}^{p_i} \to \mathcal{O}^{q_i}$ の集合 $\{\varphi_i\}$ であって，次の図式

$$\begin{array}{ccccccccccccc}
0 \to \mathcal{O}^{p_l} & \xrightarrow{\mu_l} & \mathcal{O}^{p_{l-1}} & \xrightarrow{\mu_{l-1}} & \cdots & \xrightarrow{\mu_2} & \mathcal{O}^{p_1} & \xrightarrow{\mu_1} & \mathcal{O}^{p_0} & \xrightarrow{\varepsilon} & \mathscr{F} \to 0 \\
\downarrow{\scriptstyle \varphi_l} & & \downarrow{\scriptstyle \varphi_{l-1}} & & & & \downarrow{\scriptstyle \varphi_1} & & \downarrow{\scriptstyle \varphi_0} & & \downarrow{\scriptstyle \varphi} \\
0 \to \mathcal{O}^{q_l} & \xrightarrow{\nu_l} & \mathcal{O}^{q_{l-1}} & \xrightarrow{\nu_{l-1}} & \cdots & \xrightarrow{\nu_2} & \mathcal{O}^{q_1} & \xrightarrow{\mu_1} & \mathcal{O}^{q_0} & \xrightarrow{\zeta} & \mathscr{G} \to 0
\end{array}$$

が可換になるものをいう．これが**同型**であるとは，φ およびすべての φ_i が同型となることをいう．もちろん，このときすべての i について $p_i = q_i$ である．

定理 19.8　D を $\boldsymbol{C}^n$ の単連結多重領域とする．$\mathscr{F}, \mathscr{G}$ を D 上の連接 $\mathcal{O}$-加群層で，D 上の長さ有限のシジジーをもつものとする．また，$\varphi : \mathscr{F} \to \mathscr{G}$ を $\mathcal{O}$-加群 の同型とする．すると，シジジーの補正をそれぞれのシジジーに有限回ほどこすことにより，2つのシジジーの間に，φ 上の同型が存在するようにできる．

証明　$\mathscr{F}, \mathscr{G}$ のシジジーの長さの大きい方 l についての帰納法を用いる．$l=0$ のときは，φ_0 を $\mathcal{O}^{p_0} \xrightarrow[\sim]{\varepsilon} \mathscr{F} \xrightarrow[\sim]{\varphi} \mathscr{G} \xrightarrow[\sim]{\zeta} \mathcal{O}^{q_0}$ の合成とすればよい．そこで，$\mathscr{F}, \mathscr{G}$ のシジジーの長さがともに $l-1$ 以下のときは証明されたと仮定する．

(19.7)，(19.8) を $\mathscr{F}, \mathscr{G}$ のシジジーとする．$E_1, \cdots, E_{p_0} \in \mathcal{O}^{p_0}(D)$ を $E_i = (e_{i1}, \cdots, e_{ip_0})$，ただし $i \neq j$ のとき $e_{ij}=0$，$e_{ii}=1$ とおく．$\varphi\varepsilon(E_i) \in \mathscr{G}(D)$ である．系 19.3 により，$\mathcal{O}^{q_0}(D) \to \mathscr{G}(D)$ は全射だから，$F_i \in \mathcal{O}^{q_0}(D)$ で $\zeta(F_i) = \varphi\varepsilon(E_i)$ となるものがある．そこで $\sigma(E_i) = F_i\,(1 \leq i \leq p_0)$ とおくことにより，$\mathcal{O}$-加群の準同型 $\sigma : \mathcal{O}^{p_0} \to \mathcal{O}^{q_0}$ が定まる．つくり方より，$\zeta\sigma = \varphi\varepsilon$ となる．同様に $\tau : \mathcal{O}^{q_0} \to \mathcal{O}^{p_0}$ で $\varepsilon\tau = \varphi^{-1}\zeta$ となるものが構成できる．次の図式を可換にする σ, τ が得られた．

$$\begin{array}{ccccccc}
\mathcal{O}^{p_1} & \xrightarrow{\mu_1} & \mathcal{O}^{p_0} & \xrightarrow{\varepsilon} & \mathscr{F} & \longrightarrow & 0 \\
 & & {\scriptstyle \tau}\uparrow\downarrow{\scriptstyle \sigma} & & \downarrow{\scriptstyle \varphi} & & \\
\mathcal{O}^{q_1} & \xrightarrow{\nu_1} & \mathcal{O}^{q_0} & \xrightarrow{\zeta} & \mathscr{G} & \longrightarrow & 0
\end{array}$$

1番目の場所を補正して，さらに次の φ_0, φ_0' をつくる．

$$\begin{array}{ccccccccc}
\cdots \longrightarrow \mathcal{O}^{p_2} & \xrightarrow{\mu_2'} & \mathcal{O}^{p_1+q_0} & \longrightarrow & \mathcal{O}^{p_0+q_0} & \xrightarrow{\varepsilon'} & \mathscr{F} & \longrightarrow & 0 \\
 & & & & {\scriptstyle \varphi_0'}\uparrow\downarrow{\scriptstyle \varphi_0} & & \downarrow{\scriptstyle \varphi} & & \\
\cdots \longrightarrow \mathcal{O}^{q_2} & \xrightarrow{\nu_2'} & \mathcal{O}^{q_1+p_0} & \longrightarrow & \mathcal{O}^{q_0+p_0} & \xrightarrow{\zeta'} & \mathscr{G} & \longrightarrow & 0
\end{array} \tag{19.9}$$

$\varphi_0 : \mathcal{O}^{p_0} \oplus \mathcal{O}^{q_0} \to \mathcal{O}^{q_0} \oplus \mathcal{O}^{p_0}$ は芽 $(F, G) \in \mathcal{O}_z^{p_0} \oplus \mathcal{O}_z^{q_0}$ について，$\varphi_0(F, G) = (G-$

$\sigma\tau G+\sigma F,\ \ F-\tau G)\in\mathscr{O}_z^{q_0}\oplus\mathscr{O}_z^{p_0}$，$\varphi_0'$：$\mathscr{O}^{q_0}\oplus\mathscr{O}^{p_0}\to\mathscr{O}^{p_0}\oplus\mathscr{O}^{q_0}$ は芽 $(K,L)\in\mathscr{O}_z^{q_0}\oplus\mathscr{O}_z^{p_0}$ について，$\varphi_0'(K,L)=(L-\tau\sigma L+\tau K,\ \ K-\sigma L)\in\mathscr{O}_z^{p_0}\oplus\mathscr{O}_z^{q_0}$ とおく．φ_0 を行列表示すれば $\begin{bmatrix}\sigma, & 1-\sigma\tau\\ 1, & -\tau\end{bmatrix}$ であり，φ_0' は $\begin{bmatrix}\tau, & 1-\tau\sigma\\ 1, & -\sigma\end{bmatrix}$ である．したがって，それぞれが他の逆写像になっている．そして

$$\begin{aligned}\zeta'\varphi_0(F,G)&=\zeta(G-\sigma\tau G+\sigma F)\\&=\zeta G-\varphi\varepsilon\tau G+\varphi\varepsilon F\\&=\zeta G-\varphi\varphi^{-1}\zeta G+\varphi\varepsilon F\\&=\varphi\varepsilon F\\&=\varphi\varepsilon'(F,G),\end{aligned}$$

つまり $\zeta'\varphi_0=\varphi\varepsilon'$．

$\mathscr{F}_0=\mathrm{Ker}(\varepsilon')$，$\mathscr{G}_0=\mathrm{Ker}(\zeta')$ とおくと，$\mathscr{F}_0,\mathscr{G}_0$ のシジジーと同型 φ_0

$$\begin{array}{ccccccccccc}0\to\mathscr{O}^{p_e}&\xrightarrow{\mu_e}&\cdots\to\mathscr{O}^{p_2}&\xrightarrow{\mu_2'}&\mathscr{O}^{p_1+q_0}&\xrightarrow{\mu_1}&\mathscr{F}_0\to 0\\&&&&&&\downarrow\varphi_0\\0\to\mathscr{O}^{q_e}&\xrightarrow{\nu_e}&\cdots\to\mathscr{O}^{q_2}&\xrightarrow{\nu_2'}&\mathscr{O}^{q_1+p_0}&\xrightarrow{\nu_1'}&\mathscr{G}_0\to 0\end{array}$$

が得られる．帰納法の仮定により有限回の補正ののちに，φ_0 上のシジジーの同型が得られるとしてよい．この結果と（19.9）を合わせると，望む結果が得られる．（証終）

いよいよ，シジジーの貼り合わせの手続きに入る．基本的な設定を，カルタンの補題の議論に現れた，直方体 K,K',K'' に対して定式化しよう．

補題 19.9 $\mathscr{F}$ を $\bar{K}'\cup\bar{K}''$ の近傍上の連接 $\mathscr{O}$-加群層とする．そして $\mathscr{F}$ は $\bar{K}'$ の近傍上で長さ有限のシジジーをもち，また $\bar{K}''$ の近傍上でも長さ有限のシジジーをもつとする．すると $\mathscr{F}$ は $\bar{K}'\cup\bar{K}''$ の近傍上で長さ有限のシジジーをもつ．

証明 もとの直方体 K,K',K'' を少しふくらませて考えれば，$\mathscr{F}$ が直方体 $K'\cup K''$ 上で長さ有限のシジジーをもつことをいえば十分である．U',U'' をそれぞれ，$\bar{K}'\bar{K}''$ の近傍で，$\mathscr{F}$ は U' 上および U'' 上に長さ有限のシジジーをもつと仮定する．また，U',U'' および $U=U'\cap U''$ はそれ自身直方体であるようにとっておく．U' および U'' 上のシジジーは U 上に $\mathscr{F}|_U$ の2つのシジジーを導く．定理 19.8 によれば，有限回の補正の後に，この2つの

シジジーは，恒等写像 $i:\mathscr{F}|_U\to\mathscr{F}|_U$ 上の同型をもつ． $U\subset U'$ 上のシジジーの補正は， U' 上のシジジーの 補正に拡張されることは定義より明らかである．結局，有限回の補正を U' および U'' 上のシジジーに施すことにより，次の形の図式が得られることがわかる．

$$\begin{array}{ccccccccccc}
0\to\mathscr{O}|_{U'}^{p_m} & \xrightarrow{\mu_m} & \mathscr{O}|_{U'}^{p_{m-1}} & \to\cdots & \xrightarrow{\mu_1} & \mathscr{O}|_{U'}^{p_0} & \xrightarrow{\varepsilon} & \mathscr{F}|_{U'}\to 0 \\
\Big\downarrow{\scriptstyle\lambda_m} & & \Big\downarrow{\scriptstyle\lambda_{m-1}} & & & \Big\downarrow{\scriptstyle\lambda_0} & & \Big\downarrow{\scriptstyle i} \\
0\to\mathscr{O}|_{U''}^{p_m} & \xrightarrow{\nu_m} & \mathscr{O}|_{U'}^{p_{m-1}} & \to\cdots & \xrightarrow{\nu_1} & \mathscr{O}|_{U''}^{p_0} & \xrightarrow{\zeta} & \mathscr{F}|_{U''}\to 0
\end{array}$$

ただし，縦の矢印は，U へ制限したときにはじめて定義され，図式を可換にする同型写像である．それぞれの準同型 λ_i は，U 上定義された可逆な行列に値をもつ正則関数 $F_i(z)$ で表示される．カルタンの補題により，それぞれ K' および K'' 上定義された可逆行列値正則関数 $F'(z), F''(z)$ が存在して，$z\in K$ について $F_i(z)=F_i''(z)^{-1}F_i'(z)^{-1}$ となる．$F'(z), F''(z)$ はひるがえって，同型 $\lambda_i':\mathscr{O}_{K'}^{p_i}\to\mathscr{O}_{K'}^{p_i}$，$\lambda_i'':\mathscr{O}|_{K''}^{p_i}\to\mathscr{O}|_{K''}^{p_i}$ で K に制限したときには，$\lambda_i=(\lambda_i'')^{-1}(\lambda_i')^{-1}$ となるものを定める．次の図式を得る．

$$\begin{array}{ccccccc}
0\to\mathscr{O}|_{K'}^{p_m} & \xrightarrow{\mu_m'} \cdots \xrightarrow{\mu_1'} & \mathscr{O}|_{K'}^{p_0} & \xrightarrow{\varepsilon'} & \mathscr{F}|_{K'}\to 0 \\
\Big\downarrow{\scriptstyle\lambda_m'} & & \Big\downarrow{\scriptstyle\lambda_0'} & & \Big\downarrow{\scriptstyle i'} \\
0\to\mathscr{O}|_{K'}^{p_m} & \xrightarrow{\mu_m} \cdots \xrightarrow{\mu_1} & \mathscr{O}|_{K'}^{p_0} & \xrightarrow{\varepsilon} & \mathscr{F}|_{K'}\to 0 \\
\Big\downarrow{\scriptstyle\lambda_m} & & \Big\downarrow{\scriptstyle\lambda_0} & & \Big\downarrow{\scriptstyle i} \\
0\to\mathscr{O}|_{K''}^{p_m} & \xrightarrow{\nu_m} \cdots \xrightarrow{\nu_1} & \mathscr{O}|_{K''}^{p_0} & \xrightarrow{\zeta} & \mathscr{F}|_{K''}\to 0 \\
\Big\downarrow{\scriptstyle\lambda_m''} & & \Big\downarrow{\scriptstyle\lambda_0''} & & \Big\downarrow{\scriptstyle i''} \\
0\to\mathscr{O}|_{K''}^{p_m} & \xrightarrow{\nu_m'} \cdots \xrightarrow{\nu_1'} & \mathscr{O}|_{K''}^{p_0} & \xrightarrow{\zeta'} & \mathscr{F}|_{K''}\to 0
\end{array}$$

$\lambda_0,\cdots,\lambda_m$ は， $U\supset K'\cap K''$ 上でのみ定義される準同型である．また，$\mu_1',\cdots,\mu_m',\nu_1',\cdots\nu_m'$ は上の図式が可換であるという条件で一意的に定まる準同型である． $K=K'\cap K''$ へ制限するといちばん上のシジジーといちばん下のシジジーとの間には恒等写像 $i:\mathscr{F}|_K\to\mathscr{F}|_K$ 上のシジジーの同型 $\{\lambda_i''\lambda_i\lambda_i'\}$ が存在することになる． ところが $\lambda_i''\lambda_i\lambda_i'$ は $\mathscr{O}|_K^{p_i}$ の恒等写像である． 結局いちばん上といちばん下のシジジーは，貼り合わさって，$K'\cup K''$ 上のシジジーを定めることがわかる．　(証終)

定理 19.10 $\mathscr{F}$ を単連結多重領域 D 上の連接 $\mathscr{O}$-加群層とする．コンパクト部分集合 $K\subset D$ に対して，開集合 U を，$K\subset U\subset\bar{U}\subset D$ かつ，$\mathscr{F}$ は U 上

の長さ有限のシジジーをもつように選べる.

証明　リーマンの写像定理を用いることにより，多重領域 $D=D_1\times D_2\times\cdots\times D_n$ の各 D_i は，複素平面の正方形の内部か複素平面全体であると仮定できる．D_i に含まれる長方形を選んでその内部 U_i について，$K\subset U=U_1\times\cdots\times U_n\subset D$ となるようにする．$\bar{U}$ はコンパクトである．定理 19.5 によれば，各点 $x\in\bar{U}$ に対して，その近傍 W_x で $\mathscr{F}|_{W_x}$ が長さ有限のシジジーをもつようなものがある．したがって各 $\bar{U}_i$ を辺に平行な直線で縦横に細分したとき，ひき起こされた U の細分に対して，得られた小さな直方体の閉包の近傍では必ず，$\mathscr{F}$ は長さ有限のシジジーをもつとしてよい．あとは補題 19.9 を用いてはじから順にそのシジジーを貼り合わせてゆけばよいのである．

$n=2$ の場合に貼り合わせの手続きを詳しく示そう．U_1, U_2 は図 23 のように長方形に細分され，U_1 内の小さな長方形と U_2 内の小さな長方形の直積の近傍の上では，$\mathscr{F}$ は長さ有限のシジジーをもつとする．

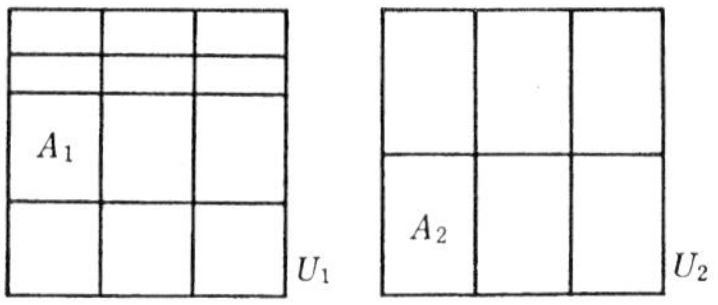

図 23

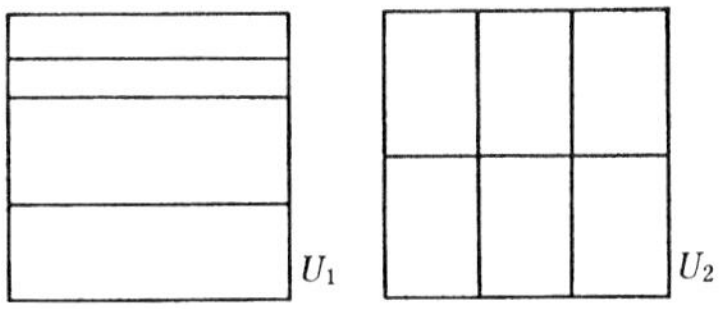

図 24

長方形 $A_2\subset U_2$ を固定する．U_1 内の長方形 A_1 を，まず 1 つの行にそって左から右へ動かす．U_1 の 1 つの行にある長方形を，順に $A_{11},\cdots,A_{1k}$ と名づけよう．まず $A_{11}\times A_2$ と $A_{12}\times A_2$ に対して補題 19.9 を用いて，$(A_{11}\cup A_{12})\times A_2$ の近傍上では $\mathscr{F}$ は長さ有限のシジジーをもつことがわかる．$(A_{11}\cup A_{12})\times A_2$ と $A_{13}\times A_2$，さらに進んで $(\bigcup_{i=1}^{l}A_{1i})\times A_2$ と $A_{1l+1}\times A_2$ に対してつぎつぎと補題 19.9 を適用すれば，U_1 の細分の 1 つの行 $\times A_2$ の形の集合の近傍で長さ有限のシジジーがある．行と A_2 をとりかえて同じ手続きを反復すれば，結局 U_1 の分割は図 24 のようであると仮定してよいことになる．

今度は U_1 について縦方向に同じ手続きを行えば，U_1 は細分されていないと仮定できる (図 25)．

A_2 を U_2 の分割の行にそって走らせながら，シジジーの貼り合わせを行えば，U_2 は縦方向には分割されていないとしてよい (図 26)．

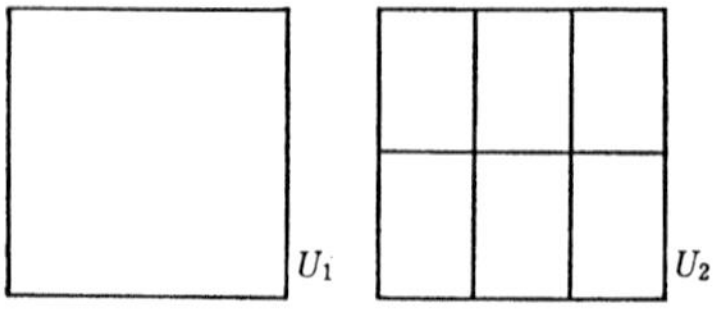

図 25

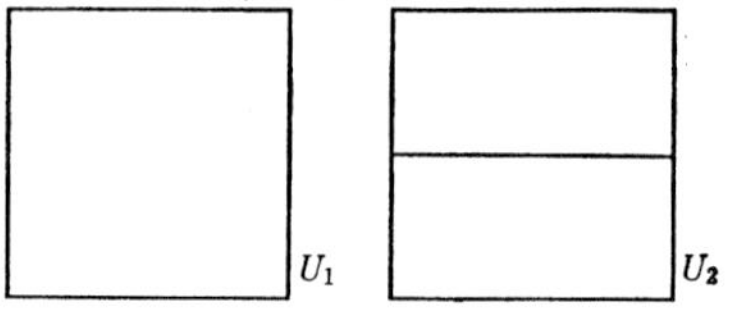

図 26

最後に U_2 の縦方向に貼り合わせを行えば，$\bar{U}_1\times\bar{U}_2$ の近傍上のシジジーができる．

n が一般の場合もまったく同様である．　　（証終）

定理 19.2，系 19.3 を考え合わせれば，次の定理が得られる．

定理 19.11　$D\subset C^n$ を単連結多重領域，$\mathscr{F}$ を D 上の連接層とする．単連結多重領域 $K\subset D$ が，その閉包 $\bar{K}$ がコンパクトかつ $\bar{K}\subset D$ ならば

（A）　層 $\mathscr{F}|_K$ は有限個の $\mathscr{F}(K)$ の元で生成される．つまり，$f_1,\cdots,f_p\in\mathscr{F}(K)$ があり，任意の点 $x\in K$ について，$\mathscr{F}_x$ の元は $\sum_{i=1}^{p}r_if_i$，$r_i\in\mathscr{O}_x$ の形に書ける．

（B）　$H^q(K,\mathscr{F})=0$　$(q>0)$．

証明　シジジーの貼り合わせ定理（定理 19.10）により，$\mathscr{F}$ は $\bar{K}$ の近傍上の長さ有限のシジジーをもつ．それを K 上に制限した後，定理 19.2 を適用すれば（B）が得られる．また，$\mathscr{O}^p\xrightarrow{\mu}\mathscr{F}|_K\to 0$ の形の完全列がある．定理 19.8 の証明での記号を使えば，$E_1,\cdots,E_p\in\mathscr{O}^p(K)$ が $\mathscr{O}^p$ を生成することから，$\mu(E),\cdots,\mu(E_p)\in\mathscr{F}(K)$ が $\mathscr{F}|_K$ を生成することがわかる．　　（証終）

§20.　フレシェ空間の構造の導入

閉包がコンパクトな多重円板 $\Delta\subset\mathbf{C}^n$ について，$\mathscr{F}$ が閉包 $\bar{\Delta}$ の近傍上の連接層ならば，$H^q(\Delta,\mathscr{F})=0\,(q>0)$ となることが，前節の最後で示された．

$\bar{\Delta}$ がコンパクトであるとか，$\mathscr{F}$ が $\bar{\Delta}$ の近傍まで 延びる とかいう条件は取り除けないだろうか．次に，この付帯条件をはずすことを考えよう．

準備として新しい概念を導入する．

多重円板 $\Delta\subset C^n$ を考える．$\mathscr{O}$ は Δ 上の正則関数のつくる層である．Δ 上の正則関数 $f\in H^0(\Delta,\mathscr{O})=E$ とコンパクト集合 $K\subset\Delta$ について，$\|f\|_K=\sup\limits_{z\in K}$

$|f(z)|$ とおく．すると

（0） $0\leq\|f\|_K<+\infty$,

（1） $f_1, f_2\in E$ に対して，$\|f_1+f_2\|_K\leq\|f_1\|_K+\|f_2\|_K$,

（2） $c\in\boldsymbol{C}, f\in E$ に対して $\|cf\|_K=|c|\|f\|_K$.

つまり，$\|\ \ \|_K$ は**半ノルム**である（注意 20.1 参照）．そしてさらに

（3） すべてのコンパクト集合 $K\subset\Delta$ に対して，$\|f\|_K=0$ ならば $f=0$,

（4） 列 $f_m\in E$ $(m=1, 2, \cdots)$ はどのようなコンパクト集合 $K\subset\Delta$ に対しても，半ノルム $\|\ \ \|_K$ についてのコーシー列であるとする．するとその極限 $f\in E$ が存在する．

（5） コンパクト集合 K, K'，ただし $K\subset K'\subset\Delta$ に対して $\|f\|_K\leq\|f\|_{K'}$.

（3）の内容は一致の定理である．実際はもっと弱く，内点をもつあるコンパクト集合 $K_0\subset\Delta$ に対して，$\|f\|_{K_0}=0$ ならば $f=0$ となる．

（4）において，$f_m (m=1, 2, \cdots)$ が半ノルム $\|\ \ \|_K$ についてのコーシー列であるとは，$l, m\to+\infty$ のとき，$\|f_l-f_m\|_K\to 0$ となることをいう．また f が列 f_m の極限であるとは，任意のコンパクト集合 K に対して，$m\to+\infty$ のとき $\|f-f_m\|_K\to 0$ となることをいう．（3）により，極限は存在したとしてもただ1つである．（4）は，正則関数の広義一様収束極限は再び正則関数である，ということのいいかえにすぎない．

注意 20.1 ベクトル空間 E 上に可算個の半ノルム $\|\ \ \|_i$ $(i=1, 2, \cdots)$ が与えられたとする．ただし，$\|\ \ \|_i$ が半ノルムであるとは，$x, x'\in E$，スカラー c に対し

（0） $0\leq\|x\|_i\in\boldsymbol{R}$,

（1） $\|x+x'\|_i\leq\|x\|_i+\|x'\|_i$,

（2） $\|cx\|_i=|c|\|x\|_i$

が常に満たされることをいう．そして E はさらに

（3） すべての i について $\|x\|_i=0$ ならば $x=0$,

（4） 列 $x_m\in E$ がすべての i に対して，半ノルム $\|\ \ \|_i$ のコーシー列ならば，列 x_m の極限 $x\in E$ が存在する，

の2つの条件を満たすとする．このとき，E は**フレシェ空間**であるという．

多重円板 Δ の開集合の列 $U_1\subset U_2\subset\cdots\subset U_i\subset U_{i+1}\subset\cdots\subset\Delta$ を（i）$\bar{U}_i$ はコ

ンパクト，(ii) $\varDelta=\bigcup_i U_i$，となるように選び，$\|\ \|_i=\|\ \|_{\bar{U}_i}$ とおく．先の条件 (5) を考え合わせると $H^0(\varDelta, \mathscr{O})$ はいま定義した半ノルム系 $\{\|\ \|_i\}$ に対して，フレシェ空間となる．

さて，$\mathscr{F}$ を多重円板 $\varDelta$ 上の連接 $\mathscr{O}$-加群層とする．(0)〜(5) と同じ性質をもつ半ノルム系 $\{\|\ \|_K\}$ を $H^0(\varDelta, \mathscr{F})$ にも導入したい．

$\mathscr{F}\cong\mathscr{O}^t$ のときは簡単である．$f=(f_1,\cdots,f_t)\in H^0(\varDelta, \mathscr{O}^t)\cong H^0(\varDelta, \mathscr{O})^t$ に対して $\|f\|_K=\max_{1\le i\le t}\|f_i\|_K$ とおけばよい．以下では $H^0(\varDelta, \mathscr{O}^t)$ にはこの半ノルムの系 $\{\|\ \|_K\}$ が定義されていると了解する．

次に $\mathscr{F}$ が $\mathscr{O}^t$ の部分層のときを考えよう．$H^0(\varDelta, \mathscr{F})$ は $H^0(\varDelta, \mathscr{O}^t)$ の部分空間であるとみなせる．

補題 20.2　$H^0(\varDelta, \mathscr{F})$ は $H^0(\varDelta, \mathscr{O}^t)$ の部分空間として閉である．つまり，列 $f_m\in H^0(\varDelta, \mathscr{F})$ $(m=1, 2, \cdots)$ が任意のコンパクト集合 $K\subset\varDelta$ に対して，$H^0(\varDelta, \mathscr{O}^t)$ 上の半ノルム $\|\ \|_K$ についてのコーシー列になるのなら，その極限 f が $H^0(\varDelta, \mathscr{F})$ 内に存在する．

証明　$H^0(\varDelta, \mathscr{O}^t)$ についての性質 (5) により，$H^0(\varDelta, \mathscr{O}^t)$ 内に列 f_m の極限 f が存在する．これが $H^0(\varDelta, \mathscr{F})$ に属することをいえばよい．

点 $x\in\varDelta$ について，x の十分小さい近傍 W を選べば，層の準同型 $\mathscr{O}^p\to\mathscr{O}^t$ をつくって $\mathscr{F}|_W=\mathrm{Im}(\mathscr{O}^p\to\mathscr{O}^t)$ となるようにできる．第1部の定理 8.1 によれば，多重円板 D で，閉包 $\bar{D}$ はコンパクトかつ $x\in D\subset\bar{D}\subset W$ となるものが存在して，$\mathscr{F}(\bar{D})$ は $\mathscr{O}^t(\bar{D})$ の中で，ノルム $\|\ \|_{\bar{D}}$ の意味で閉である．ただし，$\mathscr{F}(\bar{D}), \mathscr{O}^t(\bar{D})$ はそれぞれ $\bar{D}$ の近傍での $\mathscr{F}, \mathscr{O}^t$ の切断の全体である．f_m は $\|\ \|_{\bar{D}}$ について，コーシー列をつくるから，$\mathscr{F}(\bar{D})$ が閉なことより，$f\in\mathscr{F}(\bar{D})$．特に $f\in\mathscr{F}(D)$．D は x が $\varDelta$ 上を動くとき，$\varDelta$ の開被覆をつくるから，$\mathscr{F}$ の貼り合わせ公理と $\mathscr{O}^t$ の同一性公理により，$f\in\mathscr{F}(\varDelta)=H^0(\varDelta, \mathscr{F})$．　　（証終）

したがって，$H^0(\varDelta, \mathscr{O}^t)$ の半ノルム $\|\ \|_K$ を部分空間 $H^0(\varDelta, \mathscr{F})$ に制限すれば，これは (0)〜(5) を満たす．

一般の連接 $\mathscr{O}$-加群層 $\mathscr{F}$ については少しむずかしいので，多重円板 Δ 上の連接 $\mathscr{O}$-加群層 $\mathscr{F}$ が長さ有限のシジジーをもつときを考える．後の応用のためにはそれで十分である．

$\mathscr{O}^t \xrightarrow{\alpha} \mathscr{F} \to 0$ の形の Δ 上の $\mathscr{O}$-加群層の完全列があり，任意の多重円板 $D \subset \Delta$ に対して，$H^0(D, \mathscr{O}^t) \xrightarrow{\alpha} H^0(D, \mathscr{F})$ は全射であると仮定できる．そこで，コンパクト集合 $K \subset D$ と $f \in H^0(D, \mathscr{F})$ に対して

$$\|f\|_K = \inf\{\|g\|_K \,|\, g \in H^0(D, \mathscr{O}^t),\ \alpha(g) = f\}$$

とおく．

補題 20.3 上で定義した $E = H^0(D, \mathscr{F})$ 上の半ノルム系 $\{\|\ \ \|_K\}$ は性質 (0), (1), (2), (3), (4), (5) をもつ．さらに

(6) 2つの多重円板 D, D'，ただし $D' \subset D \subset \Delta$．そしてコンパクト集合 $K \subset D'$，$f \in H^0(D, \mathscr{F})$ に対して

$$\|\mathrm{res}^D_{D'}(f)\|_K \leq \|f\|_K$$

が成り立つ．

証明 (0), (1), (2), (5), (6) は定義より明らかである．

(3), (4) を示すには $D = \Delta$ と仮定してよい．そこで，多重円板の列 $D_1 \subset D_2 \subset \cdots \subset D_j \subset D_{j+1} \subset \cdots \subset \Delta$ を (i) $\bar{D}_j \subset D_{j+1}$，(ii) $\bar{D}_j$ はコンパクト，(iii) $\Delta = \bigcup_j D_j$ を満たすように選んでおく．

簡単のために $\|\ \ \|_j = \|\ \ \|_{\bar{D}_j}$ と書く．$\|\ \ \|_1 \leq \|\ \ \|_2 \leq \cdots \leq \|\ \ \|_j \leq \|\ \ \|_{j+1} \leq \cdots$ となることに注意しよう．また $K \subset D_j$ のとき $\|\ \ \|_K \leq \|\ \ \|_j$ である．

(3) を示そう．すべてのコンパクト集合 $K \subset \Delta$ について $\|f\|_K = 0$ とする．当然すべての正整数 i に対して，$\|f\|_j = 0$ となる．$H^0(\Delta, \mathscr{F})$ における半ノルムの定義により，正整数 m に対して，$\|g_m\|_m \leq 2^{-(m+1)}$，$\alpha(g_m) = f$ を満たす $g_m \in H^0(\Delta, \mathscr{O}^t)$ がある．$\mathscr{R} = \mathrm{Ker}(\alpha : \mathscr{O}^t \to \mathscr{F})$ とおくと $\alpha(g_1 - g_m) = f - f = 0$ だから，$g_1 - g_m \in H^0(\Delta, \mathscr{R})$．このとき，列 $g_1 - g_m$ の極限は g_1 である．これをいうにはすべてのコンパクト集合 $K \subset \Delta$ について，$m \to +\infty$ のとき $\|(g_1 - g_m) - g_1\|_K = \|g_m\|_K \to 0$ をいえば十分である．コンパクト集合 K に対し，$K \subset D_j$ となる j を固定する．任意の実数 $\varepsilon > 0$ に対して整数 $N > 0$ を，$\varepsilon \geq 2^{-(N+1)}$ $N \geq j$ となるようにとれば，$m \geq N$ のとき，

$$\|g_m\|_K \leq \|g_m\|_j \leq \|g_m\|_m \leq 2^{-(m+1)} \leq 2^{-(N+1)} \leq \varepsilon.$$

ここで，$j\leq m$ のとき $\|g\|_j\leq\|g\|_m$ となることを使った．これは $\|g_m\|_K\to 0$ を示す．補題 20.2 により $\lim_{m\to\infty}(g_1-g_m)=g_1\in H^0(\varDelta,\mathscr{R})=\mathrm{Ker}(\alpha)$．したがって $f=\alpha(g_1)=0$.

（4）を示す．列 $f_m\in H^0(\varDelta,\mathscr{F})$ はすべてのコンパクト集合 $K\subset\varDelta$ について，半ノルム $\|\ \|_K$ のコーシー列になったとする．当然，すべての正整数 j について，$\|\ \|_j=\|\ \|_{\bar{D}_j}$ のコーシー列となる．

f_m の部分列 $f_{m_k}(m_1<m_2<\cdots<m_k<m_{k+1}<\cdots)$ を $\|f_{m_{k+1}}-f_{m_k}\|_k\leq 2^{-(k+1)}$ となるように選ぶ．$g'_{k+1}\in H^0(\varDelta,\mathscr{O}^t)$ $(k=1,2,\cdots)$ を $\alpha(g'_{k+1})=f_{m_{k+1}}-f_{m_k}$, $\|g'_{k+1}\|_k\leq 2^{-k}$ となるように定める．$2^{-k}>2^{-(k+1)}$ であるから，$H^0(\varDelta,\mathscr{F})$ におけるノルムの定義の仕方によりこのような g'_{k+1} は存在する．また $g'_1\in H^0(\varDelta,\mathscr{O}^t)$ を $\alpha(g'_1)=f_{m_1}$ となるように定める．$g_k=g'_1+g'_2+\cdots+g'_k$ とおく．$\alpha(g_k)=f_{m_k}$ となる．この時列 g_k はすべてのノルム $\|\ \|_K$ に対してコーシー列となる．このことをみよう．まず，コンパクト集合 K に対し，$K\subset D_j$ となる正整数 j を 1 つ固定しておく．任意の実数 $\varepsilon>0$ に対して，整数 $N>0$ を，$N\geq j$, $\varepsilon>2^{-N+1}$ となるように定めると，$k'>k\geq N$ のとき

$$\begin{aligned}\|g_{k'}-g_k\|_K&\leq\|g_{k'}-g_k\|_{\bar{D}_j}\\&=\|g'_{k+1}+\cdots+g'_{k'}\|_j\\&\leq\|g'_{k+1}\|_k+\cdots+\|g'_{k'}\|_{k'-1}\\&\leq 2^{-k}+\cdots+2^{-(k'-1)}\\&\leq 2^{-k+1}\leq 2^{-N+1}\leq\varepsilon.\end{aligned}$$

ここでも，$j\leq k$ のとき $\|g\|_j\leq\|g\|_k$ となることを使った．$H^0(\varDelta,\mathscr{O}^t)$ についての性質（5）により，列 g_k の極限 g が存在する．$f=\alpha(g)\in H^0(\varDelta,\mathscr{F})$ とおく．$k\geq j$ のとき，$\alpha(g-g_k)=f-f_{m_k}$ だから

$$\begin{aligned}\|f-f_{m_k}\|_j&=\inf_{h\in H^0(\varDelta,\mathscr{R})}\|g-g_k+h\|_j\\&\leq\|g-g_k\|_j\\&\leq\sum_{l=k}^{\infty}\|g'_{l+1}\|_j\\&\leq\sum_{l=k}^{\infty}\|g'_{l+1}\|_l\\&\leq\sum_{l=k}^{\infty}2^{-l}=2^{-k+1}\end{aligned}$$

となる．f が列 f_m の極限であることを示したい．そのためには，任意のコ

ンパクト集合 $K \subset \Delta$ について，$m \to +\infty$ のとき，$\|f-f_m\|_K \to 0$ となることをいえばよい．つまり，任意の実数 $\varepsilon>0$ に対して，整数 $N>0$ が存在して，$m \geq N$ のとき，$\|f-f_m\|_K \leq \varepsilon$ となることを示せばよい．まず $K \subset D_j$ となる整数 j を1つ固定する．f_m は半ノルム $\|\ \|_j$ についてもコーシー列だから，実数 $\varepsilon>0$ に対して整数 $N>0$ が存在し，$m, m' \geq N$ のとき，$\|f_m - f_{m'}\| \leq \varepsilon/2$ となる．さらに，必要ならば N を大きくとりなおすことにより，$N \geq j, \varepsilon \geq 2^{-N+2}$ と仮定してよい．すると，$j \leq N \leq m_N$ に注意すれば，$m \geq N$ のとき

$$\begin{aligned}\|f-f_m\|_K &\leq \|f-f_m\|_j \\ &\leq \|f-f_{m_N}\|_j + \|f_{m_N} - f_m\|_j \\ &\leq 2^{-N+1} + \varepsilon/2 \leq \varepsilon/2 + \varepsilon/2 = \varepsilon.\end{aligned}$$

（証終）

最後に，一般の場合に少し触れよう．$\mathscr{F}$ を多重円板 $\Delta \subset \boldsymbol{C}^n$ 上の連接 $\mathscr{O}$-加群層とする．多重円板の列 $D_1 \subset D_2 \subset \cdots \subset D_j \subset D_{j+1} \subset \cdots \Delta$ を，(i) $\bar{D}_j \subset D_{j+1}$，(ii) $\bar{D}_j$ はコンパクト，(iii) $\Delta = \bigcup_j D_j$ となるように選んでおく．シジジーの貼り合わせ定理(定理19.10)により，$\mathscr{F}$ は各 D_j 上で長さ有限のシジジーをもつ．

$D' \subset \Delta$ を閉包がコンパクトな任意の多重円板としよう．$D' \subset D_j$ となる整数 j に対し D_j 上の $\mathscr{F}$ のシジジーの D' への制限を考えれば，$\mathscr{O}^{t_j} \xrightarrow{\alpha_j | D'} \mathscr{F}|_D \to 0$ の形の完全列が存在し，$H^0(D', \mathscr{O}^{t_j}) \xrightarrow{\alpha_j} H^0(D', \mathscr{F})$ は全射であると仮定できる．このとき $f \in H^0(D', \mathscr{F})$ およびコンパクト集合 $K \subset D'$ に対して

$$\|f\|_K^j = \inf\{\|g\|_K \,|\, g \in H^0(D', \mathscr{O}^{t_j}),\ \alpha_j(g) = f\}$$

とおく．補題20.3により，j を固定したとき，$H^0(D', \mathscr{F})$ 上の半ノルム系 $\{\|\ \|_K^{(j)} \,|\, K \subset D'$ はコンパクト集合$\}$ は性質 (0)～(6) をもつ．

補題 20.4 各整数 $j \geq 3$ について，定数 $M_j>0$ が存在して，任意の $f \in H^0(D_{j-1}, \mathscr{F})$ に対して $\|f\|_{\bar{D}_{j-2}}^{j-1} \leq M_j \|f\|_{\bar{D}_{j-2}}^j$ となる．

証明 $\mathscr{O}^{t_{j-1}} \xrightarrow{\alpha_{j-1}} \mathscr{F}|_D \to 0$ を $D = D_{j-1}$ 上の $\mathscr{F}$ のシジジーのはじめの部分，$\mathscr{O}^{t_j} \xrightarrow{\alpha_j} \mathscr{F}|_D \to 0$ を D_j 上のそれの $D = D_{j-1}$ への制限とする．定理19.8の証明によれば，準同型 $\varphi: \mathscr{O}^{t_j} \to \mathscr{O}^{t_{j-1}}$ が存在して，$\alpha_{j-1} \cdot \varphi = \alpha_j$ となる．第1部の注意7.5によれば，定数 $M_j>0$ が存在して，すべての $g \in H^0(D, \mathscr{O}^{t_j})$ について $\|\varphi(g)\|_{\bar{D}_{j-2}} \leq M_j \|g\|_{\bar{D}_{j-2}}$ となる．このとき，$f \in H^0(D, \mathscr{F})$ に対して

$$\begin{aligned} M_j\|f\|^j_{\overline{D}_{j-2}} &= \inf\{M_j\|g\|_{\overline{D}_{j-2}} \mid g\in H^0(D, \mathcal{O}^{t_j}),\ \ \alpha_j(g)=f\} \\ &\geq \inf\{\|\varphi(g)\|_{\overline{D}_{j-2}} \mid g\in H^0(D, \mathcal{O}^{t_j}),\ \ \alpha_{j-1}\varphi(g)=f\} \\ &\geq \inf\{\|g'\|_{\overline{D}_{j-2}} \mid g'\in H^0(D, \mathcal{O}^{t_{j-1}}),\ \ \alpha_{j-1}(g')=f\} \\ &= \|f\|^{j-1}_{\overline{D}_{j-2}}. \end{aligned}$$

（証終）

補題 20.5　任意の実数 $\varepsilon>0$ および任意の $\theta\in H^0(D_{m-1}, \mathcal{F})$ に対して，$\tau\in H^0(D_m, \mathcal{F})$ が存在して

$$\|\mathrm{res}^{D_m}_{D_{m-1}}(\tau)-\theta\|^{m-1}_{\overline{D}_{m-2}}\leq\varepsilon.$$

証明　$\mathcal{O}^{t_m}\xrightarrow{\alpha_m}\mathcal{F}|_{D_m}\to 0$ を，D_m 上のシジジーのはじめの部分とする．$H^0(D_{m-1}, \mathcal{O}^{t_m})\xrightarrow{\alpha_m}H^0(D_{m-1}, \mathcal{F})$ は全射であり，$\alpha_m(\xi)=\theta$ となる $\xi\in H^0(D_{m-1}, \mathcal{O}^{t_m})$ が存在する．M_m を補題 20.4 に現われる定数とするとき，ルンゲの定理（定理 18.9）によれば，$\eta\in H^0(D_m, \mathcal{O}^{t_m})$ が存在して，$\|\mathrm{res}^{D_m}_{D_{m-1}}(\eta)-\xi\|\leq\varepsilon/M_m$ となる．$\tau=\alpha_m(\eta)$ とおくと，

$$\begin{aligned} \|\mathrm{res}^{D_m}_{D_{m-1}}(\tau)-\theta\|^{m-1}_{\overline{D}_{m-2}} &\leq M_m\|\mathrm{res}^{D_m}_{D_{m-1}}(\tau)-\theta\|^m_{\overline{D}_{m-2}} \\ &\leq M_m\|\mathrm{res}^{D_m}_{D_{m-1}}(\eta)-\xi\|_{\overline{D}_{m-2}} \\ &\leq\varepsilon. \end{aligned}$$

（証終）

§21.　カルタンの定理 B

カルタンの定理 B，すなわち，“多重円板 $\Delta\subset C^n$ 上の連接 $\mathcal{O}$-加群層 $\mathcal{F}$ に対して，$H^q(\Delta, \mathcal{F})=0\,(q>0)$” を目標にしてから，すでにかなりのページを費してきた．新しい概念を導入し，前に得られた結果を巧みに用いて，次の新しい一歩を克ちとる——そうしながら進んできた．読者をここまで案内してきた道は予定された，いわば地図に描かれた一本の道であるが，容易な道であったとはいいがたい．

いま一息だ．

補題 21.1　W をパラコンパクト，ハウスドルフ空間 X の開集合．$\mathcal{A}$ を W 上のアーベル群の層とする．包含写像 $i: W\hookrightarrow X$ に対して，X 上の準層 $i_*\mathcal{A}$ を $i_*\mathcal{A}(U)=\mathcal{A}(U\cap W)$ で定める．これは層であり，コホモロジー群について，$H^q(W, \mathcal{A})\cong H^q(X, i_*\mathcal{A})\ (q\geq 0)$.

証明　層になることの検証は容易である．$\mathfrak{U}$ を X の開被覆とすると，q-チェック・コチェインのなす群について自然な同型

$$C^q(\mathfrak{U}, i_*\mathscr{A}) \cong C^q(\mathfrak{U}\cap W, \mathscr{A})$$

が存在する．このことより，コホモロジー群の同型がでる．（証終）

定理 21.2 $\mathscr{A}$ をパラコンパクト，ハウスドルフ空間 X 上のアーベル群の層とする．X の開被覆 $\mathfrak{U}=\{U_\lambda\}_{\lambda\in\Lambda}$ について，次の仮定が満たされているとする．

（＊）任意個の元，$\lambda_0, \cdots, \lambda_q \in \Lambda$ について，必ず

$$H^p(U_{\lambda_0}\cap\cdots\cap U_{\lambda_q}, \mathscr{A})=0 \qquad (p>0).$$

このとき，$H^p(X, \mathscr{A}) \cong H^p(\mathfrak{U}, \mathscr{A})\ (p\geq 0)$.

注意 21.3 条件（＊）を満たす被覆を**ルレイ被覆**という．帰納的極限をとらなくてもコホモロジーが計算できるというのが定理の主張である．

証明 $0\to\mathscr{A}\xrightarrow{\varepsilon}\mathscr{C}^0(\mathfrak{U}, \mathscr{A})\xrightarrow{\partial^0}\mathscr{C}^1(\mathfrak{U}, \mathscr{A})\to\cdots\to\mathscr{C}^p(\mathfrak{U}, \mathscr{A})\xrightarrow{\partial^p}\cdots$

を定義 15.9 で導入した層 $\mathscr{A}$ のチェック分解とする．もし，$H^q(X, \mathscr{C}^p(\mathfrak{U}, \mathscr{A}))=0,\ p\geq 0,\ q>0$ がいえれば，定理 16.1 が適用できて，$\mathscr{C}^p(\mathfrak{U}, \mathscr{A})(X)=C^p(\mathfrak{U}, \mathscr{A})$ であるから，

$$\begin{aligned}&H^p(X, \mathscr{A})\\&\cong\mathrm{Ker}(\partial^p : C^p(\mathfrak{U}, \mathscr{A})\to C^{p+1}(\mathfrak{U}, \mathscr{A}))/\mathrm{Im}(\partial^{p-1} : C^{p-1}(\mathfrak{U}, \mathscr{A})\to C^p(\mathfrak{U}, \mathscr{A})\\&=H^p(\mathfrak{U}, \mathscr{A})\end{aligned}$$

となる．$H^q(X, \mathscr{C}^p(\mathfrak{U}, \mathscr{A}))=0,\ p\geq 0,\ q>0$ をいおう．

整数 $p\geq 0$ を固定しよう．$p+1$ 個の要素からなる Λ の部分集合を，一般に J で表す．また，$U_J=\bigcap_{\lambda\in J}U_\lambda$ と書き，包含写像を $i_J : U_J\hookrightarrow X$ で表す．このとき定義より

$$\mathscr{C}^p(\mathfrak{U}, \mathscr{A})\cong\prod_J i_{J*}(\mathscr{A}|_{U_J}).$$

したがって，

$$\begin{aligned}H^q(X, \mathscr{C}^p(\mathfrak{U}, \mathscr{A}))&\cong\prod_J H^q(X, i_{J*}(\mathscr{A}|_{U_J}))\\&\cong\prod_J H^q(U_J, \mathscr{A}).\end{aligned}$$

ここで補題 21.1 を使った．$\mathfrak{U}$ がルレイ被覆であるという仮定より，最後の辺は $q>0$ のとき 0 になる．（証終）

$\mathscr{F}$ を多重円板 $\Delta\subset \boldsymbol{C}^n$ 上の連接 $\mathscr{O}$-加群層とする．多重円板の列，$D_1\subset D_2\subset\cdots\subset D_j\subset D_{j+1}\subset\cdots\subset\Delta$ を（i）$\bar{D}_j\subset D_{j+1}$，（ii）$\bar{D}_j$ はコンパクト，（iii）$\Delta=\bigcup_j D_j$ となるようにとっておく．$\mathscr{D}=\{D_j\}_{j\geq 1}$ は Δ の開被覆であり，$\mathscr{D}_m$

$=\{D_j\}_{1\leq j\leq m}$ は D_m の開被覆である．

系 21.4
$$H^q(\Delta, \mathscr{F})\cong H^q(\mathscr{D}, \mathscr{F}),$$
$$H^q(D_m, \mathscr{F})\cong H^q(\mathscr{D}_m, \mathscr{F}), \qquad q\geq 0.$$
また $q>0$ のとき，$H^q(\mathscr{D}_m, \mathscr{F})=0$.

証明　$\mathscr{D}$ あるいは $\mathscr{D}_m$ の有限個の元の共通部分は，再び $\mathscr{D}, \mathscr{D}_m$ の元である．このことと定理 19.11 より $\mathscr{D}, \mathscr{D}_m$ がルレイ被覆であることがでる．定理 21.2 を適用すれば 2 つの同型がいえる．最後のことは定理 19.11 にほかならない．（証終）

定理 21.5　**（カルタンの定理 B）**　多重円板 $\Delta\subset C^n$ 上の連接 $\mathscr{O}$- 加群層 $\mathscr{F}$ について，$H^q(\Delta, \mathscr{F})=0\ (q>0)$.

証明　系 21.4 により，$\sigma\in C^q(\mathscr{D}, \mathscr{F})\ (q\geq 1)$，$\partial\sigma=0$ のとき，$\partial\alpha=\sigma$ となる $\alpha\in C^{q-1}(\mathscr{D}, \mathscr{F})$ が存在することを示せばよい．

各 q について，$C^q(\mathscr{D}_m, \mathscr{F})$ は $C^q(\mathscr{D}_{m+1}, \mathscr{F})$ または $C^q(\mathscr{D}, \mathscr{F})$ の直和成分とみなせることに注意しよう．
$$\rho^m : C^q(\mathscr{D}, \mathscr{F})\to C^q(\mathscr{D}_m, \mathscr{F}),$$
$$\rho_m : C^q(\mathscr{D}_{m+1}, \mathscr{F})\to C^q(\mathscr{D}_m, \mathscr{F})$$
を直和成分への射影とする．$\tau=\{\tau_{j_0\cdots j_q}|1\leq j_0, \cdots, j_q\in Z\}$ について，$\rho^m(\tau)=\{\tau_{j_0\cdots j_q}|1\leq j_0, \cdots, j_q\leq m\}$，$\theta=\{\theta_{j_0\cdots j_q}|1\leq j_0, \cdots, j_q\leq m+1\}$ について，$\rho_m(\theta)=\{\theta_{j_0\cdots j_q}|1\leq j_0, \cdots, j_q\leq m\}$ である．

$\sigma^{(m)}=\rho^m(\sigma)$ とおく．$\partial\sigma^{(m)}=\rho^m(\partial\sigma)=0$ であり，$H^q(\mathscr{D}_m, \mathscr{F})=0$ だから，$\alpha^{(m)}\in C^{q-1}(\mathscr{D}_m, \mathscr{F})$ が存在して，$\partial\alpha^{(m)}=\sigma^{(m)}$ となる．
$$\begin{aligned}\partial(\rho_{m-1}(\alpha^{(m)})-\alpha^{(m-1)})&=\rho_{m-1}(\partial\alpha^{(m)})-\partial\alpha^{(m-1)}\\&=\rho_{m-1}(\sigma^{(m)})-\sigma^{(m-1)}=0\end{aligned}$$
である．

$q=1$ のとき：　$0\to\mathscr{F}(D_{m-1})\xrightarrow{\varepsilon}C^0(\mathscr{D}_{m-1}, \mathscr{F})\xrightarrow{\partial}C^1(\mathscr{D}_{m-1}, \mathscr{F})$

は完全だから，$f_{m-1}\in\mathscr{F}(D_{m-1})$ が存在して，
$$\varepsilon(f_{m-1})=\rho_{m-1}(\alpha^{(m)})-\alpha^{(m-1)}$$
となる．

ここで，$\mathscr{F}(D_{m-1})=H^0(D_{m-1}, \mathscr{F})$ には §20 の終わりの部分により，コ

ンパクト集合 $K\subset D_{m-1}$ および整数 $j\geq m-1$ に対して，半ノルム $\| \ \|_K^j$ が定義される．$M_j>0(j\geq 3)$ を補題 20.4 に現れる定数としよう．

いま，列 $\beta^{(m)}\in C^0(\mathscr{D}_m, \mathscr{F})$ を ① $\partial\beta^{(m)}=\sigma^{(m)}$，そしてこのとき，$\partial(\rho_{m-1}(\beta^{(m)})-\beta^{(m-1)})=0$ であるから，$\varepsilon(g_{m-1})=\rho_{m-1}(\beta^{(m)})-\beta^{(m-1)}$ となる，$g_{m-1}\in\mathscr{F}(D_{m-1})$ がただ1つ存在するが，② $\|g_{m-1}\|_{\bar{D}_{m-2}}^{m-1}\leq 1/2^m\cdot M_3\cdot M_4\cdot\cdots\cdot M_{m-1}$ となるように選ぼう．帰納法を用いる．まず，$\beta^{(1)}=\alpha^{(1)}$ とおいて，$\beta^{(1)},\ldots,\beta^{(m-1)}$ まで選べたとする．$\partial(\rho_{m-1}(\alpha^{(m)})-\beta^{(m-1)})=\sigma^{(m-1)}-\sigma^{(m-1)}=0$ だから，$f'\in\mathscr{F}(D_{m-1})$ が存在して $\varepsilon(f')=\rho_{m-1}(\alpha^{(m)})-\beta^{(m-1)}$ となる．補題 20.5 によれば $f''\in\mathscr{F}(D_m)$ を $\|\mathrm{res}_{D_{m-1}}^{D_m}(f'')-f'\|_{\bar{D}_{m-2}}^{m-1}\leq 1/2^m\cdot M_3\cdot M_4\cdot\cdots\cdot M_{m-1}$ となるように選べる．そこで，$\beta^{(m)}=\alpha^{(m)}-\varepsilon(f'')$，$g_{m-1}=f'-\mathrm{res}_{D_{m-1}}^{D_m}(f'')$ とおけば

$$
\begin{aligned}
\varepsilon(g_{m-1})&=\varepsilon(f'-\mathrm{res}_{D_{m-1}}^{D_m}(f''))\\
&=\rho_{m-1}(\alpha^{(m)})-\beta^{(m-1)}-\rho_{m-1}(\varepsilon(f''))\\
&=\rho_{m-1}(\beta^{(m)})-\beta^{(m-1)}.
\end{aligned}
$$

したがって ② を満たす．$\partial\beta^{(m)}=\partial\alpha^{(m)}-\partial\varepsilon(f'')=\sigma^{(m)}-0=\sigma^{(m)}$ だから ① も満たされる．

次に，条件 ② のもとで各整数 k に対して

$$h_{k-2}=\sum_{m=k}^{\infty}\mathrm{res}_{D_{k-2}}^{D_{m-1}}(g_{m-1})$$

が意味をもち，$\mathscr{F}(D_{k-2})$ の元を定めることをいう．これは，補題 20.3 により，任意のコンパクト集合 $K\subset D_{k-2}$ に対して，無限和

$$H=\sum_{m=k}^{\infty}\|\mathrm{res}_{D_{k-2}}^{D_{m-1}}(g_{m-1})\|_K^{k-1}$$

が，絶対収束すれば十分である．補題 20.3，補題 20.4 によれば

$$
\begin{aligned}
\|\mathrm{res}_{D_{k-2}}^{D_{m-1}}(g_{m-1})\|_K^{k-1}&\leq\|\mathrm{res}_{D_{k-1}}^{D_{m-1}}(g_{m-1})\|_K^{k-1}\\
&\leq\|\mathrm{res}_{D_{k-1}}^{D_{m-1}}(g_{m-1})\|_{\bar{D}_{k-2}}^{k-1}\\
&\leq M_k\|\mathrm{res}_{D_{k-1}}^{D_{m-1}}(g_{m-1})\|_{\bar{D}_{k-2}}^{k}\\
&\leq M_k\|\mathrm{res}_{D_k}^{D_{m-1}}(g_{m-1})\|_{\bar{D}_{k-2}}^{k}\\
&\leq M_k\|\mathrm{res}_{D_k}^{D_{m-1}}(g_{m-1})\|_{\bar{D}_{k-1}}^{k}\\
&\leq M_k\cdot M_{k+1}\|\mathrm{res}_{D_{k+1}}^{D_{m-1}}(g_{m-1})\|_{\bar{D}_k}^{k+1}\\
&\leq M_k\cdot M_{k+1}\cdot\cdots\cdot M_{m-1}\|g_{m-1}\|_{\bar{D}_{m-2}}^{m-1}
\end{aligned}
$$

$$\leq 1/2^m \cdot M_3 \cdot M_4 \cdot \cdots \cdot M_{k-1}.$$

これより無限和 H は絶対収束し，$H \leq 1/2^{k-1} \cdot M_3 \cdot M_4 \cdot \cdots \cdot M_{k-1}$ となることがわかる．

一方，やはり補題 20.3，補題 20.4 によれば，半ノルム系 $\{\| \ \|_K^k \,|\, K \subset D_{k-2}\}$ についての無限和 $\sum_{m=k+1}^{\infty} \mathrm{res}_{D_{k-2}}^{D_{m-1}}(g_{m-1})$ の極限 $\mathrm{res}_{D_{k-2}}^{D_{k-1}}(h_{k-1})$ は，半ノルム系 $\{\| \ \|_K^{k-1} \,|\, K \subset D_{k-2}\}$ についての極限でもある．極限の一意性より

$$h_{k-2} - \mathrm{res}_{D_{k-2}}^{D_{k-1}}(g_{k-1}) = \mathrm{res}_{D_{k-2}}^{D_{k-1}}(h_{k-1})$$

となる．このとき，

$$\begin{aligned}
\rho_{k-2}(\beta^{(k-1)}) - \varepsilon(h_{k-2}) &= \rho_{k-2}\varepsilon(g_{k-1}) + \rho_{k-2}\rho_{k-1}(\beta^{(k)}) - \varepsilon(h_{k-2}) \\
&= \varepsilon(\mathrm{res}_{D_{k-2}}^{D_{k-1}}(g_{k-1})) - \varepsilon(h_{k-2}) + \rho_{k-2}\rho_{k-1}(\beta^{(k)}) \\
&= -\varepsilon(\mathrm{res}_{D_{k-2}}^{D_{k-1}}(h_{k-1})) + \rho_{k-2}\rho_{k-1}(\beta^{(k)}) \\
&= \rho_{k-2}(\rho_{k-1}(\beta^{(k)}) - \varepsilon(h_{k-1})).
\end{aligned}$$

このことから，すべての k について，$\rho^{k-2}(\beta) = \rho_{k-2}(\beta^{(k-1)}) - \varepsilon(h_{k-2})$ となる元 $\beta \in C^0(\mathscr{D}, \mathscr{F})$ がただ 1 つ存在することがわかる．そして

$$\begin{aligned}
\rho^{k-2}(\partial\beta) &= \partial\rho^{k-2}(\beta) \\
&= \partial\rho_{k-2}(\beta^{(k-1)}) - \partial\varepsilon(h_{k-2}) \\
&= \rho_{k-2}(\partial\beta^{(k-1)}) - 0 \\
&= \rho_{k-2}(\sigma^{(k-1)}) \\
&= \sigma^{(k-2)}
\end{aligned}$$

がすべての k について成立するから，$\partial\beta = \sigma$ となる．

注意 21.6　複雑なことをしているようにみえるが，いわば極限 $\beta = \lim_{k \to +\infty} \beta^{(k)}$ をとっているのである．極限に意味をもたせるために，詳しい議論をしているのにすぎない．

$q \geq 2$ のとき：　$\partial(\rho_{m-1}(\alpha^{(m)}) - \alpha^{(m-1)}) = 0$ であり，$H^{q-1}(\mathscr{D}_{m-1}, \mathscr{F}) = 0$ であるから，$\beta^{(m-1)} \in C^{q-2}(\mathscr{D}_{m-1}, \mathscr{F})$ が存在して，$\partial\beta^{(m-1)} = \rho_{m-1}(\alpha^{(m)}) - \alpha^{(m-1)}$ となる．$i^{m-1} : C^{q-2}(\mathscr{D}_{m-1}, \mathscr{F}) \to C^{q-2}(\mathscr{D}, \mathscr{F})$ を自然な単射とする．これは $\sigma = \{\sigma_{j_0 \cdots j_{q-2}} \,|\, 1 \leq j_0, \cdots, j_{q-2} \leq m-1\} \in C^{q-2}(\mathscr{D}_{m-1}, \mathscr{F})$ に対しては

$$(i^{m-1}(\sigma))_{j_0 \cdots j_{q-2}} = \begin{cases} \sigma_{j_0 \cdots j_{q-2}}, & 1 \leq j_0, \cdots, j_{q-2} \leq m-1 \text{ のとき}, \\ 0, & \text{そのほかのとき} \end{cases}$$

とおくことにより定まる．

$$\rho_m\left(\alpha^{(m+1)}-\sum_{k=1}^{m}\partial\rho^{m+1}i^k(\beta^{(k)})\right)=\alpha^{(m)}+\partial\beta^{(m)}-\sum_{k=1}^{m}\partial\rho^m i^k(\beta^{(k)})$$
$$=\alpha^{(m)}-\sum_{k=1}^{m-1}\partial\rho^m i^k(\beta^{(k)})$$

であるから，すべての m について

$$\rho^m(\alpha)=\alpha^{(m)}-\sum_{k=1}^{m-1}\partial\rho^m i^k(\beta^{(k)})$$

となる $\alpha\in C^{q-1}(\mathscr{D},\mathscr{F})$ が存在する．そして

$$\rho^m(\partial\alpha)=\partial\rho^m(\alpha)$$
$$=\partial\alpha^{(m)}-\sum_{k=1}^{m}\partial\partial\rho^m i^k(\beta^{(k)})$$
$$=\sigma^{(m)}$$

となる．m は任意だから $\partial\alpha=\sigma$ である．　　（証終）

定理 21.7 **（カルタンの定理 A）**　$\mathscr{F}$ を多重円板 $\Delta\subset C^n$ 上の連接 $\mathscr{O}$-加群層とする．各点 $x\in\Delta$ の茎 $\mathscr{F}_x$ は，$\mathscr{O}_x$-加群として，$\mathscr{F}(\Delta)$ の元で生成される．

証明のため準備をする．

定義 21.8　$\mathscr{F}$, $\mathscr{G}$ を $\mathscr{O}$-加群層とする．$\mathscr{F}$ と $\mathscr{G}$ との**テンソル積** $\mathscr{F}\otimes\mathscr{G}$ を，開集合 U に対して $\mathscr{F}(U)\otimes_{\mathscr{O}(U)}\mathscr{G}(U)$ を対応させる対応により定まる準層の層化として定義する．$\mathscr{F}\otimes\mathscr{G}$ も $\mathscr{O}$-加群層である．

命題 21.9　（1）　各点 x に対して，$(\mathscr{F}\otimes\mathscr{G})_x\cong\mathscr{F}_x\otimes_{\mathscr{O}_x}\mathscr{G}_x$,

（2）　$0\to\mathscr{F}_1\to\mathscr{F}_2\to\mathscr{F}_3\to0$ が $\mathscr{O}$-加群層の完全列ならば $\mathscr{F}_1\otimes\mathscr{G}\to\mathscr{F}_2\otimes\mathscr{G}\to\mathscr{F}_3\otimes\mathscr{G}\to0$ は完全．

証明　（1）　準層とその層化について各茎は同じだから

$$(\mathscr{F}\otimes\mathscr{G})_x\cong\varinjlim_{U\ni x}\mathscr{F}(U)\otimes_{\mathscr{O}(U)}\mathscr{G}(U).$$

ところが，テンソル積と帰納的極限をとる操作は順番を交換してよいから

$$\varinjlim_{U\ni x}\mathscr{F}(U)\otimes_{\mathscr{O}(U)}\mathscr{G}(U)\cong\mathscr{F}_x\otimes_{\mathscr{O}_x}\mathscr{G}_x.$$

（2）　テンソル積の性質より

$$\mathscr{F}_{1x}\otimes_{\mathscr{O}_x}\mathscr{G}_x\to\mathscr{F}_{2x}\otimes_{\mathscr{O}_x}\mathscr{G}_x\to\mathscr{F}_{3x}\otimes_{\mathscr{O}_x}\mathscr{G}_x\to0$$

は完全．これと（1）により

$$(\mathscr{F}_1\otimes\mathscr{G})_x\to(\mathscr{F}_2\otimes\mathscr{G})_x\to(\mathscr{F}_3\otimes\mathscr{G})_x\to 0$$

は完全．点 x は任意だから

$$\mathscr{F}_1\otimes\mathscr{G}\to\mathscr{F}_2\otimes\mathscr{G}\to\mathscr{F}_3\otimes\mathscr{G}\to 0$$

は完全．（証終）

定理 21.7 の証明　$z_1, \cdots, z_n$ を $\boldsymbol{C}^n$ の座標関数とする．$x=(x_1, \cdots, x_n)\in\varDelta\subset\boldsymbol{C}^n$ に対して $w_i=z_i-x_i\ (1\leq i\leq n)$ とおく．すると

$$\mathscr{O}^n\xrightarrow{w}\mathscr{O}\to\boldsymbol{C}_x\to 0$$

は $\mathscr{O}$-加群の完全列である．ただし，$\boldsymbol{C}_x$ は，$\boldsymbol{C}_x(U)=\boldsymbol{C}$ ($x\in U$ のとき)，$\boldsymbol{C}_x(U)=0$ ($x\notin U$ のとき) で定まる層であり，x の近傍 U で定義された正則関数 f と $a\in\boldsymbol{C}=\boldsymbol{C}_x(U)$ に対して，$f\cdot a=f(x)a$ とおくことにより，$\mathscr{O}$-加群の構造を与える．また，$g=(g_1, \cdots, g_n)\in\mathscr{O}^n(U)$ に対して $w(g)=\sum_{i=1}^n w_i g_i\in\mathscr{O}(U)$ により，w を定める．命題 11.8 により $\boldsymbol{C}_x$ は連接 $\mathscr{O}$-加群層であることがわかる．連接 $\mathscr{O}$-加群層 $\mathscr{F}$ をテンソルすることにより，完全列

$$\mathscr{F}^n\to\mathscr{F}\to\boldsymbol{C}_x\otimes\mathscr{F}\to 0$$

を得る．ここで，$(\boldsymbol{C}_x\otimes\mathscr{F})_x\cong\boldsymbol{C}\underset{\mathscr{O}_x}{\otimes}\mathscr{F}_x$ は有限次元ベクトル空間である．r をその次元とする．

$$(\boldsymbol{C}_x\otimes\mathscr{F})(U)=\begin{cases}\boldsymbol{C}\underset{\mathscr{O}_x}{\otimes}\mathscr{F}_x, & x\in U\text{ のとき},\\ 0, & x\notin U\text{ のとき}\end{cases}$$

であるから，$\mathscr{O}$-加群として $\boldsymbol{C}_x\otimes\mathscr{F}\cong\boldsymbol{C}_x^r$．したがって，$\boldsymbol{C}_x\otimes\mathscr{F}$ は連接．命題 11.8 により $\mathscr{R}=\mathrm{Ker}(p:\mathscr{F}\to\boldsymbol{C}_x\otimes\mathscr{F})$ も連接．

$$H^0(\varDelta, \mathscr{F})\xrightarrow{p}H^0(\varDelta, \boldsymbol{C}_x\otimes\mathscr{F})\to H^1(\varDelta, \mathscr{R})$$

は完全であるが，カルタンの定理 B により，$H^1(\varDelta, \mathscr{R})=0$．したがって，$p: H^0(\varDelta, \mathscr{F})=\mathscr{F}(\varDelta)\to H^0(\varDelta, \boldsymbol{C}_x\otimes\mathscr{F})\cong\boldsymbol{C}_x\underset{\mathscr{O}_x}{\otimes}\mathscr{F}_x$ は全射．p は茎への写像 $\mathrm{res}_x^{\varDelta}: \mathscr{F}(\varDelta)\to\mathscr{F}_x$ と全射 $\mathscr{F}_x\to\boldsymbol{C}\underset{\mathscr{O}_x}{\otimes}\mathscr{F}_x$ の合成である．$m=(w_1, \cdots, w_n)\mathscr{O}_x$ を $\mathscr{O}_x$ の極大イデアルとするとき，全射 $\mathscr{F}_x\to\boldsymbol{C}_x\otimes\mathscr{F}_x$ は自然な全射 $\mathscr{F}_x\to\mathscr{F}_x/m\mathscr{F}_x\cong\boldsymbol{C}_x\underset{\mathscr{O}_x}{\otimes}\mathscr{F}_x$ にほかならない．

$\mathrm{res}_x^{\varDelta}$ の像が $\mathscr{F}_x$ 内で生成する $\mathscr{O}_x$-加群を $\mathscr{M}$ とする．p が全射であることは，包含射像 $\mathscr{M}\hookrightarrow\mathscr{F}_x$ は全射 $\boldsymbol{C}\underset{\mathscr{O}_x}{\otimes}\mathscr{M}\to\boldsymbol{C}\underset{\mathscr{O}_x}{\otimes}\mathscr{F}_x$ を導くことを意味する．これより $\mathscr{F}_x=\mathscr{M}+m\mathscr{F}_x$ がわかる．そして中山の補題によれば，$\mathscr{M}=\mathscr{F}_x$ と

なる．つまり $\mathscr{F}_x$ は res^{Δ}_x の像で生成される．　　(証終)

演 習 問 題

1.　注意 17.6 に続けて，Tor が公理 17.2 をすべて満足することを示せ．

2.　ネーター局所環 A および有限生成 A-加群 M について次のことを示せ．ただし，m は A の極大イデアルである．

(1)　$x_1, \cdots, x_r \in m$ が M-正則列ならば，$x_1, \cdots, x_r$ を任意の順番で並べ直した列も，M-正則列である．

(2)　$x_1, \cdots, x_n \in m$ がそれ以上延長できない M-正則列であるとする．すなわち，任意の $y \in m$ に対して，$x_1, \cdots, x_n, y$ は M-正則列でないとする．このとき，$n = \mathrm{depth}_A M$．特に $\mathrm{depth}_A M < \infty$．

(3)　次は同値．

①　A は正則局所環，

②　$\mathrm{depth}_A A = \dim_{A/m} m/m^2$（ベクトル空間の次元），

③　任意の有限生成 A-加群 M について，長さ有限のシジジー，つまりある整数 n が存在して $p > n$ のとき $F_p = 0$ となるシジジーが存在する．

$A = \mathbf{C}\{z_1, \cdots, z_n\}/J$（$J$ はイデアル）の形の環には 1 章の演習問題でクルル次元 $\dim A$ を定した．このときさらに

④　$\dim A = \dim_{A/m} m/m^2$

も上の ①,②,③ と同値である．($\dim A$ は一般のネーター局所環に対しても定義でき，④ が成り立てば A は正則局所環であることが知られている)．

3.　$V = \{1/n \mid n \in \mathbf{Z}\} \subset \mathbf{C}$ とする．$\mathbf{C}$ 上の正則関数の層 $\mathscr{O}$ の部分 $\mathscr{O}$-加群層 $\mathscr{J}$ を次のように定める．

$$\mathscr{J}(U) = \{f \in \mathscr{O}(U) \mid \text{すべての点 } x \in V \cap U \text{ に対して } f(x) = 0\}.$$

このとき，$\mathscr{J}$ は有限生成でない(注意 11.6 の最後の主張の例となる)．したがって連接でない．

4.　複素多様体 X 上の連接 $\mathscr{O}_X$-加群 $\mathscr{F}$ について $H^0(X, \mathscr{F})$ によいフレシェ空間の構造を導入せよ．半ノルムはできる限り少ない方がよいといえるし，補題 20.3 の (6) と類似のことが成立した方がよいといえる．

5.　$\mathscr{O}$-加群の層 $\mathscr{F}, \mathscr{G}$ に対して，$U \longmapsto \mathscr{F}(U) \underset{\mathscr{O}(U)}{\otimes} \mathscr{G}(U)$ で定まる準層が層とならない例を与えよ．

6.　$\mathscr{F}$ を多重円板 $\Delta \subset \mathbf{C}^n$ 上の連接 $\mathscr{O}$-加群層とする．さらに，Δ 上の切断 $f_1, \cdots, f_k \in \mathscr{F}(\Delta)$ により，各点 $x \in \Delta$ の茎 $\mathscr{F}_x$ は $\mathscr{O}_x$-加群として生成されると仮定する．すると，$\mathscr{F}(\Delta)$ は $\mathscr{O}(\Delta)$-加群として，$f_1, \cdots, f_k$ で生成される．

7.　多重円板 Δ 上の正則関数 $f_1, \cdots, f_k \in \mathcal{O}(\Delta)$ が共通零点をもたないとする．このとき，Δ 上の正則関数 $g_1, \cdots, g_k \in \mathcal{O}(\Delta)$ が存在して $\sum f_i g_i = 1$.

8.　A を単位元をもつ可換環，E を乗法について閉じている A の部分集合とする．$A \times E$ 上の同値関係～を次のように定める．$(a, e) \sim (a', e') \Longleftrightarrow e'' \in E$ が存在して $e''(e'a - ea') = 0$.

①　～は確かに同値関係である．同値類の集合を $E^{-1}A = A \times E/\sim$ と書く．

②　$E^{-1}A$ は次の性質をもつ可換環である．性質：環準同型 $\phi : A \to E^{-1}A$ が定まり，次の普遍性をもつ．普遍性：環準同型 $\bar{\phi} : A \to B$ について，もし，$\phi(E)$ の元はすべて B の可逆元であるならば，環準同型 $\psi : E^{-1}A \to B$ で $\bar{\phi}\varphi = \psi$ となるものがただ1つ存在する．

9.　K を多重円板 $\Delta \subset \boldsymbol{C}^n$ のコンパクト部分集合とする．$A = \mathcal{O}(\Delta)$ は Δ 上の正則関数全体である．

$$E = \{f \in A \mid \text{すべての点 } x \in K \text{ に対して } f(x) \neq 0\}$$

とおく．E は乗法について閉じているから，問題8により $E^{-1}A$ が定義される．このとき，$E^{-1}A$ はネーター環である．

演習問題略解

第1章　(pp. 19–20)

1., **2.**, **3.**, **4.**

$$\sum_{i=1}^{n}\sum_{\gamma\in\Gamma_i} z^\gamma \boldsymbol{C}\{z(i)\}\cong \boldsymbol{C}\{z\}/I=A$$

という表示より，$\mathfrak{m}$ を $\boldsymbol{C}\{z\}$ の極大イデアルとするとき

$$\begin{aligned}H_A(\nu)&=\dim \boldsymbol{C}\{z\}/I+\mathfrak{m}^{\nu+1}\\&=\sum_{i=1}^{n}\sum_{k=0}^{\nu}\#\{\gamma\in\Gamma_i\,\big|\,|\gamma|=k\}\times\{(n-i)\text{ 変数の }(\nu-k)\text{ 次以下の単項式の数}\}\\&=\sum_{i=1}^{n}\sum_{\gamma\in\Gamma_i,|\gamma|\le\nu}\binom{\nu-|\gamma|+n-i}{n-i}.\end{aligned}$$

5., **6.**　略.

第2章　(p. 49)

1.　略.

2.
$$P(z,\zeta)=P_{i-1}(z_{i-1},\zeta)=z^k+\sum_{j=1}^{k}a_j(\zeta)z^{k-j}$$

と書く．また，$r=r_{i-1}$ としよう．C^{n-i+1} の原点Oの近傍で定義された関数 $\zeta\longmapsto\sum_{j=1}^{k}|a_j(\zeta)|r^{k-j}$ は連続であり，かつ注意 5.10 により $\sum|a_j(0)|r^{k-j}=0$．したがって実数 $\rho>0$ が存在し，$|\zeta|<\rho$ のとき $\sum|a_j(\zeta)|r^{k-j}<r^k$．これは $|\zeta|<\rho$，$|z|=r$ のとき常に $P(z,\rho)\neq0$ を示す．ルーシェの定理によれば，$|\zeta|<\rho$ ならば

$$\begin{aligned}k&=\frac{1}{2\pi\sqrt{-1}}\int_{|z|=r}d\log(z^k)=\frac{1}{2\pi\sqrt{-1}}\int_{|z|=r}d\log P(z,\zeta)\\&=\{|z|<r\text{ を満たす }P(z,\rho)=0\text{ の根の数}\}.\end{aligned}$$

$P(z,\zeta)=0$ はたかだか k 個しか根をもたないから，$|\zeta|<\rho$ のとき $P(z,\zeta)=0$ の根はすべて $|\xi|<r$ を満たすことがわかる．

3., **4.**, **5.**, **6.**　略.

第3章　(pp. 76–77)

1.　$D=\{(z_1,\cdots,z_n)\in\boldsymbol{C}^n\,|\,r<\sum_{i=1}^{n}|z_i|^2<R\}$ 上の正則関数を f としよう．$D''=\{(z_1,\cdots,z_n)\in\boldsymbol{C}^n\,|\sum_{i=1}^{n}|z_i|^2<(r+R)/2\}$ とおく．$D'=\{\sum_{i=1}^{n}|z_i|^2<R\}=D\cup D''$ である．

$(z_1, \cdots, z_n) \in D''$ に対して正の実数 $C>0$ を

$$(\text{☆}) \qquad \frac{r+R}{2} \leq C^2 + \sum_{i=1}^{n-1} |z_i|^2 < R$$

となるように選ぶ．$\sum_{i=1}^{n-1} |z_i|^2 < (r+R)/2$ であるから，たとえば

$$C = \sqrt{(r+R)/2 - \sum_{i=1}^{n-1} |z_i|^2}$$

とおけば，上の条件（☆）は満たされる．そして

$$g(z_1, \cdots, z_n) = \frac{1}{2\pi\sqrt{-1}} \int_{|\zeta|=C} \frac{f(z_1, \cdots, z_{n-1}, \zeta)}{\zeta - z_n} d\zeta$$

とおく．$(z_1, \cdots, z_n) \in D''$ であることと C の選び方より，$|z_n| < C$ となるから，被積分関数が積分路上に極をもつことはない．積分路 $|\zeta| = C$ は $z_1, \cdots, z_{n-1}$ に依存して決まっているのだが，コーシーの積分定理によれば，（☆）を満たす C について，積分の値はかわらない．このことより，g はすべての変数 $z_1, \cdots, z_{n-1}, z_n$ について正則である．また

$$U = \left\{ (z_1, \cdots, z_n) \in C^n \,\middle|\, r < \sum_{i=1}^{n-1} |z_i|^2 \leq \sum_{i=1}^{n} |z_i|^2 < \frac{r+R}{2} \right\}$$

とおくと $\phi \neq U \subset D'' \cap D$．そして $(z_1, \cdots, z_n) \in U \subset D''$ より定まる C について $\{(z_1, \cdots, z_{n-1}, \zeta) \,|\, |\zeta| \leq C\} \subset D$．したがって関数 $\zeta \longmapsto f(z_1, \cdots, z_{n-1}, \zeta)$ は円板 $|\zeta| \leq C$ の近傍で正則．コーシーの積分定理により

$$g(z_1, \cdots, z_n) = \frac{1}{2\pi\sqrt{-1}} \int_{|\zeta|=C} \frac{f(z_1, \cdots, z_{n-1}, \zeta)}{\zeta - z_n} d\zeta = f(z_1, \cdots, z_{n-1}, z_n)$$

となる．D'' 上の正則関数 g と D 上の正則関数 f は開集合 $U \subset D'' \cap D$ 上で一致することがわかった．一致の定理により，f, g は $D'' \cap D$ 全体で一致する．したがって $D' = D'' \cup D$ 上の正則関数を定める．

2.，3.，4.，5.，6.　略．

第4章　(pp. 105–106)

1.

$$\Phi : H^i(\mathscr{H}_3) \xrightarrow{\partial} H^{i+1}(\mathscr{F}_3) \xrightarrow{\partial'} H^{i+2}(\mathscr{F}_1),$$

$$\Psi : H^i(\mathscr{H}_3) \xrightarrow{\partial''} H^{i+1}(\mathscr{H}_1) \xrightarrow{\partial'''} H^{i+2}(\mathscr{F}_1)$$

と書く．Φ, Ψ はそれぞれ，完全列

$$0 \to \mathscr{F}_1 \to \mathscr{F}_2 \to \mathscr{G}_3 \to \mathscr{H}_3 \to 0,$$

$$0 \to \mathscr{F}_1 \to \mathscr{G}_1 \to \mathscr{H}_2 \to \mathscr{H}_3 \to 0$$

より導かれる．また列

$$0 \to \mathscr{F}_1 \to \mathscr{F}_2 \oplus \mathscr{G}_1 \to \mathscr{G}_2 \to \mathscr{H}_3 \to 0$$

も完全である．ここで

$$\begin{array}{ccc} \mathscr{F}_1 & \xrightarrow{\alpha} & \mathscr{F}_2 \\ \beta\downarrow & & \downarrow\delta \\ \mathscr{G}_1 & \xrightarrow{\gamma} & \mathscr{G}_2 \end{array}$$

と準同型に名前をつけるとき，準同型 $\mathscr{F}_1\to\mathscr{F}_2\oplus\mathscr{G}_1$ では芽 $f\in\mathscr{F}_{1x}$ に対して $\alpha(f)\oplus\beta(f)$ が対応し，準同型 $\mathscr{F}_2\oplus\mathscr{G}_1\to\mathscr{G}_2$ は芽 $(f,g)\in(\mathscr{F}_2\oplus\mathscr{G}_1)_x$ に，$\delta(f)-\gamma(g)$ が対応する．射影 $\mathscr{F}_2\oplus\mathscr{G}_1\to\mathscr{F}_2$，$\mathscr{F}_2\oplus\mathscr{G}_1\to\mathscr{G}_1$ をそれぞれ芽 (f,g) に対して，f または $-g$（マイナスがついていることに注意）が対応するものとして定める．

すると次の図式は可換で横の列は完全である．

$$\begin{array}{ccccccccccc}
0 & \to & \mathscr{F}_1 & \longrightarrow & \mathscr{F}_2 & \longrightarrow & \mathscr{G}_3 & \longrightarrow & \mathscr{H}_3 & \to & 0 \\
 & & \| & & \uparrow & & \uparrow & & \| & & \\
0 & \to & \mathscr{F}_1 & \to & \mathscr{F}_2\oplus\mathscr{G}_1 & \to & \mathscr{G}_2 & \longrightarrow & \mathscr{H}_3 & \to & 0 \\
 & & {\scriptstyle\varepsilon}\downarrow & & \downarrow & & \downarrow & & \| & & \\
0 & \to & \mathscr{F}_1 & \longrightarrow & \mathscr{G}_1 & \longrightarrow & \mathscr{H}_2 & \longrightarrow & \mathscr{H}_3 & \to & 0
\end{array}$$

ただし，$\varepsilon : \mathscr{F}_1\to\mathscr{F}_1$ はマイナスをつけることにより定まる準同型 $\varepsilon(f)=-f$ である．これより $H^{i+2}(\varepsilon)\Phi=\Psi$ となる．$\mathscr{F}_1$ の恒等写像を 1 と書くとき $0=1+\varepsilon$ だから $0=H^{i+2}(1+\varepsilon)=H^{i+2}(1)+H^{i+2}(\varepsilon)$．$H^{i+2}(1)$ は $H^{i+2}(\mathscr{F}_1)$ の恒等写像だから $H^{i+2}(\varepsilon)$ は -1 倍する写像に等しい．つまり $-\Phi=\Psi$ となる．

2., **3.**　略．

4.　$n=1$ のときを考える．$X=\{z\in\boldsymbol{C} \mid |z-1|<1\}$ としよう．$f=\sin(\pi/z)$ とおくと，たしかに $f\in A=\mathscr{O}_X(X)$ である．そして f は $z=1/n$ (n は正の整数) に 1 位の零点をもつ．列 $f_m\in A$ $(m=1,2,\cdots)$ を $f_1=f/(z-1)$，$\cdots$，$f_m=f_{m-1}/(z-1/m)$ と帰納的に定めることができる．すると

$$fA\subsetneqq f_1A\subsetneqq f_2A\subsetneqq\cdots\subsetneqq f_mA\subsetneqq f_{m+1}A\subsetneqq\cdots$$

とイデアルの無限昇鎖が得られるから，A はネーター環ではない．

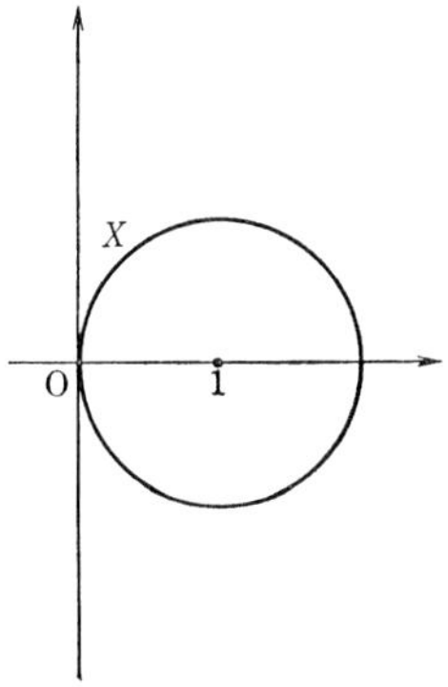

図 27

5.　$\mathscr{I}$ が有限生成であることを示せば十分．第 1 部によれば，各点 $x\in X$ に対して，$\mathscr{O}_x=\boldsymbol{C}\{z\}$ と同一視するとき

$$\boldsymbol{C}\{z\}=\sum_{i=1}^{n}\sum_{\delta\in\Delta_{i-1}} f_{i\delta}\boldsymbol{C}\{z(i-1)\}+\sum_{i=1}^{n}\sum_{\gamma\in\Gamma_i} z^{\gamma}\boldsymbol{C}\{z(i)\}$$

という有限直和表示が存在し，$I\mathscr{O}_x=\sum_{i,\delta} f_{i\delta}\boldsymbol{C}(z(i-1)\}$ であった．さらに十分小さな多重円板 $\Delta\ni x$ が存在して，$f_{i\delta}\in\mathscr{H}(\bar{\Delta})$ となり，

$$\mathscr{H}(\bar{\Delta})=\sum_{i=1}^{n}\sum_{\delta\in\Delta_{i-1}} f_{i\delta}\mathscr{H}(\bar{\Delta}(i-1))+\sum_{i=1}^{n}\sum_{\gamma\in\Gamma_i} z^{\gamma}\mathscr{H}(\bar{\Delta}(i))$$

とも書けた．

さて，$y\in\Delta$ としよう．$g\in I\mathscr{O}_y$ は $g_1,\cdots,g_s\in I$，$a_1,\cdots,a_s\in\mathscr{O}_y$ が存在して

$$g=\sum_{j=1}^{s} a_j g_j$$

と書ける．$g_j\in\mathscr{H}(\bar{\Delta})$ であるから，

$$g_j=\sum_{i,\delta} b_{j,i\delta}f_{i\delta}+\sum_{i,\gamma} c_{j,i\gamma}z^{\gamma},\quad b_{j,i\delta}\in\mathscr{H}(\bar{\Delta}(i-1)),\qquad c_{j,i\gamma}\in\mathscr{H}(\bar{\Delta}(i))$$

と書ける．これを茎$\mathscr{O}_x=\boldsymbol{C}\{z\}$での直和表示の式とみると，$g_j\in I\mathscr{O}_x$であることにより，すべての$i,\gamma$について$c_{j,i\gamma}=0$がわかる．そこで

$$g=\sum_{i,\delta}\left(\sum_{j=1}^{s}a_jb_{j,i\delta}\right)f_{i\delta},\qquad \sum_{j=1}^{s}a_jb_{j,i\delta}\in\mathscr{O}_y$$

となる．これは$y\in\varDelta$については，$\mathscr{I}_y=I\mathscr{O}_y$が，$f_{i\delta}\in\mathscr{I}(\varDelta)$たちで生成されることを示す．$\{f_{i\delta}\,|\,1\leq i\leq n,\delta\in\varDelta_{i-1}\}$は有限集合であるから，$\mathscr{I}$は有限生成であることになる．

第5章　(pp. 143–144)

1.　略.

2.　(1)　すべての置換は互換の積で書けるから

$$x_1,\cdots,x_{i-1},x_{i+1},x_i,x_{i+2},\cdots,x_r$$

が，M-正則列であることを示せば十分である．そのためには，$M'=x_1M+\cdots+x_{i-1}M,\bar{M}=M/M'$と書くとき，$x_{i+1},x_i$が$\bar{M}$-正則列であることをいえば十分である．$y=x_{i+1}$，$x=x_i$と書く．

まず，yが$\bar{M}$の非零因子であることを示す．$a\in\bar{M}$について$ya=0$であったとする．$a=0$を示したい．yは$\bar{M}/x\bar{M}$の非零因子だから，$a\in x\bar{M}$でなければならない．したがって$a=xa_1$，$a_1\in\bar{M}$と書ける．そして$0=ya=xya_1$．xは$\bar{M}$の非零因子であったから$ya_1=0$．a_1はaと同じ条件を満たすから$a_1=xa_2$，$a_2\in\bar{M}$と書ける．この手続きをくり返せば，無限列$a=a_0,a_1,\cdots,a_i,\cdots$，$a_i\in\bar{M}$，$a_i=xa_{i+1}$，そして，$\bar{M}$の部分加群の昇鎖$Aa_0\subset Aa_1\subset\cdots\subset Aa_i\subset Aa_{i+1}\subset\cdots$が得られる．$\bar{M}$はネーター環$A$上の有限生成加群だから，その部分加群$\bigcup_i Aa_i$も有限生成．このことは，ある$i_0$が存在し，$i\geq i_0$のとき$Aa_i=Aa_{i+1}=Aa_{i+2}=\cdots$となることを示す．したがって$i\geq i_0$のとき$a_{i+1}=za_i$，$z\in A$と書ける．$a_i=xa_{i+1}=xza_i$，$(1-xz)a_i=0$となる．ところが$xz\in\mathfrak{m}$であり，$A$は局所環だから$1-xz$は$A$の可逆元．これより$a_i=0$，$a=x^ia_i=0$となる．

次にxが$\bar{M}/y\bar{M}$の非零因子であることを示す．

$\pi:\bar{M}\to\bar{M}/y\bar{M}$，$\rho:\bar{M}\to\bar{M}/x\bar{M}$を自然な全射としよう．$\bar{a}\in\bar{M}/y\bar{M}$について$x\bar{a}=0$とする．$\pi(a)=\bar{a}$となる$a\in\bar{M}$をとれば$xa\in y\bar{M}$．したがって$xa=yh$，$b\in\bar{M}$と書ける．$\tilde{b}=\rho(b)$とすれば，$y\tilde{b}=0$．$y$は$\bar{M}/x\bar{M}$の非零因子だから，$\tilde{b}=0$．これより$b\in x\bar{M}$がわかる．$b=xb'$，$b'\in\bar{M}$と書く．$x(a-yb')=0$となり，$x$は$\bar{M}$の非零因子だから$a=yb'\in y\bar{M}$．したがって$\bar{a}=\pi(a)=0$となる．

(2)，(3)　略(むずかしい．解けなくてもこの問題を通して正則列と正則局所環の概念に慣れてもらえればそれでよい)．

3.　原点0での茎$\mathscr{J}_0=0$．しかしどのような0の近傍Uに対しても$\mathscr{J}|_U\neq0$．これは$\mathscr{J}$が連接ではないことを示す．

4.，**5.**　略.

6. 層の準同型 $\varphi : \mathcal{O}^k \to \mathcal{F}$ を $h=(h_1, \cdots, h_k) \in \mathcal{O}^k(U)$ に対して，$\varphi(h)=\sum_{i=1}^k h_i f_i \in \mathcal{F}(U)$ とおくことにより定める．$f_1, \cdots, f_k$ により各点 x の茎 $\mathcal{F}_x$ が生成されるという仮定は，φ が層の準同型として全射であることと同値である．$\mathcal{K}=\mathrm{Ker}(\varphi)$ とおくと，$0 \to \mathcal{K} \to \mathcal{O}^k \to \mathcal{F} \to 0$ は完全．カルタンの定理Bにより $H^1(\varDelta, \mathcal{K})=0$．だから $\mathcal{O}(\varDelta)^k \xrightarrow{\varphi} \mathcal{F}(\varDelta)$ は全射となる．これは $\mathcal{F}(\varDelta)$ が $\mathcal{O}(\varDelta)$-加群として，$f_1, \cdots, f_k$ で生成されるということに等しい．

7. $\varphi : \mathcal{O}^k \to \mathcal{O}$ を問題6と同様に $(h_1, \cdots, h_k) \longmapsto \sum_{i=1}^k h_i f_i$ で定める．仮定より任意の点 $x \in \varDelta$ に対して必ずある $f_i(x) \neq 0$．これは合成 $\mathcal{O}_x^k \xrightarrow{\varphi_x} \mathcal{O}_x \to \mathcal{O}_x/m_x \cong \mathbf{C}$ (m_x は $\mathcal{O}_x$ の極大イデアル)が全射であることを示す．中山の補題によれば $\varphi_x : \mathcal{O}_x^k \to \mathcal{O}_x$ は全射．x は任意の点だったから，φ は層の準同型として全射．そこで問題6の結果を $\mathcal{F}=\mathcal{O}$ の場合に適用すれば，$\mathcal{O}(\varDelta)$ は $f_1, \cdots, f_k$ で生成されることがわかる．特に $1 \in \mathcal{O}(\varDelta)$ だから $g_1, \cdots, g_k \in \mathcal{O}(\varDelta)$ が存在して $1=\sum_{i=1}^k g_i f_i$ となる．

8. ① $(a_1, e_1) \sim (a_2, e_2)$，$(a_2, e_2) \sim (a_3, e_3)$ としよう．$e, e' \in E$ が存在して $e(e_1 a_2 - e_2 a_1)=0$，$e'(e_2 a_3 - e_3 a_2)=0$ となる．したがって

$$ee'e_2e_1a_3=ee_1e'e_2a_3=ee_1e'e_3a_2=e'e_3ee_1a_2=e'e_3ee_2a_1=ee'e_2e_3a_1,$$

つまり $ee'e_2(e_1a_3-e_3a_1)=0$．E は乗法について閉じているから $ee'e_2 \in E$ である．

② (a, e) を含む同値類を $\dfrac{a}{e}$ で表す．$E^{-1}A$ の算法は $\dfrac{a}{e} \cdot \dfrac{a'}{e'} = \dfrac{aa'}{ee'}$，$\dfrac{a}{e}+\dfrac{a'}{e'} = \dfrac{ae'+a'e}{ee'}$ で定める．これが同値類の代表元のとり方によらず．$E^{-1}A$ は環となることを確かめることができる．$\varphi : A \to E^{-1}A$ は $\varphi(a)=\dfrac{a}{1}$ ($1 \notin E$ のときは $e \in E$ に対して $\varphi(a)=\dfrac{ae}{e}$ とおく)．そして $\psi : A \to B$ が与えられたとき，$\bar{\psi} : E^{-1}A \to B$ を $\dfrac{a}{e} \in E^{-1}A$ について，$\bar{\psi}\dfrac{a}{e}=\psi(a) \cdot \psi(e)^{-1}$ とおくことにより定める．これは同値類の代表元のとり方によらず定まる．

9. 0° 任意のイデアル $\tilde{I} \subset E^{-1}A$ が有限生成であることを示す．$\varphi : A \to E^{-1}A$ は問題8のとおりとする．$I=\varphi^{-1}(\tilde{I})$ とおく．I は A のイデアルであり，$\varphi(I) \cdot (E^{-1}A) = I \cdot (E^{-1}A) = \tilde{I}$ となることが容易にわかる．

1° $\mathcal{O}$ の部分 $\mathcal{O}$-加群層 $\mathcal{J}$ を

$$\mathcal{J}(U)=\{f \in \mathcal{O}(U) \mid \text{すべての点 } x \in U \text{ について，} f \in I\mathcal{O}_x\}$$

とおくことにより定める．演習問題4.5により $\mathcal{J}$ は連接層である．

2° $K \subset D \subset \bar{D} \subset \varDelta$ となる閉包 $\bar{D}$ がコンパクトな多重円板 D を1つとり，固定する．各点 $x \in \bar{D}$ に対し，$\mathcal{J}_x = I\mathcal{O}_x$ であり，$\mathcal{O}_x$ はネーター環だから，有限個の元 $f_1, \cdots, f_r \in I$ が存在して茎 $\mathcal{J}_x$ を生成する．この $f_1, \cdots, f_r$ に対して，問題6のようにして準同型 $\mathcal{O}^r \to \mathcal{J}$ を定めれば，x での茎に導かれた写像 $\mathcal{O}_x^r \to \mathcal{J}_x$ は全射である．層の連接性により，x の近傍 W_x が存在して $\mathcal{O}^r|_{W_x} \to \mathcal{J}|_{W_x}$ は全射となる．

3° $\bar{D}$ はコンパクトだから，有限個の点 $x_1, \cdots, x_k \in \bar{D}$ があり，$U=\bigcup_{j=1}^k W_{x_j} \supset \bar{D}$ となる．$x=x_j$ に対応して，元 $f_1, \cdots, f_r \in I$ を選んだが，$j=1, 2, \cdots, k$ と動かしたときに現れる f_i たち全体の和集合を改めて，$f_1, \cdots, f_R \in I$ とする．この $f_1, \cdots, f_R$ に対

してやはり問題6のようにして$\mathcal{O}^R\to\mathcal{J}$をつくる．すると今度は，$\mathcal{O}^R|_U\to\mathcal{J}|_U$は全射である．$\mathcal{F}=\mathrm{Coker}(\mathcal{O}^R\to\mathcal{J})$とおくと$\mathrm{Supp}\mathcal{F}=\{x\in\Delta\,|\,\mathcal{F}_x\neq0\}\subset\Delta\backslash U$である．

4° $\mathcal{O}^R\to\mathcal{J}\to\mathcal{F}\to0$は層の完全列である．カルタンの定理Bにより

$$A^R=\mathcal{O}^R(\Delta)\to\mathcal{J}(\Delta)\to\mathcal{F}(\Delta)\to0$$

も完全．もし，$F=\mathcal{F}(\Delta)$に対して，$F\underset{A}{\otimes}E^{-1}A=0$ならば

$$(E^{-1}A)^R\xrightarrow{(f_1,\cdots,f_R)}\mathcal{J}(\Delta)\cdot(E^{-1}A)\to0$$

も完全である．これは$\mathcal{J}(\Delta)\cdot(E^{-1}A)=(f_1,\cdots,f_R)E^{-1}A$を示す．$\mathcal{J}$の定義より，$I\subset\mathcal{J}(\Delta)$であるから

$$\tilde{I}=I(E^{-1}A)\subset\mathcal{J}(\Delta)\cdot(E^{-1}A)=(f_1,\cdots,f_R)E^{-1}A\subset I\cdot(E^{-1}A)=\tilde{I}$$

であり，$\tilde{I}=(f_1,\cdots,f_R)E^{-1}A$となり，$\tilde{I}$が有限生成であることがわかる．

5° $F\underset{A}{\otimes}E^{-1}A=0$を示すことが残った．これをいうには，任意の$\varphi\in F=\mathcal{F}(\Delta)$に対して$g\in E$が存在して，$g\varphi=0$となることを示せば十分である．それがいえれば，$\sum_{i=1}^s\varphi_i\otimes a_i\in F\otimes E^{-1}A$に対して$g_i\varphi_i=0$となる$g_i\in E$が存在するから，$g=g_1\cdot g_2\cdot\cdots\cdot g_s$とおくとき，$\sum_{i=1}^s\varphi_i\otimes a_i=\sum\varphi_i\otimes g\cdot\dfrac{a_i}{g}=\sum g\varphi_i\otimes\dfrac{a_i}{g}=0$．$\sum\varphi_i\otimes a_i$は，$F\otimes E^{-1}A$の任意の元でよいから，$F\otimes E^{-1}A=0$となる．

6° $\varphi\in F=\mathcal{F}(\Delta)$に対して，層の準同型$\mathcal{O}\to\mathcal{F}$を$h\longmapsto h\varphi$により定め$\mathcal{G}=\mathrm{Ker}(\mathcal{O}\to\mathcal{F})$とおく．$\mathrm{Supp}\mathcal{F}\subset\Delta\backslash U$であることにより，$\mathcal{G}|_U\to\mathcal{O}|_U$は同型である．次の可換図式を得る．横の列は完全である．

$$\begin{array}{ccccc} 0\to\mathcal{G}(\Delta) & \longrightarrow & \mathcal{O}(\Delta) & \xrightarrow{\times\varphi} & \mathcal{F}(\Delta)\\ {\scriptstyle r=\mathrm{res}_D^\Delta}\downarrow & & \downarrow & & \\ \mathcal{G}(D) & \xrightarrow{\sim} & \mathcal{O}(D) & & \end{array}$$

rによる像は半ノルム$\|\ \ \|_K$により定まる位相に対して稠密だからD上の定数関数1に対して，$\|1-g\|_K=\sup\{|1-g(x)|\,\big|\,x\in K\}\leq1/2$となる元$g\in\mathcal{G}(\Delta)$が存在する．$g\in E=\{f\in\mathcal{O}(\Delta)\,|\,x\in K$について$f(x)\neq0\}$であり，$g\varphi=0$となる．

7° rの像が半ノルム$\|\ \ \|_K$より定まる位相に対して稠密であることは本文の記述から，ただちに導かれることではなかった．

$$D=D_0\subset D_1\subset\cdots\subset D_j\subset D_{j+1}\subset\cdots\subset\Delta$$

を多重円板の列で（i）$\bar{D}_j\subset D_{j+1}$，(ii) $\Delta=\bigcup_j D_j$，(iii) $\bar{D}_j$はコンパクトとなるものとする．§20によれば，

（1） $j\leq k$のとき，コンパクト集合$C\subset D_j$に対して$\mathcal{G}(D_j)$上に半ノルム$\|\ \ \|_C^k$が定まる．

（2） 定数$M_j>0$（$j=0,1,2,\cdots$）が存在して，$f\in\mathcal{G}(D_j)$に対して，$\|f\|_{\bar{D}_{j-1}}^j\leq M_j\|f\|_{\bar{D}_{j-1}}^{j+1}$が常に成り立つ．ただし，$\bar{D}_{-1}=K$とおいた(補題20.4)．

（3） 任意の$\varepsilon>0$，任意の$f\in\mathcal{G}(D_j)$に対して，$f'\in\mathcal{G}(D_{j+1})$が存在して$\|f-$

$f'\|_{D_{j-1}}^{j} \leq \varepsilon$ となる(補題 20.5).

8° まず $\varepsilon>0$ および $f\in\mathscr{G}(D_0)$ が与えられたとき，$f'\in\mathscr{G}(\varDelta)$ が存在して $\|f-f'\|_K^0 \leq\varepsilon$ となることを示す.

列 $f_j\in\mathscr{G}(D_j)$ を次のように選ぼう.

(i) $f_0=f$,

(ii) $\|f_{j+1}-f_j\|_{D_{j-1}}^{j} \leq \dfrac{\varepsilon}{2^{j+1}\cdot M_0\cdot\cdots\cdot M_{j-1}}$.

f_j が選べたとして，上の 7° の (3) を適用すればこのような $f_{j+1}\in\mathscr{G}(D_{j+1})$ が選べることがわかる. そして列 $\{f_j\}_{j\geq k}$ は $\mathscr{G}(D_k)$ における半ノルム $\| \ \|_{D_{k-1}}^{k}$ のコーシー列となっており，極限 $h_{k-1}\in\mathscr{G}(D_{k-1})$ が定まる. 極限は一意的であることと (2) より，$h_k=h_{k-1}$ がでるから，$\{h_k\}$ は貼り合わさって $f'\in\mathscr{G}(\varDelta)$ を定める. $\|f-f_j\|_K^0\leq\varepsilon$ がすべての j について成り立つことが容易にわかるから，極限へ移れば $\|f-f'\|_K^0\leq\varepsilon$ となる.

9° さて，$\mathscr{O}^r|_D\to\mathscr{G}|_D\to 0$ を D 上のシジジーの最後の部分とする. $\mathscr{G}$ は $\mathscr{O}$ の部分層でもあった. 合成 $\mathscr{O}^r|_D\to\mathscr{G}|_D\hookrightarrow\mathscr{O}|_D$ を $\mathscr{O}(D)$ 上のベクトル $(\alpha_1,\cdots,\alpha_r)$ $(\alpha_j\in\mathscr{O}(D))$ で表示し，$N=\max_j\|\alpha_j\|_K$ とおくと，$f\in\mathscr{G}(D)$ について

$$\|f\|_K=\sup\{|f(x)|\,\big|\,x\in K\}\leq rN\|f\|_K^0.$$

したがって $\varepsilon>0$, $f\in\mathscr{G}(D)$ に対して，$f\in\mathscr{G}(\varDelta)$ を $\|f-f'\|_K^0\leq\varepsilon/rN$ となるように選べば $\|f-f'\|_K\leq\varepsilon$ となる.

参考文献

本書では，大学教養程度の微積分，１変数関数論，代数学の基礎知識を読者がもっていることを仮定している．基礎知識についての参考書としては

［１］ 服部　昭：現代代数学(近代数学講座 1)，朝倉書店，1968,

［２］ 溝畑　茂：数学解析(上・下)，朝倉書店，1973,

［３］ 小松勇作：函数論(朝倉数学講座第 11 巻)，朝倉書店，1960

をあげておく．［１］は圏・関手についての記述もあり，それは本書の３章以降を読む際の補助となると思う．４章，５章は多様体論，環論およびホモロジー代数の知識があった方が読みやすいだろう．

［４］ 松島与三：多様体入門，裳華房，1965,

［５］ 永田雅宜：抽象代数への入門(基礎数学シリーズ 1)，朝倉書店，1967,

［６］ 岩井斉良：ホモロジー代数入門，サイエンス社，1978

は良い入門書である．§14 であげたパラコンパクト・ハウスドルフ空間の位相についての命題の証明は

［７］ 河田敬義・三村征雄：現代数学概説 II，岩波書店，1965

にある．§20 のフレシェ空間についての詳しい解説は

［８］ トレーブ(松浦重武訳)：位相ベクトル空間・超関数・核(上・下)，吉岡書店，1973

を見ればよいだろう．

層の理論・ホモロジー代数について基本的なことがもれなく記述してある教科書としては

［９］ Roger Godement: Topologie algélrique et Théorie des faisceaux, Hermann, 1964,

［10］ Peter John Hilton, Urs Stammbach: A course in homological algebra, *G. T. M.* **4**, Springer-Verlag, 1971

が定評がある．

多変数関数論の教科書としては

［11］ 一松　信：多変数解析関数論，培風館，1960,

［12］ Robert C. Gunning, Hugo Rossi: Analytic functions of several complex variables, Prentice-Hall, 1965

がある．この二つは本書の内容と重複する部分もある．

より代数幾何学的なことに対する基礎知識を得たい場合には

[13] Phillip Griffiths, Joseph Harris: Principles of algebraic geometry, J. Wiley, 1978,

[14] Robin Hartshorne: Algebraic geometry, *G. T. M.* **52**, Springer-Verlag, 1977

を勧める．また，小平邦彦教授による東大セミナリー・ノートのシリーズの

[15] 複素多様体と複素構造の変形 I，セミナリー・ノート 19,

[16] 代数曲面論，セミナリー・ノート 20,

[17] 複素多様体と複素構造の変形 II，セミナリー・ノート 31,

[18] 複素解析曲面論，セミナリー・ノート 32

はいずれも，複素多様体についての非常に優れた解説書である．日本語で書かれていて，読みやすいことがうれしい．東京大学数学教室に問い合わせれば手に入れられると思う．

本来，特恵近傍系の理論は，複素解析多様体の部分多様体全体の集合に，複素解析的構造を導入するために考えられたものである．この理論については

[19] Adrien Douady: Le problèm des modules pour les sous-espaces analytiques compacts d'un espace analytic donné, *Ann. Inst. Fourier*, Grenoble, **16, 1** (1966), 1–95,

[20] Geneviève Pourcin; Théorème de Douady au-dessus de S, *Ann. Scuola Norm. Sup. Pisa*, **23** (1969), 451–459

を見てほしい．

定理 9.5 には Pourcin による別証がある．

[21] Geneviève Pourcin: Sous-espace privilégiés d'un polycylindre, *Ann. Inst. Fourier*, Grenoble. **25, 1** (1975), 151–193.

索　　引

タ 行

ナ 行

ハ 行

マ 行

ヤ 行

ラ 行

ワ 行

著者略歴

広中平祐（ひろなかへいすけ）

1931年　山口県に生まれる
1954年　京都大学理学部数学科卒業
1975年　京都大学教授（数理解析研究所）
現　在　京都大学名誉教授
　　　　理学博士・Ph.D.

卜部東介（うらべとうすけ）

1953年　東京に生まれる
1978年　京都大学理学部数学科卒業
1999年　茨城大学理学部教授
　　　　理学博士
2011年　逝去

解析空間入門［復刊］　　定価はカバーに表示

1981年10月25日　初版第1刷
1983年4月15日　第2刷
2011年10月25日　復刊第1刷
2012年11月25日　第2刷

著者　広中平祐
　　　卜部東介
発行者　朝倉邦造
発行所　株式会社　朝倉書店
東京都新宿区新小川町6-29
郵便番号　162-8707
電話　03(3260)0141
FAX　03(3260)0180
http://www.asakura.co.jp

〈検印省略〉

新日本印刷・渡辺製本

ISBN 978-4-254-11134-7　C 3041　Printed in Japan